火电厂湿法烟气脱硫系统检修与维护培训教材

工艺设备检修与维护

国能龙源环保有限公司　编

中国电力出版社
CHINA ELECTRIC POWER PRESS

内 容 提 要

本书根据国能龙源环保有限公司（简称龙源环保）特许运维板块 30 余家石灰石－石膏湿法烟气脱硫系统运维项目设备的维护与检修经验，以石灰石－石膏湿法脱硫相关理论、实践和经验为基础，结合生产实际需要，对脱硫系统工艺设备检修与维护相关方面进行全面介绍和阐述。

全书共分为七章，第一章对湿法脱硫工艺进行概述，同时总结了工艺设备的维护检修特点及基本要求；第二～七章分别按烟气系统、吸收塔系统、氧化空气系统、石灰石浆液制备系统、石膏脱水系统、废水处理系统等脱硫主要子系统，选取各系统的主要设备，系统性地从结构原理、日常维护、设备检修、安全健康环保要求及常见故障分析五个方面进行详细论述，为脱硫系统工艺设备在维护与检修的标准化作业方面提供了理论基础、操作要点和经验总结方面的技术支撑。

本书既可作为脱硫、环保等相关专业的学习教材，还可作为火力发电厂维护人员上岗培训和全能型运维人员培训的教材。

图书在版编目（CIP）数据

工艺设备检修与维护 / 国能龙源环保有限公司编 .—北京：中国电力出版社，2022.5
火电厂湿法烟气脱硫系统检修与维护培训教材
ISBN 978-7-5198-6680-8

Ⅰ.①工…　Ⅱ.①国…　Ⅲ.①火电厂－湿法脱硫－烟气脱硫－设备检修－技术培训－教材　Ⅳ.① X773.013

中国版本图书馆 CIP 数据核字（2022）第 059187 号

出版发行：中国电力出版社
地　　址：北京市东城区北京站西街 19 号（邮政编码 100005）
网　　址：http://www.cepp.sgcc.com.cn
责任编辑：赵鸣志　董艳荣
责任校对：黄　蓓　马　宁
装帧设计：赵丽媛
责任印制：吴　迪

印　　刷：三河市万龙印装有限公司
版　　次：2022 年 5 月第一版
印　　次：2022 年 5 月北京第一次印刷
开　　本：787 毫米 ×1092 毫米　16 开本
印　　张：15
字　　数：313 千字
印　　数：0001—2000 册
定　　价：65.00 元

《火电厂湿法烟气脱硫系统检修与维护培训教材》
——— 工艺设备检修与维护分册 ———
编写人员名单

王　飞　　白建勋　　孟繁龙　　王奇龙

张永强　　温　泉　　郭春晖　　李维平

李龙社　　张迎军　　彭志刚　　胡秀蓉

序

自"十一五"起，我国将加强工业污染防治纳入规划，控制燃煤电厂二氧化硫排放成为环保工作重点之一。经过多年努力，电力环保产业快速健康发展，特别是火电烟气治理取得了长足的进步，助力我国建成全球最大清洁煤电供应体系，为打赢"蓝天保卫战"、推动生态文明建设做出了积极贡献。这其中，脱硫系统等环保设施的高效运行，无疑起到了关键作用。

随着"双碳"目标的提出和能耗"双控"等产业政策的持续推进，"十四五"时期，我国存量煤电机组将从主力电源向调节型电源转型，火电环保设施运维管理必须以持续高质量发展为目标，进一步提高设备可靠性、降低能耗指标、降低污染物排放，保障机组稳定运行和灵活调峰。因此，精细化、标准化和规范化管理，成为提升火电环保设施运维水平的重要着力点。但在实际生产过程中，一些火电企业辅控系统生产管理相对粗放，检修人员技术技能水平偏低，导致重复缺陷、设备损坏、非计划停运、超标排放等现象时有发生，对煤电机组全时段稳定运行和达标排放造成了严重影响，是制约煤电行业高质量转型发展的隐患之一。

国能龙源环保有限公司是国家能源集团科技环保产业的骨干企业，是我国第一家电力环保企业。公司成立近30年以来，始终跻身污染防治主战场和最前线，率先引进了石灰石－石膏湿法脱硫全套技术，率先开展了燃煤电站环保岛特许经营，在石灰石－石膏湿法脱硫设计、建设、运营维护方面开展了大量探索实践，逐渐积累形成了关于脱硫设施检修、维护及过程管理的一整套行之有效的标准化管理经验。

眼前的这套丛书，正是对这些经验的系统梳理和完整呈现。丛书由五个分册构成，分别从检修标准化过程管理和效果评价、脱硫机械设备维护检修、脱硫热控设备维护检修、脱硫电气设备维护检修与试验、脱硫生产现场常见问题及解决案例五个方面，对石灰石－石膏湿法脱硫系统的检修管理维护做了深入浅出的讲解与案例分享。丛书是龙源环保团队长期深耕环保设施运维领域的厚积薄发，也是基层技术管理人员从实践中得出的真知灼见。

这套丛书的出版，不仅对推动环保设备检修作业标准化，促进检修人员技能水平快速提升有重要的借鉴意义，对于钢铁、水泥、石化等非电行业石灰石－石膏湿法脱硫技术应用水平的提升，也有一定的参考价值。

2022 年 1 月

前　言

　　近年来，随着燃煤电厂大气污染物超低排放改造项目的实施，石灰石－石膏湿法脱硫系统性能水平得到了大幅度提升。我国电力行业二氧化硫排放限值堪称全球最严。据中国电力企业联合会统计，截至 2020 年底，达到超低排放限值的煤电机组约 9.5 亿 kW，约占全国煤电总装机容量的 88%，2020 年电力行业二氧化硫排放量约为 78.0 万 t，比上年下降了 12.7%。电力行业烟气脱硫上取得的巨大成效，离不开脱硫工艺改进技术的不断涌现，更离不开脱硫运维人员对脱硫系统有效、规范和深入的维护与检修，确保了脱硫系统的高效、安全、稳定运行。

　　湿法脱硫设备种类繁多、故障率高、工艺环境复杂，工作介质涉及气、液、固三相以及混合介质，烟气介质酸性强、浆液含固量高，一直面临着设备磨损、腐蚀和堵塞等高发问题，维护与检修工作量大、难度高。虽经过多年的技术革新与经验积累得到了多种方式的改善，但受限于系统特性，无法得到根治，因此，脱硫系统的维护检修工作需要长期不断地改进、完善和提高。

　　自 2007 年我国开展烟气脱硫特许经营试点工作以来，以特许经营企业坚实的技术实力带动了脱硫行业维护与检修的能力以及标准化工作水平的快速提升，实现了脱硫系统运行质量的飞跃，但在实际运行中，仍存在维护检修工作与技术标准、技术规范不协调的情况，影响脱硫系统的高效运行及二氧化硫超低排放的稳定性。

　　2021 年 10 月 29 日，国家发展改革委、国家能源局印发的《全国煤电机组改造升级实施方案》提出坚持统筹联动，实现降耗减碳。统筹推进节能改造、供热改造和灵活性改造，"三改"联动。鼓励企业采取先进技术，持续降低碳排放、污染物排放和能耗水平。煤电产业面临向城市综合能源站的转型探索阶段，新技术的应用（废水零排放、污泥掺烧等）以及节能降碳的要求，给脱硫运行带来了不可预料的影响以及更高的挑战。新形势下的脱硫运行维护，不仅要保证污染物的达标排放，更需要深入进行稳定化、系统化和规范化的演变来配合煤电机组改造升级，其中做好设备日常维护与检修质量的提升是关键因素。

　　为帮助读者更好地了解、掌握和实施脱硫系统维护与检修工作，更好地服务于脱硫系统生产运行，国能龙源环保有限公司组织专业技术人员编写了本书。本书内容针对性强，即可作为脱硫、环保等相关专业的学习教材，还可作为火力发电厂维护人员上岗培训和全能型运维人员培训的教材。

本书篇幅结构上按照脱硫系统主要子系统进行划分,从日常维护、设备检修、安健环(安全、健康、环保)要求及常见故障处理等方面对脱硫工艺设备维护检修进行系统性介绍,内容编排上还考虑理论与实践相互结合,对主要系统及设备的结构及基本工作原理进行了详细介绍,便于读者在进行阅读参考时有更直观简明的认识。

本书整理了国能龙源环保有限公司脱硫特许经营项目检修管理相关资料,参考了国内外最新的相关标准和规范、《火电厂石灰石石灰‐石膏湿法烟气脱硫系统检修导则》、国家能源集团检修管理的相关规定和标准,并结合自身多年来在电厂环保领域脱硫检修经验的基础上,编写了本书,作为《石灰石‐石膏湿法脱硫检修技术丛书》的第二分册。

由于编著者的知识、经验和时间精力所限,书中不妥之处在所难免,敬请读者批评指正。

编　者

2022 年 1 月

目 录

第一章 概 述

我国是煤炭消费大国，煤炭消费量长期占据能源消费的主导地位。2010—2021 年，随着风力发电、太阳能发电等新能源的迅速发展，煤炭在我国一次能源消费结构中的比重由 69.2% 降至 56.8%，但占比仍然超过半数。2020 年，我国煤炭消费量高达 28.1 亿 t，其总量的 84% 被直接燃用。我国煤炭多为高硫煤，燃煤 SO_2 排放占总 SO_2 排放量的 85% 以上。SO_2 是形成"酸雨"的主要成分之一，给生态环境、社会经济和人类健康带来巨大危害。

燃煤电厂作为煤炭消费的主体，也是 SO_2 排放较为集中的企业，因此对燃煤电厂烟气进行脱硫治理，降低 SO_2 排放量，是我国大气污染治理的一项重要内容，也是燃煤电厂生产和技术管理的一个重要组成部分。

20 世纪 70 年代以来，我国的燃煤电厂开始进行烟气脱硫试验研究，在 20 世纪 90 年代引入大量国外先进工艺的基础上，烟气脱硫技术得到了快速的发展，并广泛应用于燃煤电厂，逐渐形成以石灰石 - 石膏湿法脱硫占绝对优势的脱硫工艺体系。随着我国经济和社会发展，对大气环境要求不断提高，燃煤电厂 SO_2 排放限值日趋严格。在当前大气污染物超低排放标准要求下，燃煤电厂 SO_2 排放限值不高于 $35mg/m^3$（标准状态）。在此大背景下，脱硫系统的作用、系统性能得到显著提升，达到与主机相当的重要地位；与此同时，脱硫系统复杂性、设备种类及数量也随之增加。因此，确保脱硫系统的安全、稳定、高效及经济运行，保证脱硫系统的可靠性，是所有燃煤电厂需要面对的一项重要任务。

本书主要围绕石灰石 - 石膏湿法脱硫系统，重点介绍脱硫工艺设备的结构原理、维护与检修的工作要点、常见故障处理等方面内容。

第一节 石灰石 - 石膏湿法烟气脱硫工艺

石灰石 - 石膏湿法烟气脱硫工艺是目前世界上应用最广泛的一种脱硫技术，其原理是采用石灰石浆液作为脱硫吸收剂，与进入吸收塔的烟气接触混合，烟气中的二氧化硫与浆液中的碳酸钙以及鼓入的氧化空气进行化学反应，最后生成石膏。脱硫后的烟气依次经过除雾器除去雾滴、再经过加热器加热升温后，经烟囱排入大气。吸收塔内吸收剂经再循环泵反复循环与烟气接触，吸收剂利用率很高，脱硫效率可达到 98% 以上。

一、脱硫化学反应机理

烟气中的二氧化硫溶解于水，生成亚硫酸并离解成氢离子和 HSO_3^- 离子；烟气中的氧和氧化风机送入的空气中的氧将溶液中 HSO_3^- 氧化成 SO_4^{2-}；吸收剂中的碳酸钙在一定条件下于溶液中离解出 Ca^{2+}；在吸收塔内，溶液中的 SO_4^{2-}、Ca^{2+} 及水反应生成石膏（$CaSO_4 \cdot 2H_2O$）。主要化学反应式如下：

$$SO_2 + H_2O \rightarrow H_2SO_3 \rightarrow H^+ + HSO_3^-$$
$$H^+ + HSO_3^- + 1/2O_2 \rightarrow 2H^+ + SO_4^{2-}$$
$$CaCO_3 + 2H^+ + H_2O \rightarrow Ca^{2+} + 2H_2O + CO_2 \uparrow$$
$$Ca^{2+} + SO_4^{2-} + 2H_2O \rightarrow CaSO_4 \cdot 2H_2O$$

由于吸收剂循环量大和氧化空气的送入，所以吸收塔下部浆池中的 HSO_3^- 或亚硫酸盐几乎全部被氧化为硫酸根或硫酸盐，最后在 $CaSO_4$ 达到一定过饱和度后，结晶形成石膏—— $CaSO_4 \cdot 2H_2O$。

脱硫产物石膏的处理方法有两种：一种为抛弃方式，另一种是综合利用方式，如作建筑材料等，石膏利用率达 90% 以上。石膏的综合利用或抛弃主要取决于市场的需求、石膏的品质和是否有足够的抛弃场地等因素。

二、脱硫主要工艺系统及设备

石灰石－石膏湿法烟气脱硫系统主要由烟气系统，SO_2 吸收系统，吸收剂制备系统，石膏脱水及储存系统，脱硫废水处理系统，公用系统（工艺水系统、压缩空气系统、事故排浆系统等），热工控制系统，电气系统等子系统组成。

主要设备包括增压风机、烟气换热器（GGH）、挡板门、吸收塔、浆液循环泵、氧化风机、除雾器、搅拌器、石灰石磨机、浆液旋流器、石膏脱水机、污泥压滤机、烟道及阀门等设备。

典型的石灰石－石膏湿法烟气脱硫系统工艺流程图见图 1-1。

三、影响脱硫性能的主要因素

（1）吸收塔内浆液 pH 值的控制是提高脱硫效率、掌控石膏品质的关键。一般情况下，吸收塔浆液的 pH 值控制在 5.0～5.5，pH 值过低则不利于 SO_2 的吸收，pH 过高易造成吸收剂的浪费和系统结垢。

（2）钙硫比（Ca/S）是投入脱硫系统中的石灰石与脱除的 SO_2 摩尔数之比，它同时表示脱硫系统在达到一定脱硫效率时所需要的石灰石的过量程度。钙硫比一般控制在 1.02～1.05，过低则降低脱硫效率，过高会导致吸收剂利用率下降和设备磨损的加剧。

（3）液气比是湿法脱硫工艺设计的关键参数，是吸收塔浆液喷淋体积流量和吸收塔出口标准状态湿烟气体积流量之比，主要取决于浆液循环泵流量。高液气比更有利于保证

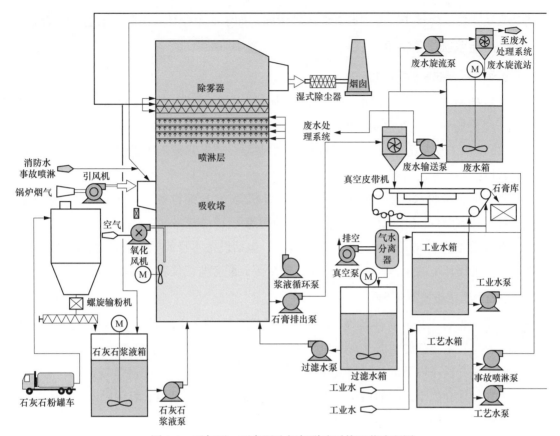

图 1-1 石灰石 - 石膏湿法烟气脱硫系统工艺流程图

SO_2 的吸收效果，但会提高对浆液循环泵的参数要求，增加设备投资，因此一般采用喷淋层优化、优化塔内传质构件布置等方式，可在一定程度上降低对液气比的设计要求。

此外，脱硫塔入口烟气中 SO_2 浓度、吸收剂品质、氧化空气效果、浆液中的 Cl^- 等有害物质含量对脱硫效率也有较大影响，需要在脱硫运行中重点关注。

第二节 脱硫系统设备工作条件及维护检修特点

腐蚀、磨损、结垢、堵塞、泄漏是引发脱硫系统设备缺陷发生的主要原因。其中，腐蚀和磨损是最容易诱发设备故障的原因，大部分的泄漏也是由于腐蚀、磨损造成的。腐蚀主要发生在输送腐蚀性介质的系统内，造成系统管道、过流部件腐蚀穿孔等，如吸收塔系统循环泵本体及管道、废水系统搅拌器及输送管道。磨损主要发生在输送颗粒性介质系统内，造成过流部件部分磨损，如石灰石制浆系统磨机、石灰石供浆系统供浆泵等。结垢常发生于输送浆液的静止区或液体反应区，由于介质流速低，反应物附着在部件表面形成结垢，如吸收塔入口烟道、浆液氧化区等。堵塞一般发生在浆液流速低、通流孔径小区域，如过滤网前、吸收塔 pH 计疏放管等。泄漏一般由于腐蚀、磨损造成的穿孔、法兰连接垫片烤花安装错位、焊接工艺差引起焊缝区域渗漏，如浆液泵变径大小头、工艺水管道等。

一、脱硫系统设备特点

1. 设备参数在线监视程度高

湿法脱硫系统工艺设备以电动机械设备为主，按功能可分为传输设备（斗式提升机、皮带机、螺旋给料机、真空皮带机、石膏输送皮带等），风机设备（增压风机、密封风机等）、泵机设备（浆液循环泵、石膏排出泵、供浆泵、工艺水泵等）、搅拌设备（侧式搅拌器、立式搅拌器、刮泥机等）。

此外，还包括脱水设备（脱水皮带机、压滤机等）、压缩设备（空气压缩机、储气罐、液压装置）、储存设备（吸收塔、地坑、废水箱罐等）。

大部分设备均实现了运行参数的在线监视，包括设备本身的振动、温度、电压电流参数以及设备工作环境的压力、温度、液位、流量等，配套监视仪表众多。

2. 设备及管路材质要求不同

脱硫系统设备工作介质涉及气、液、固三相以及混合介质，烟气介质酸性强、浆液含固量高，容易发生设备的磨损、腐蚀和堵塞。

不同工作介质条件下运行的脱硫系统设备主要包括：

（1）在气体介质下运行的增压风机、烟气换热器、出入口烟道、氧化风机、氧化喷枪、空气压缩机、压缩储气罐及其附属管道阀门等；

（2）在固体介质下运行的石灰石斗式提升机、石灰石料仓、石灰石输送皮带、球磨机、石膏真空皮带脱水机等。

（3）在液体工作介质下运行的工艺水泵及其附属管道阀门、除雾器、事故喷淋水管等。

（4）在浆液介质（固液混合）下运行的石灰石浆液泵，石灰石浆液箱及其附属管道阀门等，浆液循环泵及浆液喷淋管路、喷嘴等，石膏浆液排出泵及其附属管道阀门、排空系统及其附属设备阀门管道等，废水处理系统相关设备。

（5）在气液固混合介质条件下运行的吸收塔及内部的喷淋层、喷嘴、除雾器、塔内防腐层以及其他塔内构件等。

由于脱硫系统所处的运行工况复杂，容易发生设备的磨损、腐蚀情况，这就给脱硫系统正常运行、维护带来很大困难。不同工作介质下的设备在不同的运行环境下对设备材质要求各异。

风机叶片应选择耐磨碳钢，在叶片尖端可以使用耐磨材料。原烟道接触高温低湿烟气，防腐要求较低，一般采用碳钢制作即可；而净烟道需要接触低温高湿烟气，腐蚀性强，因而要求使用防腐等级高的合金钢制作，并采用玻璃鳞片进行表面防腐处理。

接触浆液的设备部件，在耐磨的前提下还需考虑防腐情况。浆液循环泵叶片应采用高铬合金或陶瓷耐磨材料；搅拌器叶片采用碳钢外衬橡胶形式；浆液输送管道采用碳钢内衬橡胶、陶瓷、鳞片、高分子材料等物质进行防腐、防磨保护；阀门阀板采用耐腐蚀合金或不锈钢材质，阀座使用衬胶或耐腐蚀合金等；喷嘴常用合金钢、陶瓷和其他非金属材料，浆液喷嘴采用陶瓷和其他非金属材料，事故喷淋喷嘴采用防腐镍基合金；旋流设备旋流子一般采用天然橡胶、聚氨酯、合金钢和陶瓷等。

3. 系统设备运行及作业环境各异

脱硫系统处理烟气量巨大，需要足够的反应空间、充足的吸收剂储存量及制备量，为保证系统运行的高效、稳定，还需考虑一定的设计冗余、备用设备等，因而整体脱硫系统建成后占地面积较大，尤其是石灰石储存、石灰石浆液制备系统、吸收塔等。各分系统不具备集中布置的条件，基本采取独立布置的方式，通过各种管道进行连接，因此实际的运行及作业环境存在显著差异。

烟气系统烟道均为露天布置，维护及检修工作多在高处进行，尤其要注意高处作业安全，运行中主要是对烟道进行防腐防泄漏的监视，一般维护检修工作量较小。

脱硫塔体形最大，是脱硫系统的核心，维护检修最为复杂，工作介质多样、管道众多，日常维护时尤其要注意各种结垢、堵塞及泄漏情况的出现。脱硫塔附属设备较为集中，各类运行监视表计齐全，浆液循环泵、氧化风机等主要大型设备在周边紧邻布置，停机检修时作业项目众多且作业空间较小，易存在交叉作业，吸收塔内又存在高处作业、密闭空间作业的安全风险。

石膏脱水及废水处理系统一般与脱硫塔分开独立布置，通过一定距离的石膏浆液排出管道输送浆液进行处理，按一级脱水、二级脱水、废水处理、污泥脱水等环节依次布置，各工艺设备相对独立布置，无大型机械设备，作业环境较好且空间充足。

二、维护检修工作特点

1. 保证转动设备稳定运行

影响转动设备运行状态的润滑、轴承、紧固设备是在运设备日常维护的工作重点。检修人员应对设备运行参数、状态和趋势进行定期监视，及时了解设备的运行状态。

备用设备的日常维护工作是做好设备的清洁、保养、润滑、检查等，及时检修因故障备用的设备。按照定期管理标准进行设备倒换运行，定期对长期未运行的备用设备进行盘车。

设备检修时应对转动设备的摩擦、过流等重点部位进行解体检查。解体前应确认转动设备是否隔离动力源、输送介质已排空并可靠隔离。解体过程中记录好各部件配合间隙，按照检修作业流程进行保护性拆除。对更换的设备部件做好工艺、参数、材质复核，避免修后返工。检修结束启动前做好盘车工作。

2. 防止设备腐蚀

吸收塔、烟道、箱罐、管道、过流部件等都采取了防腐措施，采用不锈钢、合金钢、FRP（纤维增强复合材料）、PP（聚丙烯）、PVC（聚氯乙烯）等材料，或内衬橡胶、玻璃鳞片、陶瓷等，但随着时间的推移，部分防腐材料逐渐失效，如果得不到及时处理，则会演变成大面积失效，带来泄漏等问题。实际运行中，管道、烟道、容器等内部出现局部失效的初期往往不容易发现，只有当设备腐蚀泄漏时才能发现，腐蚀问题是影响脱硫设备维护与检修的主要因素。

在设备防腐施工过程中，做好施工安全风险辨识和预控。防腐施工属于高风险作业，主要包含高处作业、临边作业、有限空间作业等，脚手架上作业需要设置合格的安全护栏，高处作业必须挂好安全带。因为防腐材料具有易燃性，所以防腐施工期间做好隔火区域，划定区域内严禁烟火和相关动火作业，防止发生火灾。

3. 减轻设备磨损

设备磨损是脱硫系统面临的显著危害，主要来自石灰石、石灰石浆液、石膏浆液等介质的磨损效应，对管道、泵过流部件、喷嘴、搅拌器等设备产生很大的磨损。尤其是防腐层被磨损失效后，浆液的腐蚀和磨损共同作用，将导致磨损速率加快及程度加剧，严重降低设备运行效果和稳定性。

应通过加强运行参数控制、浆液特性分析等手段尽可能降低设备磨损速率，检修期间应根据设备磨损程度不同选择合适的材料进行修补或更换，同时应对造成异常磨损的原因进行深入分析。

（1）管道与泵选型不匹配，导致泵流量超过运行工况点，泵体及管道内浆液流速过大。脱硫系统中浆液管道设计流速一般为 $1.5\sim2.5m/s$。流速选择过大，浆液对泵及管道磨损加剧，工况点偏离严重时甚至会导致泵轻微汽蚀。

（2）泵入口滤网堵塞导致汽蚀。FGD（烟气脱硫装置）运行异常时，吸收塔、事故浆液箱罐内容易产生坚硬的垢体，堵塞泵的入口滤网，导致流经泵的流量不够，泵体容易发生汽蚀。当汽蚀与摩擦腐蚀叠加时，泵壳及叶轮损坏速度很快。一般可使用碳化硅、陶瓷颗粒等耐磨材料合金焊接或更换部件的方法进行磨损修复。

（3）喷淋层喷嘴设计或者安装不当导致塔体的冲刷。在喷淋层设计过程中，为避免喷淋浆液对塔壁或支撑梁的冲刷，靠近塔壁的喷嘴一般设计成90°，同时远离吸收塔塔壁或支撑梁。实际安装过程中如果未按设计图纸施工，容易导致冲刷塔壁或梁，一般需要利用停机机会对喷嘴的喷射角度和距离进行调整。防止冲刷的措施一是对塔壁和梁使用玻璃丝布、树脂进行包裹加强；二是使用碳化硅、陶瓷颗粒等材料进行加厚处理。

4. 防止设备结垢

由于脱硫副产物的结晶特性以及浆液在干湿界面易结垢的物理特性，在脱硫装置运行过程中，浆液容器、管道和管件中均会存在不同程度的结垢现象，易引起管道的堵塞，增大运行阻力，影响设备的稳定运行。烟气含尘浓度较高时，在吸收塔内干湿界面区域也会积结较大的灰垢，坠落的大块灰垢对脱硫的安全运行构成威胁。

在定期清理和等级检修中安排专项除垢工作的同时，应根据实际运行状态优化冲洗工艺系统，适度调整冲洗周期，合理控制 pH 值、密度等运行参数，防止或减少积垢的发生，从而减少检修人员的工作量。

（1）提高除尘器的除尘效率和可靠性，使脱硫装置入口烟尘浓度在设计值范围内。

（2）控制好吸收塔浆液中石膏的过饱和度，最大不得超过 140%。

（3）选择合理的 pH 值运行，避免 pH 值急剧变化。

（4）向吸收塔内鼓入足够的氧化空气，保证亚硫酸钙的氧化率大于 95%。

（5）向石灰石浆液中添加乙二酸、Mg^{2+} 等阻垢剂，可以防止结垢。

（6）接触浆液的管道、设备在停运时及时冲洗干净。

5. 防止设备堵塞

堵塞问题是脱硫系统运行中比较突出的问题之一，主要是由于系统浆液和杂质的沉降造成管道堵塞，如废水旋流管道及旋流子、磨机入口，以及运行控制不当导致的设备结垢、积灰造成流通通道堵塞，如除雾器和 GGH 的堵塞，从而影响系统的正常运行，清理工作量大。

由于设备堵塞后只能通过停运设备或脱硫系统后才能进行处理，严重影响设备和系统的安全稳定运行，因此需要严格控制脱硫系统的运行条件，延缓堵塞进程，确保在下一次机组正常停运前不发生严重堵塞情况。

6. 防止设备泄漏

由于密封连接部件松动、腐蚀、磨损导致设备或管道穿孔泄漏，表现为漏烟、漏气、漏浆、漏粉。脱硫设备由于大量介质是石膏浆液，一旦泄漏对系统环境及设备污染较大，因此治理设备泄漏也是脱硫检修的重中之重。

三、脱硫系统维护检修的知识技能

脱硫系统设备种类多，各分系统的运行工况不同，输送处理酸性介质的吸收塔系统、废水系统；输送处理碱性介质的脱硫剂制备系统、石灰加药系统；输送处理腐蚀性介质的废水处理系统；输送处理颗粒性介质的石灰石磨制系统、石膏旋流脱水系统等。不同系统在日常维护检修过程中需注意的问题各不相同。

在脱硫设备日常维护检修过程中，检修人员在掌握常规设备检修方式的同时，还应对该设备运行工况有所了解。熟知系统运行的工艺流程，了解设备是否需耐酸碱腐蚀、是否耐磨损、是否抗电化学腐蚀等。维修人员对不同材质的基本参数要认识清楚，比如用于浆液系统的机械设备耐腐蚀要求高于工艺水系统的机械设备，过流部件合金材质一般采用316L、Cr30、1.4529、2507（2205）、C276 等，以保证设备耐腐蚀要求。根据输送介质不同，管路所选材质也不相同，如浆液管道主要采用内衬橡胶、陶瓷、鳞片、高分子材料等物质进行防腐、防磨保护等。

设备维护可能处于不同的工作环境，如高处作业（吸收塔内部喷淋区、氧化区、除雾器）、底部孔洞（吸收塔地坑、过滤水地坑等）、密闭空间（干、湿磨机，箱罐，循环泵管道等）。在不同环境进行维修作业，为保证作业过程安全可靠，维修人员还应具有高处作业、吊装作业、有限空间作业等安全技能。

在进行脱硫系统管道消缺维护过程中，最重要的是考虑防腐耐磨的特点，管道泄漏大部分是由于磨损腐蚀穿孔引起的。在进行漏点处理时，焊接材料及焊接方式的选择也尤为重要。

第三节　脱硫系统工艺设备维护检修管理基本要求

发电企业应按照技术监督法规与标准、制造厂提供的设计文件、同类型脱硫的检修经验以及设备状态评估结果等，合理安排设备检修。设备检修应贯彻"安全第一、预防为主"的方针，杜绝各类违章，确保人身和设备安全；检修质量管理应贯彻 GB/T 19001《质量管理体系　要求》，实行全过程管理，推行标准化作业；设备检修应实行预算管理、成本控制；脱硫检修应在定期检修的基础上，逐步扩大状态检修的比例，最终形成一套融定期检修、状态检修、改进性检修和故障检修为一体的优化检修模式。

一、一般原则

（1）脱硫检修应在规定的期限内，完成既定的全部检修作业，达到质量目标和标准，保证脱硫系统安全、稳定、经济运行以及建筑物和构筑物的完整牢固。

（2）脱硫检修按检修方式可分为定期检修、状态检修、改进性检修和故障检修，按检修等级分为 A、B、C 级检修。

（3）脱硫设备检修应采用 PDCA（P—计划、D—实施、C—检查、A—总结）循环的方法，从检修准备开始，制订各项计划和具体措施，做好施工、验收和修后评估工作。

（4）脱硫检修应按 GB/T 19001 的要求，建立质量管理体系和组织机构，编制质量管理手册，完善程序文件，推行工序管理。

（5）脱硫检修应制定检修过程中的环境保护和劳动保护措施，合理处置各类废弃物，改善作业环境和劳动条件，文明施工，清洁生产。

（6）设备检修人员应熟悉系统和设备的构造、性能和原理，熟悉设备的检修工艺、工序、调试方法和质量标准，熟悉安全工作规程；能掌握钳工、电工技能，能掌握与本专业密切相关的其他技能，能看懂图纸并绘制简单的零部件图。

（7）检修施工宜采用先进工艺和新技术、新方法，推广应用新材料、新工具，提高工作效率，缩短检修工期。

（8）脱硫检修宜建立设备状态监测和诊断组织机构，对脱硫可靠性、安全性影响大的关键设备实施状态检修。

（9）脱硫检修应采用先进的计算机检修管理系统，实现检修管理现代化。

（10）脱硫检修全过程管理包括修前准备、检修过程管理、启动运行、总结及资料整理等。

二、修前准备

修前准备是设备检修管理标准化的基础，主要进行以下工作：

（1）按确定的脱硫设备检修等级，经必要的设备诊断、评估及分析，制定检修计划，并经审核批准后方可实施。

（2）针对脱硫塔防腐、加装塔内提效构件等检修特殊项目和技改项目制定三措两案，即施工安全措施、技术措施和组织措施，应急预案和专项施工方案。

（3）编制并确定检修所需备品、材料等物资的需求计划，及时进行物资采购，提前完成到货、验收工作，并妥善保管。

（4）按照规定和脱硫设备的实际情况制定有关技术监督项目，如金属测厚监督计划、金属监督计划、压力容器强检计划等。

（5）针对等级检修特殊项目和技改项目的施工特点，制定三措两案。

（6）起吊设备、施工机具、专用工具、安全用具和试验器械在检修前需检查并试验合格，施工机械及物资能按计划到位。

（7）等级检修前应成立检修领导职能小组，组织筹划、联系协调配备相应的管理人员和专业检修人员，根据检修工作需要明确协调指挥、质量验收、运行调试、安全保卫、物资协调、后勤保障、宣传报道等人员职责，应保证等级检修工作的有序进行。

（8）组织检修人员进行安全工作规程、检修工艺规程、检修文件包三措两案的学习，并考试合格。

（9）组织检修人员学习和讨论检修计划，项目进度、措施及质量要求，确定检修项目的施工和验收负责人。

（10）制定专业检修网络进度计划及脱硫设备检修重点项目及主要设备检修控制工期进度计划表。

（11）组织检修人员学习并掌握检修资料文件，参与检修的所有人员己进行安全作业规程、技术规程以及检修工艺纪律等方面的教育和考试。

（12）检修现场定置管理：检修现场各作业区域应根据人员、设备、材料、方法、环境等要素设置定置图，对生产现场所有物品按照定置图要求进行定置管理，并通过调整物品来改善场所中人与物、人与场所、物与场所的相互关系。

（13）涉及脚手架（升降平台）搭、拆等立体工作，应在脚手架（升降平台）下方设置隔离区。较小容器内的工作，应将整个容器设置为独立的作业区域进行隔离。涉及两个及以上单位的工作或者在同一区域或设备进行平面交叉作业的工作，应进行隔离。

三、检修过程管理

1. 安全管理

（1）检修全过程中，坚持"安全第一，预防为主，综合治理"的生产方针，明确安全责任，健全检修安全管理制度。

（2）严格执行 GB 26164.1《电业安全工作规程　第 1 部分：热力和机械》、GB 26860《电力安全工作规程　发电厂和变电站电气部分》，加强安全检查，定期召开安全分析会。

（3）设备检修过程中应明确安全责任，落实安全措施，确保人身和设备安全。

（4）按标准设置安全管理机构或安全员，进行现场安全检查，定期召开安全分析会。

（5）严格执行工作票和操作票制度，杜绝无票作业。

（6）应按现场定置图进行物理隔离，防止检修人员误入运行设备区域和无关人员进入作业现场。

（7）对外发包工程应签订安全协议，存在交叉作业时应签订三方安全协议，明确各方责任。

（8）制定防腐专项施工方案及安全措施，防腐施工作业 10m 区域内及其上下空间内严禁任何形式的明火作业。防腐材料应按规定分类存放在指定地点，施工区存放量不应大于一天用量，并做好防火、防爆措施。

（9）动火作业前，应采取可靠的隔离措施，防止引起防腐层、除雾器及烟（管）道火灾。动火作业时，消防水、除雾器冲洗水系统应处于备用状态，作业区域内应设置专职监护人。

2. 质量管理

（1）检修工作坚持"质量第一"的思想，切实贯彻"应修必修，修必修好"的原则。

（2）检修工作坚持"三级验收"和"过程控制"并重的原则，必须按照计划、实施、检查、处理、验收的程序，保证检修质量。

（3）质量验收实行工作人员自检和验收人员检验相结合、逐级验收、共同负责的办法。检修人员在工作过程中必须严格执行检修工艺和质量标准。

（4）按照设置的停工待检点（H）、见证点（W）质检点进行质量控制，执行见证点、停工待检点的责任追究制度。

3. 检修质量控制

（1）各级管理人员组织制定实施重大技术方案、标准，对质量控制体系有效运转、质量验收方式及奖惩办法的制定与执行情况负责。

（2）明确各级岗位职责。

4. 质量保证、监督体系

（1）班组（一级）验收：班组验收项目是指班组长布置给工作负责人的检修项目。每个项目检修结束后，工作负责人应向验收人详细汇报检修情况并将技术记录交付审阅，验收人应在验收单上备注质量评价和设备鉴定意见。

（2）专业（二级）验收：专业验收项目一般为重点项目及技术监督、监察项目。验收时，应先由班组负责人汇报检修情况，然后按质量标准对照逐项检查，审阅检修记录和测量（测试）数据，确认符合质量标准后填写验收单并签字。

（3）公司级（三级）验收：公司级验收是对专业验收合格后的一些重要项目进行验收。验收时应详细了解项目的施工过程、修后设备状况，包括设备外观及环境清洁情况，认真审阅反映检修质量的有关技术记录、检查和复测相关数据，经验收确认达到质量标准后，验收人员在验收单上做出评价并签名。

5. 过程管理

（1）建立健全检修组织体系和安全、质量保证体系，对环保设施检修安全、质量、进度进行全过程管理。

（2）检修班组要严格按检修项目计划执行，增减检修项目要提出书面申请，经批准后执行。

（3）检修班组要严格按照检修进度表和网络图安排工期进度。

（4）检修协调会主要对现场检修工作进行点评；协调解决检修中存在的问题，布置后续重点工作，及时调整检修策略。

（5）针对现场发现的重大设备缺陷或质量问题，需组织专题会议对问题原因及处理方法进行讨论，争取最短时间处理完成。

（6）检修文明生产管理：检修作业要文明施工，做到三无（无油迹、无水、无灰），三齐（拆下零部件、检修机具、材料备品摆放整齐），三不乱（电线不乱拉、管路不乱放、垃圾不乱丢），"三不落地"（使用工器具、量具不落地，拆下来的零件不落地，污油脏物不落地）。

6. 进度管理

（1）检修的主线工作、关键的重大特殊项目应成立专业工作组，指定负责人，全面控制项目的安全、质量、费用和进度，其进度宜采用网络图的方法进行控制。

（2）设备检修期间，应将检修进展情况纳入在修协调会，每日通报检修进展情况，特别是关键线路的进展情况。

（3）检修过程中发现重大设备问题，要汇报并制定解决方案。

四、检修试运

（1）设备检修完毕后，检修负责人应对现场设备检修情况进行检查，符合规程要求时提交设备试运申请单。

（2）设备试运前需送交与此试运设备有关的、需要改变安全措施的所有工作票并暂停检修工作。

五、检修总结

检修完成后，对检修项目的工时进行分析、总结。

（1）根据设备异动情况修改图纸，及时修订检修文件包、检修规程等。

（2）将资料整理汇总归档，归档资料包括环保装置检修计划、网络进度计划、检修文件包、三措两案、异动申请（竣工）报告、修前（后）评估报告、开工报告、竣工报告、检修总结、仪器仪表检（校）验记录、试验记录、其他附带的各种原始资料等。

（3）对设备遗留问题进行重点分析，采取防范措施，确保安全稳定运行。

第二章 烟气系统维护与检修

脱硫烟气系统是锅炉烟风系统的延伸部分，传统烟气系统（见图2-1）主要由原烟气挡板、净烟气挡板、挡板密封风机、增压风机及其附属设备、烟气换热器（GGH）及其附属设备、烟道及膨胀节等辅助系统组成。

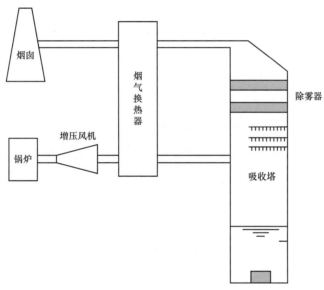

图 2-1　传统脱硫烟气系统流程（有增压风机和 GGH）

来自锅炉引风机出口的烟气从原烟气进口挡板门进入，经增压风机送至烟气换热器（GGH）。在 GGH 中，原烟气与来自吸收塔的净烟气进行热交换后被冷却，被冷却的烟气进入吸收塔与喷淋的吸收剂浆液接触反应以除去 SO_2。脱硫后的饱和烟气（50℃左右）经除雾器去除雾滴，经烟气换热器加热至80℃以上，然后经净烟道进入烟囱排入大气。

经过脱硫系统的长期运行以及环保改造实践，出于节能降耗、提高系统稳定性方面的考虑，绝大部分脱硫系统的增压风机、烟气换热器及其附属设备被取消，烟气系统简化为原烟气烟道、净烟气烟道及烟道膨胀节等构筑物，以及脱硫塔入口的烟气喷淋系统（见图2-2）。

本章主要对增压风机（动叶可调轴流式风机以及静叶可调式轴流风机）、回转式烟气换热器（GGH）、烟道及膨胀节的检修和维护工作进行重点介绍。

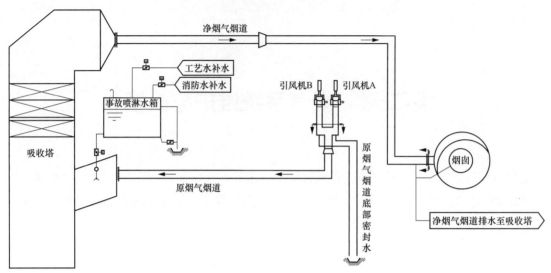

图 2-2　脱硫烟气系统流程（无增压风机和 GGH）

第一节　增 压 风 机

　　锅炉尾部烟道增加脱硫装置以后，使得烟道阻力增大，为克服脱硫装置的阻力，需对原烟气进行增压。当引风机不能满足增压要求时，需设置增压风机，一般采用单台增压风机的设计方式。在有脱硫系统烟气旁路时，增压风机故障，锅炉烟气可以通过旁路直接排入烟囱，不影响机组的正常运行。但在烟气旁路取消后，脱硫系统成为锅炉烟气的唯一通道，必须与机组同步启停，增压风机运行的可靠性成为影响脱硫系统可靠运行的重要因素，也是增压风机被逐步取消采用引增合一风机的原因之一。

　　增压风机的选型风量应为锅炉满负荷工况下的烟气量的 110%，另加不低于 10℃ 的温度裕量，增压风机的压头裕量不低于 20%。

　　目前，在我国大型锅炉机组脱硫系统中所配置的增压风机主要为动叶可调轴流式增压风机和静叶可调轴流式增压风机。

一、风机的结构及工作原理

1. 动叶可调轴流式增压风机

　　动叶可调轴流式增压风机结构示意图如图 2-3 所示，主要由进气箱、膨胀节、中间轴、软性接口、轴承、动叶、导叶、扩压筒、膨胀节、联轴器及其罩壳、调节装置及执行机构、液压及润滑供油装置和测量仪表等组成。

　　动叶调节机构由一套装在转子叶片内部的调节元件和一套单独的液压调节油的中心操作台组成。其工作原理是通过伺服机构操纵，使液压油缸调节阀和切口通道发生变化，使一个固定的差动活塞两个侧面的油量油压发生变化，从而推动液压缸缸体轴向移动，带动

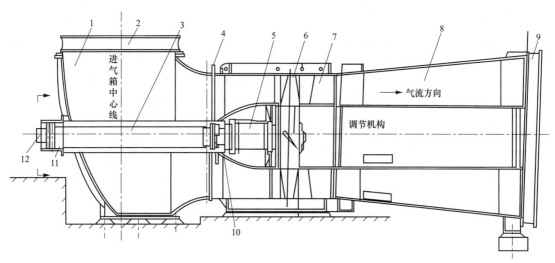

图 2-3 动叶可调轴流式增压风机结构示意图

1—进气箱；2—膨胀节；3—中间轴；4—软性接口；5—轴承；6—动叶；7—导叶；8—扩压筒；

9—膨胀节；10、12—联轴器；11—罩壳

与液压油缸缸体相连接的转子叶片内部的调节元件，使叶片角度产生变化。当外部调节臂和调节阀处在一个给定的位置上时，液压缸移动到差动活塞的两个侧面上液压油作用力相等，液压缸将自动位于没有摆动的平衡状态，这时动叶片的角度就不再变化。

动叶可调轴流式增压风机在运行中可以调节叶片的安装角，其工况范围不是一条曲线，而是一个面，风机的等效率运行区宽，等效曲线与系统阻力线接近平行，因此风机保持高效的范围相当宽，在最高效率区的上下都有相当大的调节范围，当风机变负荷，尤其是在低负荷运行时，它的经济性就充分体现出来了，因此在脱硫系统中应用较多。但其结构复杂，制造费用较高，转动部分多、动叶调节机构复杂而精密，调节部分易发生故障，且需要另设油站，维护技术要求高，维护费用高。

2. 静叶可调轴流式增压风机

静叶可调轴流式增压风机由前导叶、叶轮、扩压器、集流器、进气室以及机壳装配（叶轮外壳和后导叶组件）、冷风管路和润滑管路等组成，其结构如图 2-4 所示。

气流由风道进入风机进气室，经过前导叶的导向，在集流器中收敛加速，叶轮对气流做功，后导叶又将气流的螺旋运动转化为轴向运动，并在扩压器内将气体的大部分动能转化成系统所需的静压能，从而完成风机的工作过程。

静叶可调子午加速轴流风机在气动性能上介于离心式和动叶可调式轴流风机之间，可输送含有灰分或腐蚀性的大流量气体，具有优良的气动性能和调节性能，高效节能，磨损小，寿命长，结构简单，运行可靠，安装维修方便。在相同的选型条件下，可获得比单吸式离心风机和动叶可调轴流风机低一档的工作转数。

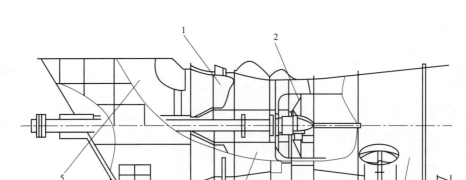

图 2-4 静叶可调式增压风机结构示意图

1—前导叶；2—叶轮；3—扩压器；4—集流器；5—进气室

二、日常维护

（一）动叶可调轴流式增压风机

动叶可调轴流式增压风机的日常维护工作主要包括定期维护及状态检查调整等，重点做好定期清理工作、润滑油的监视及更换、紧固件的定期维护和零部件的检查及更换等维护工作，并做好设备定期工作台账的记录和验收等事项。

1. 定期维护

动叶可调轴流式增压风机计划性维护工作，重点做好定期清理工作、润滑油的监视及更换、紧固件的维护等，具体要求如下：

（1）定期清理工作。

1）每周对风机运行监测仪器和传感器进行清洁；

2）每月对润滑油、冷却水过滤器进行清理；

3）每季度对冷却密封风机过滤栅网、清洁溢流管道栅网进行清洗。

（2）润滑油定期检查及更换。

每日对油位进行检查，确保油位在油镜 1/2～2/3 处；每年对润滑油进行更换，换油质量指标为黏度变化大于 ±15%，酸值大于 2.0mg/g（以 KOH 计），残碳大于 1.0%，不溶物大于 0.5%。

换油注意事项如下：

1）放油时要注意观察放出来的油内是否含有铁屑，特别是最后放出的油，发现铁屑应及时报告；

2）设备放空油后要加入部分新油清洗，主要清洗齿面和箱底，将设备内的铁屑、杂质和残留的油冲洗出来，特别是换油前后是不同油品时多冲洗，以防污染；

3）设备换油的同时要更换或清洗过滤器，并清洗透气帽；

4）每次加油前需清洁擦拭油抽、油漏斗、油壶等容器和工具；

5）每种用油应使用专用的容器，在容器上注明盛装油品的名称，以防污染；

6）加油容器不可露置在大气中，油壶上需用干净布盖好，避免雨水和杂物掉入，打开后的油品要立即加进设备，防止油品污染。

（3）定期紧固。

1）每季度对地脚螺栓进行紧固，紧固力矩不小于220N·m；

2）每季度对壳体螺栓和联轴器螺栓进行紧固，紧固力矩不小于170N·m。

（4）常规零部件定期检查维护。

常规周期为24000运行小时或3年（若风机介质为高温烟尘或含腐蚀性气体，推荐每运行8000～10000h进行检查维护）。动叶可调轴流式增压风机常规检查及维护见表2-1。

表 2-1　　　　　　　　　　　动叶可调轴流式增压风机常规检查及维护

检查部件	检查对象	检查方法	维护方法
本体	外机壳、风道	清理	清洁外机壳、风道
	导叶、支撑肋及膨胀节	目测	检查导叶及支撑肋的磨损，检查膨胀节状态
	膨胀节螺栓	测听棒	紧固膨胀节螺栓
	油站	清理设备、目测油位	油站的清洁、检查和换油
	冷却密封风机进口栅网和叶轮	清理调校	清洁进口栅网和叶轮，进行系统调校
	卸荷口栅网	清理、调校	清洁卸荷口栅网，进行系统调校
	执行机构	调整	调节执行机构
	中心复核	测量	风机和电动机之间的联轴器中心校核
	叶轮间隙	目测	检查叶轮间隙
动叶	叶片	清理	清除污垢，清理卡涩锈蚀的叶柄螺栓；检查无破损或裂纹
	进、出边口	检查	检查进、出口边磨损情况
叶轮轴承	整体检查	随机测量	每个叶轮随机检查两个叶片轴承，评估其他轴承运行状态
	轴承、滑块和调节盘	检查	检查轴承、滑块和调节盘的磨损情况
	垫圈的状态	检查	检查垫圈是否对中，无磨损
	润滑油脂	检查清理	检查轴承润滑油或润滑脂的状态
	元件	清理	元件清洁
	叶片轴及曲柄	检查	检查叶片轴及曲柄无裂缝
	元件配合面	检查	检查尺寸、圆周及平面运动
	密封件	检查更换	更换密封件和辅件

检查部件	检查对象	检查方法	维护方法
伺服电动机	油缸	清理	清除油缸油污
	元件	清理	元件清洁
	控制边缘、密封件、轴承	检查	检查控制边缘、油缸密封件、轴承磨损情况
	元件配合面	检查	检查尺寸、圆周及平面运动
	检查油管路	充压	检查油管路渗漏，评估强度
	密封件	检查更换	更换密封件和辅件
主轴承	元件	清理	元件清洁
	外观状况	检查	检查轴承状况，疲劳和磨损
	元件配合面	检查	检查尺寸、圆周及平面运动
	密封件	检查更换	更换密封件和辅件
调节装置	元件	清理	元件清洁
	控制杆、曲柄、轴承及限位块	检查	检查控制杆、曲柄及限位块状态和轴承磨损

2. 状态检查调整

（1）采取手摸、眼看、耳听、鼻闻的检查方法，对振动情况、轴承、电动机温度进行检查。

（2）对风机冷却水补水阀门进行检查。

（3）检查风机的油位、各部件是否正常。

（4）对配电室进行检查，并检查好电流负荷量。

（5）检查各风机的电流、压力是否为正常范围。

（6）及时观察并检查风机运行压差变化情况。

（7）清理卫生，不允许用水管直接冲洗电动机、风机、配电箱及其他电动装置，防止触电及设备损坏。

（8）状态检查以及检修情况记录必须认真、真实、清楚、齐全，并按规定填写停启风机指令人的姓名。

（二）静叶可调轴流式增压风机

1. 定期维护

定期维护是为了检查增压风机在运行过程中的工作状态是否正常，停运检查和定期维护的主要事项如下：

（1）对进口导叶，叶轮叶片和后导叶的磨损程度进行检验。

（2）检查叶轮叶片与通风机风筒之间的间隙。

（3）确保执行器操作可使所有进口导叶调整一致。

（4）润滑说明：每月前轴承加注油脂约 120g，中、后轴承加注油脂约 140g；当轴承温度超过 70℃时，每升温 15℃其加油时间缩短一半。每次维修时将润滑管路清理干净，并充以新鲜油脂。

（5）进口导叶调节装置维护。

1）导叶轴承的润滑。油槽的滚珠轴承必须清理干净，每运行 4000h 添加一次 7017-1 润滑脂。因此，凡在导叶与外端轴承之间的轴，在清理后均必须涂满油脂。

2）驱动连杆和铰接组件的润滑。驱动连杆和铰接组件转动部位使用 7017-1 润滑脂重新润滑。

2. 状态检查

检修点检人员每天需对风机及其附属系统、电动机、油站全面检查一次，检查项目如下：

（1）风机和电动机转动声音正常，无明显摩擦和振动声音。

（2）检查电动机轴承油环带油正常，轴承座无泄漏；油站油压、油位、油温正常，油质良好；冷却水量正常；油系统无渗漏。

（3）检查增压风机的静叶调节机构连接完好，柱销无松动，传动机构无卡涩和松动现象，静叶位置指示器正确。

（4）运行的轴承冷却风机运行良好，入口滤网无堵塞现象。

（5）在增压风机运行期间，注意监视 DCS 上显示的增压风机入口压力（3 个点位数据）、增压风机出口压力、增压风机轴承温度、增压风机电动机轴承温度和绕组温度、增压风机振动值、增压风机电动机电流、入口静叶开度、烟气流量等。

（6）增压风机过电流时，立即联系运行人员，查找原因，主动调整，使风机电流尽快返回额定值内。

（7）电动机油站油箱油位小于油箱油位线 1/2 处时补油，油箱油温应小于 50℃，过滤器压差应小于 0.05MPa。如过滤器压差大于 0.05MPa，影响到电动机轴承正常供油时，应倒换滤油筒并及时清洗。

三、增压风机检修

增压风机的检修工作主要包括风机本体解体和联轴器及膜片检修等项目，具体包括叶轮、叶轮毂、中空轴、主轴承检修等项目，重点做好主轴检查测量和叶片检查、清灰等检修工作，并关注油密封和烟气密封等事项。

主要检修工艺要求及质量标准如下：

（一）动叶可调轴流式增压风机

1. 检修标准项目

增压风机检修按照 A、B、C 等级检修进行分类，动叶可调轴流式增压风机检修项目分类见表 2-2。

表 2-2　　　　　　　　　　　动叶可调轴流式增压风机检修项目分类表

A 级检修项目	B 级检修项目	C 级检修项目
（1）检查联轴器，复查中心。 （2）进出口风道、出口风门检查修理，风机内部清灰、除锈，并重新刷防锈油漆防腐。 （3）校验风机叶轮动平衡。 （4）检查修理外壳、叶片、入口导叶，叶片根部及轮毂探伤，测量叶片顶部与机壳间隙。 （5）检查、调整液压驱动装置、传动装置，更换润滑脂，校对动叶开度。 （6）检查修理轴承箱。 （7）检查修理轮毂、液压缸，更换旋转油封。 （8）检查修理风机油站及电动机油站系统及其冷却水系统，进行打压试验，更换润滑油。 （9）检查修理密封风机及密封风系统。 （10）检查修理电动机轴瓦。 （11）更换围带	（1）检查联轴器，复查中心。 （2）进出口风道、出口风门检查修理，风机内部清灰。 （3）检查外壳、叶片、入口导叶，测量叶片顶部与壳间隙。 （4）检查、调整传动装置，更换润滑脂，校对动叶开度。 （5）检查风机油站及电动机油站系统及其冷却水系统，进行打压试验，更换润滑油。 （6）检查密封风机及密封风系统。 （7）检查围带	（1）检查联轴器，复查中心。 （2）进出口风道、出口风门检查修理，风机内部清灰。 （3）检查外壳、叶片、入口导叶。 （4）校对动叶开度。 （5）检查风机油站及电动机油站系统及其冷却水系统，进行打压试验，更换润滑油。 （6）检查密封风机及密封风系统。 （7）检查围带

2. 主要部件检修工艺要求及质量标准

（1）风机本体解体。依次对动叶可调轴流式增压风机轴承体结合面、轴承体侧盖、轴承体侧盖螺栓、轴承、轴和叶片等部件进行解体检查。

1）工艺要求。

a. 拆下电动机侧联轴器护罩，在联轴器上做上配对标记，装上百分表，测量联轴器找正数值并将数值记录存档，然后将联轴器解列。并在驱动端进气箱护轴管处为中空轴加支撑。

b. 拆开叶轮部位检修上盖外壳保温层，解开上盖螺栓并吊下叶轮检修上盖。

c. 拆开中空轴内部护罩，将中空轴固定好后，解列轮毂与中空轴的连接螺栓，拆除轮毂与轴承的结合螺栓，准备专用工具拆除叶轮毂，如果千斤顶不能卸下来，则需用割炬将轮毂加热后拆除叶轮毂。由起重工指挥吊出叶轮毂，放到指定位置。

d. 叶轮毂拆下后，拆除主轴承箱，进行解体检修，清洗更换轴承，加入新的润滑脂，组装时注意调整好轴承的相关间隙。

e. 联轴器检查测量。

f. 轴承体检查。

a）轴承体侧盖检查，无裂纹、无磨损。

b）检查轴承体紧固螺栓及轴承紧固螺母、止退垫。

g. 轴承体侧盖螺栓检查。进行轴承检测并做好记录，宏观检查轴承滚动体、滚道、隔离架及内外套的磨损情况，对损坏或磨损严重的轴承进行更换。用塞尺测量轴承的径向游隙，用内径百分表测量轴承的内径尺寸，用游标卡尺测量轴承外套尺寸及宽度。

h. 主轴检查测量。叶片检查，设备回装前检查电动机台板及风机各部位地角螺栓。

2）质量标准。动叶可调轴流式增压风机本体转子、静止部件、调节机构密封冷却风机和稀油站修后，使设备满足产品说明书规定的运行状态和标准参数。

a. 叶轮清理干净，探伤检查无缺陷。

b. 轴承体结合面平整、完好，无凸凹现象，无裂纹，无泄漏。

c. 各部件无裂纹、变形现象，螺纹完好，配件齐全。

d. 隔离架无损坏、拖底、变形现象。滚动体及内外套无裂纹、麻点、脱皮、重皮及擦伤、腐蚀、锈斑等现象。轴承转动灵活、无撞击声，轴承的径向游隙和轴孔内径在标准范围内。

e. 键与键槽的装配尺寸为两侧无间隙，组装后上部有 0.5～1mm 的间隙。对有缺陷的主轴进行修理或更换。

f. 主轴无损伤、无裂纹，螺纹完整，键槽完整无损伤。用外径千分尺测量主轴各部径向尺寸，用游标卡尺测量键槽尺寸。

g. 叶片磨损情况。表面无裂缝、磨损或损坏现象。确认叶片根部与轮毂无裂纹，对有疑问的要探伤确认。

h. 台板无裂纹，螺栓紧固完好。

i. 对风机进出口风道进行彻底清理，确保内部安全清洁，绝对不许有诸如建筑材料、钢板边角料、废弃螺栓、螺母等杂物。

j. 主轴承润滑油加注符合要求。

k. 动叶可调轴流式增压风机振动值满足全部运行条件下最大振速小于 4.6mm/s、轴承温升小于 40℃、轴承最高温度小于 65℃。

l. 动叶可调轴流式增压风机执行机构灵活无卡涩、同步，就地开度与画面指示一致。

m. 调试合格后设备整体清扫、刷漆。

（2）联轴器及膜片检修。在满足备用动叶可调轴流式增压风机安全运行或机组停运条件下，处理风机本体振动超标缺陷或者执行风机联轴器定期复核计划时，可对增压风机联轴器及膜片进行检修。

动叶可调轴流式增压风机联轴器及膜片检修严格执行检修文件包中的三级工序验收制

度。对联轴器各个部件进行打磨清理工作，按照总装图调整风机侧联轴器、电动机侧联轴器、传动轴各个间隙在合格范围内。

1）工艺要求。

a. 对配合超过极限值的或破损严重的联轴器进行更换。

b. 更换或修理不合格的联轴器螺栓、螺母、膜片。

c. 联轴器找中心。

d. 检查联轴器防护罩。

e. 检查可调入口调节叶片、传动装置。

f. 叶轮毂回装。叶轮毂清理检查完毕后开始回装，选好吊装位置，将叶轮毂垂直吊起，不能碰伤叶片边缘；就位以后进行主轴连接。

2）质量标准。

a. 联轴器无破损、无裂纹、无变形，表面光洁、无磨损、无毛刺。

b. 销孔光滑，无毛刺或脱皮。

c. 连接螺栓无弯曲变形，螺纹完好，垫圈、弹簧垫、螺母齐全。

d. 键与键槽组装后两侧无间隙，上部有 0.5～1mm 的间隙。

e. 联轴器轴向、径向偏差小于 50μm。

f. 防护罩安全牢固。

（3）油站检修。

1）工艺要求。

a. 油站清理。打开油箱上盖，用油泵将油箱内油全部打出。然后打开底部放油口，用抹布把沉淀的油垢杂质冲洗干净。用抹布沾煤油擦洗，直到污垢全部清除后，用干净无棉毛的白布擦洗，再用面粉将内壁仔细粘一遍。

b. 齿轮油泵的检修。

c. 拆除齿轮油泵连接油管路，将电动机联轴器脱开，拆下齿轮油泵，同时对联轴器和弹性块进行检查。

d. 拆除泵壳结合面螺栓，使泵壳分离，用煤油将油泵的零配件清洗干净。

e. 检查油泵出口止回阀是否严密，结合面不严的需要更换。

f. 油管的检修。消除油管道渗漏点，并对油管路各阀门阀位进行检查确认，确保阀位指示正确，用同型号油进行油管路冲洗。

g. 冷却器的检修。

h. 滤网切换阀的检修。

i. 更换滤网罩杯内的滤网，并对切换阀的密封面进行检查，同时更换罩杯密封胶圈。

2）质量标准。

a. 油站内外表面光洁、无杂物。

b. 泵齿无损伤，内部无杂质。

c. 油泵联轴器和弹性块检查无异常。

d. 油泵内部零部件清洗干净，并放置整齐。

e. 油泵出口止回阀严密，无泄漏现象。

f. 油管检查无异常，阀门阀位指示正确。

g. 冲洗时将适量干净的油加入油箱中，启动油泵进行油循环 10min 左右。

h. 换热管路通畅，内部无杂质及泄漏，进行打压试验，压力为正常工作压力的 1.25 倍，保持 5min。

i. 无泄漏、堵塞，连接处紧固。

（二）静叶可调轴流式增压风机

1. 检修标准项目

静叶可调轴流式增压风机检修按照 A、B、C 等级检修进行分类。静叶可调轴流式增压风机检修项目分类见表 2-3。

表 2-3　　　　　　　　　　静叶可调轴流式增压风机检修项目分类表

A 级检修项目	B 级检修项目	C 级检修项目
（1）检查联轴器，复查中心。 （2）进出口风道、出口风门检查修理，风机内部清灰、除锈，并重新刷防锈油漆防腐。 （3）校验风机叶轮动平衡。 （4）检查修理外壳、叶片、入口导叶，叶片根部及轮毂探伤，测量叶片顶部与机壳间隙。 （5）检查、调整液压驱动装置、传动装置，更换润滑脂。 （6）检查修理轴承箱。 （7）检查修理轮毂、液压缸，更换旋转油封。 （8）检查修理风机油站及电动机油站系统及其冷却水系统，进行打压试验，更换润滑油。 （9）检查修理密封风机及密封风系统。 （10）检查修理电动机轴瓦。 （11）更换围带	（1）检查联轴器，复查中心。 （2）进出口风道、出口风门检查修理，风机内部清灰。 （3）检查外壳、叶片、入口导叶，测量叶片顶部与壳间隙。 （4）检查、调整传动装置，更换润滑脂。 （5）检查风机油站及电动机油站系统及其冷却水系统，进行打压试验，更换润滑油。 （6）检查密封风机及密封风系统。 （7）检查围带	（1）检查联轴器，复查中心。 （2）进出口风道、出口风门检查修理，风机内部清灰。 （3）检查外壳、叶片、入口导叶。 （4）检查风机油站及电动机油站系统及其冷却水系统，进行打压试验，更换润滑油。 （5）检查密封风机及密封风系统。 （6）检查围带

2. 主要部件检修工艺要求及质量标准

（1）转子检修。

1）检查转子应无锈蚀、损伤和裂纹。

2）轴颈圆度、圆柱度允许偏差为 0.02mm，根据轴颈磨损情况，酌情考虑采用适当方法进行修复。

3）转子圆跳动不大于 0.02mm。

（2）齿轮箱体检修。

1）各配合表面应无缺陷、损伤，水平剖分面应接触严密。

2）油箱、油孔、油道清洗后应无杂质，油路畅通无阻。

3）内表面涂层应无起皮、脱落现象。

4）齿轮箱体应灌煤油试漏，注入高度不低于回油孔上缘，24h 无渗漏情况为合格。

5）各连接螺栓质量应符合要求，数量应齐全。

（3）径向轴承检修。

1）外观检查轴承衬应无损伤、裂纹、夹渣、空洞和重皮等缺陷。

2）将轴承浸入煤油 30min，涂白粉（或用渗透探伤或磁粉探伤法）检查轴承衬应无脱壳现象。

3）更换轴承衬时，检查轴承衬背与座孔的接触面积应达 50% 以上。

4）检查轴承衬与轴颈的接触应良好。

5）检查轴承衬背过盈量应为 0.02～0.04mm。

（4）止推轴承检修。

1）检查轴承衬应无裂纹、夹渣、空洞和重皮等缺陷。

2）将轴承浸入煤油中 30min，涂白粉（或用渗透探伤或磁粉探伤法）检查轴承衬应无脱壳现象。

3）检查止推瓦块厚度应均匀一致，用着色法检查止推瓦块与止推盘的接触面积应达 70% 以上。

4）止推间隙为 0.25～0.34mm。

（5）主风机检修。

1）转子。

a. 外观。转子各轴颈、止推盘处应进行着色检查，其表面应光洁无裂纹、锈蚀及麻点，其他处不应有机械损伤和缺陷。

b. 动叶片的裂纹检验。

a）一般情况下，应仔细地检查处于安装好状态的第一级、第二级、倒数第一、倒数二级动叶片的工作部分和叶片的连接部分，其余各级叶片进行目测。

b）如果发生下列情况之一，应对全部叶片进行裂纹检验：

① 机器不稳定工作的逆流、旋转失速。

② 叶片发生条痕。

③ 流道内发现机械杂物。

④ 发生腐蚀现象。

c）当设备发生喘振时，必须进行全部叶片的检验。

d）检验方法。根据具体情况可采用的检验方法有着色检验、磁粉探伤、测频法、涡流探伤。

注意：任何情况下，检查时应将转子从机壳中吊出来；着色时，不允许使用含有氯化物的渗透剂。

c. 轴颈圆度、圆柱度。检查轴颈圆度、圆柱度允许偏差值为 0.01mm。

d. 转子跳动。转子允许跳动值应不大于 0.02mm。标准见 SHS 02007《AV 系列主风机组维护检修规程》。

e. 所有传感器部位（径向振动）和轴位移，其最终表面粗糙度 Ra 值应达到 0.4～0.8μm，这些部位的电气和机械的综合跳动值不超过下列数值：

a）径向振动探头监测部位：6μm。

b）轴位移探头监测部位：13μm。

f. 校正动平衡。动平衡精度等级按制造厂要求。如制造厂无要求，按不低于 G2.5 级处理。

2）轴承箱。

a. 各配合表面。检查各配合表面应无损伤，水平剖分面接触应严密，自由间隙不应大于 0.05mm。

b. 油孔、油道。油孔、油道应清洁无杂质，并应畅通无阻，连接法兰面无径向划痕。

c. 内表面涂料。检查内表面涂料应无起皮和脱离现象，否则应彻底清除后重涂。

d. 试漏。机器正常运转时，轴承箱部位若有油渗漏现象，检修时应做煤油渗透检查，30min 无渗漏为合格。

e. 连接螺栓。检查连接螺栓应完好、无损，否则应更换。

3）径向轴承。

a. 外观。轴承衬应无裂纹、夹渣、气孔、重皮等缺陷。

b. 轴承衬脱壳检查。对轴承进行无损探伤，检查轴承衬有无脱壳现象。

c. 轴承衬背与座孔接触面积。轴承衬背与座孔应接触良好，接触面积不小 75%。

d. 轴承衬与轴颈接触。轴承衬与轴颈的接触状况，瓦块应在弧形中部 1/3 弧长部分接触，沿长度方向接触面积应大于 75%。

e. 轴承水平剖分面。检查轴承水平剖分面自由间隙不应大于 0.05mm。

f. 轴承衬背过盈量。检查轴承衬背的过盈量应为 0.01～0.05mm。

4）止推轴承。

a. 外观。检查轴承衬应无裂纹、夹渣、气孔、重皮等缺陷。

b. 脱壳检查。对轴承进行无损探伤，检查轴承衬有无脱壳现象。

c. 瓦块、摆动瓦块厚度。检查止推瓦块的厚度应均匀一致，厚度允许偏差为 0.02mm。

d. 止推瓦块与止推盘的接触面积。止推瓦块与止推盘接触面积不少于 80%。

e. 组装后摆动。组装后瓦块的摆动应灵活、可靠，无卡涩现象。

f. 组装后平行度。组装后检查瓦块承力面与定位环应平行，平行度允许偏差为 0.02mm。

g. 调整垫片。调整轴承间隙用的调整垫片应光洁，无卷边、毛刺等缺陷。

h. 轴承接合面。检查轴承接合面自由间隙应不大于 0.05mm。

5）油封。

a. 外观。检查油封齿嵌装应牢固，无裂纹、卷曲、歪斜等缺陷，回油孔畅通。

b. 油封间隙。油封间隙应不超过最大值 0.15mm。

6）迷宫密封。

a. 外观。密封套外观检查应无损伤，进排气孔应畅通，密封片应无裂纹、卷曲或歪斜等损伤。

b. 连接。密封套与座孔的配合应紧密、无松动，连接螺栓应锁紧防松。

c. 水平剖分面。检查水平剖分面应平整，接触严密，不错口。

d. 间隙调整。密封间隙的调整可用调整密封套背部垫片或修刮密封片的方法来达到规定值。

7）静叶承缸。

a. 检查静叶承缸应无变形、裂纹。

b. 各接合面应光洁、无锈蚀和损伤，各连接螺栓应无变形。

c. 承缸背压板和螺栓应无松动和锈蚀。

8）可调静叶。

a. 外观。检查静叶片应无裂纹、锈蚀、损伤、变形等缺陷。

b. 静叶密封圈、石墨轴承及静叶附件。

a）检查静叶密封圈应无老化、断裂等损伤，若发现应更换。

b）检查石墨轴承磨损情况，若发现有裂纹、破碎等缺陷应更换。

c）检查静叶附件如滑块、曲柄等。防松不锈钢丝应牢固、可靠。所有静叶的调节转动应灵活、准确。

c. 移动调节缸时应左右同步进行。

9）叶片间隙。

a. 动静叶片顶间隙应在其最上和最下部取 3～4 片用压铅法测量，两侧间隙应在下承缸水平剖面处用塞尺逐片检测。

b. 用压铅法测叶顶间隙时，铅丝直径应比设计最大间隙值大 0.5mm，将铅丝放置各叶顶弯折后，用胶布贴牢。

c. 转子吊入后严禁盘动。

d. 叶顶间隙应符合要求。

10）调节缸和驱动环。

a. 外观。外观检查各接合面应光洁，无锈蚀等损伤；各连接螺栓能用手拧入。驱动环应无扭曲变形，内表面光洁、无锈蚀，外表面油漆完好，各驱动环与滑块接触良好。

b. 调节缸两侧支撑及间隙。检查调节缸两侧支撑应无裂纹等缺陷，导杆无弯曲、变形。导向套与导杆的配合间隙为 0.20～0.30mm，滑道与滑板的配合间隙为 0.20～0.30mm。

（三）检修安全、健康、环保要求

1. 检修工作前

（1）进入静叶可调轴流式增压风机前应做好风机壳体内的空气置换及温度检测工作。

（2）重点做好转子制动措施以及烟尘防护工作。

（3）静叶可调轴流式增压风机检修中所用吊装工器具经过检验合格。

（4）确认工作票已办理，并检查安全措施已执行。

2. 检修过程中

（1）打开人孔门，第一时间对转子采取制动措施，防止检修过程转动伤人。

（2）现场工作器具要定置摆放，做到"三不落地"。

（3）工作人员应严格按照规定着装，穿紧袖工作服，在风机本体内进行清理检查作业时，要做好通风工作。

（4）在风机本体顶部作业时要正确使用安全带。

（5）在风道内工作进行风机泵体及各部件吊装作业时吊钩钢丝绳应保持垂直，禁止斜拉。

（6）在进行动叶开度调试等需要两人配合作业时，必须要有人员监护并随时进行沟通。

（7）在进入静叶可调轴流式增压风机内作业时，检修负责人应对带入的工具进行登记，检修结束后将工具及杂物全部带出容器。

3. 检修结束后

（1）人孔门封闭前，检查风机本体内部杂物已清理干净。

（2）检查静叶可调轴流式增压风机各紧固螺栓是否牢固。

（3）对设备进行盘车，无异常后提交试运申请。

四、常见故障原因及处理

增压风机运行故障会导致原烟气流速、压力下降，在运行中常见故障主要包括轴承振动超标、轴承温度超标、润滑油温度超标、油系统故障、轴承失效、叶片磨损、支撑柱磨损、动力消耗失控、叶片轴承卡滞等，根据不同故障原因采取相应针对性处置措施，尽快恢复增压风机的正常运行。

动叶可调轴流式增压风机常见故障原因及处理方法见表2-4。

表2-4　　　　　　　　动叶可调轴流式增压风机常见故障原因及处理方法

故障	原因	处理方法
轴承振动大	叶轮上的沉积和剥落层	清洁叶轮，查明原因
	叶轮磨损、不平衡	平衡叶轮，测量磨损
	轴承游隙过大	调整轴承到正常游隙，装配新轴承
	联轴器没校正	重校正联轴器
	地基下沉，机件松动	修复地基，重新校正紧固件及联轴器
轴承温度过高	润滑油质量不符合要求或变质，润滑油黏度过高	更换润滑脂
	机构装配过紧（间隙不足）	调整机构轴向、径向间隙
	轴承装配过紧	调整轴承轴向、径向间隙
	轴承座在轴上或壳内转动	更换轴承座或修理密封冷却风机
	负荷过大	清洁该风机叶轮和进口栅网
	轴承保持架或滚动体碎裂	更换轴承
轴承运转中有噪声	轴承内、外圈配合表面磨损	检修或更换轴承
	轴承润滑不足	增加润滑油量、更换专用润滑油
	轴承破损	检修或更换轴承
润滑油温度太高	加热器没有关或启动温度设定过低	关闭加热器，提高启动温度
	冷却水量未开或太小	打开冷却水或增加冷却水量
	冷却水温太高	增加冷却水量
	油冷却器积垢、堵塞	清洁冷却器或更换
	外界热源的影响	保护供油与热源隔离
润滑油温度太低	加热器未投运	检查调温器和投运加热器
油压波动	过滤器污染、堵塞	清洁过滤器，转换备用过滤器
	油路泄漏	更换油封，紧固松动螺母
	阀门失调或堵塞	校正或清洁阀门
	压力阀故障，油温高，油位低	清洁或重校压力阀，加油
	油泵故障	检修、更换油泵
	溢流阀失调	调节溢流阀

续表

故障	原因	处理方法
润滑油泄漏	轴承损坏	更换轴承
	轴密封损坏	更换轴密封、油封
	管道连接处泄漏	检查并紧固好内外管道接头
	油位太高	降低油位
	密封平衡管不通气	清理通气管道及栅网
	润滑油失效	更换润滑油
	流道气温超高，不能承受	限制流道气温
油质差	润滑油标号使用错误	按照设备使用说明书更换合格标号润滑油
	油过滤器故障或滤网太粗	更换过滤器滤网
	管路密封不良	更换管路或密封
	流道气体渗入	检查密封空气压力，更换轴封
	冷却器泄漏	修理、更换冷却器
	雨水、污水等渗入	加装防水进入装置，定期排水
叶片、空心支撑柱磨损穿孔、断裂	高含尘量	控制含尘量、更换超过磨损标准的空心支撑柱
	气流冲击过分集中	安装导流护板
执行器故障	执行器传动行程过快	调执行驱动、行程时间及连杆
伺服电动机活塞密封失效	密封件磨损	更换密封件
控制油压异常	控制油压太低	检修油泵，调整控制出口油压
叶片轴承故障	叶片轴承被卡滞	清理、更换轴承
动叶磨损	动叶受涂盖层影响，控制头卡涩	清洁动叶，检查控制头、控制阀芯与活塞的同轴度
叶片轴承损坏、卡涩	叶片轴承无润滑	加注润滑油脂
	在叶轮（毂）上有积垢	清洁叶轮（毂）
		关闭风机挡门

静叶可调轴流式增压风机常见故障原因及处理方法见表2-5。

表 2-5　　静叶可调轴流式增压风机常见故障原因及处理方法

故障	原因	处理方法
轴承温度高	轴承损坏（疲劳所致）	更换轴承
	轴承间隙太小	按正常间隙装配轴承

续表

故障	原因	处理方法
运行时声音异常	轴承间隙太大	检查轴承，必要时更换轴承（如有必要，还应检查电动机轴承），可用听针测听声音
消耗的功率变化较大	进口导叶的调节装置不同步	重新调整进口导叶的调节装置，检查执行器的情况，拧紧固定螺钉
消耗功率无变化	伺服电动机有缺陷，杠杆与轴的外端夹头松动	更换伺服电动机夹紧杠杆，调整进口导叶的调节装置；检查执行器驱动装置；拧紧固定螺栓
运行时有异音，伴有振动超标	转子上的沉积物引起的不平衡，由于叶片一侧磨损引起不平衡，轴承磨损增加基础变形或找正不正确	除去沉积物，更换叶片，检查轴承；必要时装上备用轴承，检查对中，重新找正

第二节　回转式烟气换热器

回转式烟气换热器（GGH）在脱硫系统原烟气与净烟气间进行热量交换，在降低原烟气温度的同时能升高净烟气温度，安装烟气换热器有以下作用：

（1）减少吸收塔内水的蒸发量。经热平衡计算可知，烟气换热器（GGH）使得进入吸收塔的原烟气温度下降，塔内水的蒸发量减少。

（2）保护低耐温材料，安装烟气换热器（GGH）后降低了吸收塔原烟气温度，能很好地保护塔内耐温能力有限的玻璃鳞片或橡胶衬防腐层。

（3）降低了烟气的可见度。经过湿法脱硫后的烟气达到湿饱和状态，如直接排放在环境温度较低时，凝结水汽排入大气中，视觉上会形成白色的烟羽，烟气经过GGH升温后回到了水蒸气不饱和状态，从而透明度上升，改善了周围地区环境。

（4）抬升烟气排放高度，降低污染物落地浓度。由于GGH使得湿法脱硫后的净烟气温度上升30℃左右，排入烟囱的烟气密度降低，烟气与空气的密度差增大，烟气抬升能力增强，而烟气的有效抬升增大了烟气中水蒸气、SO_2 和 NO_x 的扩散空间，减轻了烟气对地面的污染。

常见脱硫装置净烟气再加热装置有回转式烟气换热器（GGH）和热管式换热器。目前由于回转式换热器容易结垢堵塞、原烟气向净烟气侧泄漏率高，难以满足超低排放改造要求，所以大部分被取消或替换为热媒体气气换热装置（MGGH）。

因热端烟气含硫高、温度高；冷端温度低、含水率大，故一般烟气换热器的烟气进出口均需用耐腐蚀材料，如玻璃鳞片防腐、考登钢等。

一、GGH 结构及工作原理

回转式 GGH 由上下主轴、传热元件、密封框架上下部、高低温膨胀节、密封框架调节装置、转子、导向轴承系统、推力轴承系统、上下轴封、上中下壳体、围带、驱动装置、检修平台、清洗装置、低泄漏风机、气体密封系统、阀门站等部分组成。回转式烟气换热器结构见图2-5。

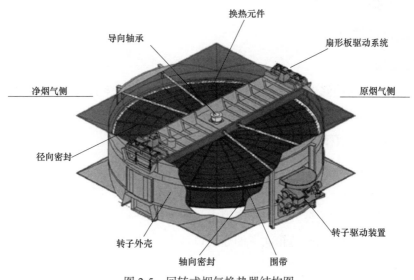

图 2-5　回转式烟气换热器结构图

在分为两个通道的 GGH 壳体内，一个装满换热元件的转子在驱动装置的带动下缓慢地旋转。换热元件在高温烟气侧吸收热量，在低温烟气侧释放热量，从而完成原烟气对净烟气的加热过程。

GGH 运行中存在的主要问题如下：

（1）原烟气经过 GGH 后由 125℃左右降低到 85℃左右，在 GGH 的热侧会产生大量黏稠的酸液，这些酸液对 GGH 的换热元件和壳体有很强的腐蚀，还会黏附大量烟气中的飞灰，使 GGH 结垢而堵塞，造成的危害有 GGH 换热效率降低，净烟气不能达到设计要求的排放温度；并对下游设施造成腐蚀，增加了脱硫系统运行故障率。

（2）回转式烟气换热器不仅带来很大的阻力压降，而且使得单台增压风机功耗比不设置 GGH 时增加。

（3）降低脱硫效率。对于回转式 GGH 来说，由于结构问题，原烟气侧总会向净烟气侧携带泄漏。泄漏率一般在 1% 左右，对整个脱硫系统的脱硫效率产生影响。尽管采用一些措施可以大大减少漏风量，但回转式烟气换热器转子轴向密封和径向密封结构复杂，安装检修技术要求较高，往往运行一段时间后系统泄漏增大，烟气泄漏量能达到 39%～59%。这对于烟气 SO_2 浓度高或者对脱硫率要求高的电站来说，是不太适宜的。

（4）增加 FGD 建设投资及运行费用。GGH 设备本体以及由安装 GGH 带来的直接建设投资（包括烟道、支架、冲洗系统等）的费用大概占到了整个 FGD 系统的 9%～13%。而运行费用高也是安装 GGH 存在的一个问题。如果考虑由于安装 GGH 而引发的烟道压降，为了克服这些阻力，必须增加风机的压头，这使脱硫系统的运行电耗大大增加。此外，除正常维护检修和堵塞等故障的处理费用外，经过几年后就需更换陶瓷换热片及不锈钢换热元件，这些资金投入都使得 GGH 的成本占到总资金投入的很大部分。

二、日常维护

（一）GGH 的维护

1. 密封的检查

（1）参照 GGH 的检修工艺对顶部和底部径向密封、轴向密封、环向密封进行检查。

（2）定期更换和紧固中心筒密封盘根。

（3）检查密封空气管路连接是否有损坏或泄漏，并消除。

2. 转子驱动装置

（1）每 3 个月检查一次整个驱动装置的运行及连接情况，特别是抗扭矩臂两侧与扭矩臂支座的横向间隙以及扭矩臂支座的连接固定状态。

（2）每 3 个月检查一次减速箱润滑油通气口。

（3）每月检查一次减速箱的油位。

3. 转子轴承

（1）每周必须检查一次顶部和底部轴承箱的润滑油位并保证正确的油量和加油等级。

（2）每 3 个月检查一次轴承系统的噪声、安全及是否存在漏油，轴承还必须保持清洁，并能自由通气。

（3）有条件的情况下，每 4 个月定期测定一次轴承油池中的金属含量。

4. 玻璃鳞片涂层

（1）检查所有玻璃鳞片涂层是否有损坏，并在检修期间修复。

（2）停炉期间进入 GGH 烟道，检查换热元件表面是否存在腐蚀或吹灰器未能去除的沉积物。如果通过 GGH 的阻力增大，也表明换热元件已经堵塞或腐蚀。

（3）检查换热元件表面的搪瓷釉是否有损坏迹象，做好记录。

（4）检查换热元件时，必须有两个人同时进行。一个人在换热元件的一端握灯，另一个人从另一端开始检查。

5. 烟气再热器本体

（1）检查 GGH 内部是否有腐蚀和锈蚀迹象，做好记录。

（2）检查内部螺栓和螺母是否有破坏或腐蚀现象。

（3）检查扇形板和扇形板支板间的所有密封是否有漏风现象。对轴向密封板和端柱间的密封也需做同样的检查。

（4）检查外部保温表面是否有损坏处，如必要，进行修复。

6. 换热元件的清洁

（1）设备运行时由运行人员对换热元件进行定期压缩空气的吹扫。

（2）如果压缩空气吹扫无法达到效果，那么应该在 GGH 停机时进行低压水冲洗。如果一个流程没有彻底清洁干净，就必须重复水洗，直到干净为止。

7. 油润滑

（1）顶部轴承和底部轴承运行 10000h 需要更换润滑油。将轴承的油放掉，进行优质油冲洗，冲洗完毕后，再正确加入适量的润滑油。（注意加油不要过量）

（2）驱动装置减速箱在正常运行半个月后进行一次换油，以后 3～9 个月检查一次，发生油质变化或变脏时换油。使用过程中检查无漏油，并通过油位视窗观察系统油位是否合适。

三、GGH 的检修

（一）等级检修项目

GGH 等级检修项目分类表见表 2-6。

表 2-6   **GGH 等级检修项目分类表**

A 级检修项目	B 级检修项目	C 级检修项目
（1）检查修理减速机。 （2）检查、清理蓄热元件及罩壳内积灰。 （3）检查中心筒密封，测量、调整各密封间隙。 （4）检查更换扇形板，调整扇形板间隙。 （5）检查更换导向轴承、支撑轴承。 （6）检查修理驱动装置及传动装置。 （7）测量转子晃动。 （8）检查修理吹灰器。 （9）检查高压冲洗水系统。 （10）检查修理密封风系统。 （11）检查设备支撑构架	（1）检查、清理蓄热元件及罩壳内积灰。 （2）检查中心筒密封，测量、调整各密封间隙。 （3）检查扇形板，调整扇形板间隙。 （4）检查、清理驱动装置及传动装置。 （5）检查吹灰器。 （6）检查修理高压冲洗水系统。 （7）检查密封系统及风机。 （8）检查设备支撑构架	（1）检查、清理蓄热元件及罩壳内积灰。 （2）检查中心筒密封。 （3）检查吹灰器。 （4）检查高压冲洗水系统。 （5）检查密封系统及风机

（二）主要检修工艺要求及质量标准

1. 换热元件盒的拆除与更换

（1）检修工序。

1）拆卸元件盒前对以下几个方面进行彻底检查：元件盒端板、元件盒板条、焊接端板的连接板条、钢板吊孔、元件盒清洁度。

2）若积灰造成转子元件盒腐蚀，则应在将其从转子中吊出前，采用高压水冲洗来缓解这种状况；若目测发现元件盒端板或支撑板条的损失超过33%的厚度，应咨询厂家获取安全吊取方法的技术支持。

3）若目测发现元件盒端板或支撑板条的损失不超过33%的厚度，检查完换热元件后认为其可以安全起吊，则可用下列方法将元件盒从转子中取出。

a. 切断主电动机电源。

b. 拆除处理烟气出口烟道内的换热元件检修门。

c. 在换热元件检修门上安装需要的横梁。

d. 给横梁装上电动葫芦。

e. 打开顶部处理烟气侧烟道上的人孔门以便进入转子顶部。

f. 进行手动盘车，转动转子，直到一个转子扇区位于横梁或起吊点的下方。

g. 按照要求拆下顶部径向密封片。

h. 从转子周围开始拆除外侧元件盒。拆除时先向上吊离转子，穿过元件检修门后吊到检修区域。

i. 进行手动盘车，转动转子，直到所有的换热元件都拆除并更换。

j. 如果没有新的元件盒或者要求在转子中卸下所有元件盒，那么需要从对称的部分也卸下元件盒，以保证转子的平衡。在进行元件盒的更换时，也必须进行对应的工作，以避免转子不平衡。

（2）工艺要求。

1）换热元件更换时都必须使用专用吊耳通过顶部处理烟道直接从上面吊出。

2）更换换热元件时应在拆去原有元件盒时装上新的元件盒，保持转子的平衡。

3）吊装换热元件应使用匹配的电动葫芦载重。

4）在卸下或者更换元件盒的时候必须特别小心，以防损坏烟道壁上的玻璃鳞片。

5）在重新安装元件盒，进行转子转动时，注意不损坏换热元件波纹板的边缘。

6）换热元件磨损或腐蚀严重影响传热效果或安全运行时、传热元件磨损减薄到原壁厚的1/3时、堵塞严重无法清理时进行传热元件的更换。

2. 顶部、底部径向密封片的拆除和更换

（1）按照要求在烟道中铺设脚手架和安全板。

（2）进入烟道检查径向密封片、径向密封片的状况，发现磨损、变形严重、无法矫正时，应进行更换。

（3）检查锁紧螺母、螺栓、垫圈和连接片的损坏和腐蚀情况，损坏、腐蚀严重的进行更换。

（4）测量密封片与扇形板的间隙，做好记录。

（5）手动盘车，拆除密封片。

（6）顶部、底部径向密封片的安装。

1）将密封设定杆安装到顶部处理烟道和底部处理烟道上的永久固定端支架上。

2）安装径向隔板上的径向密封片，然后手动转动转子直到密封片与顶部／底部扇形板对准为止。

3）按照要求来设定密封并把紧，做好记录。

4）转动转子密封片，与密封设定标尺对齐。

5）沿着密封片长度方向的外形设定密封设定标尺。

6）通过手动盘车装置转动转子，逐个使每一径向密封片与密封设定标尺对齐。

7）将烟道上的密封设定标尺拆除。

8）检查是否所有的垫圈和连接片都已经安装。

3. 轴向密封片的检查、更换

（1）工艺要求。

1）打开靠近每个端柱的转子外壳上的轴向密封门（最好拆除）。

2）进入烟道检查径向密封片、轴向密封片的状况，磨损、变形严重、无法矫正时，应进行更换。

3）检查锁紧螺母、螺栓、垫圈和连接片的损坏和腐蚀情况，损坏、腐蚀严重的进行更换。

4）安装密封设定杆，测量轴向密封片与弧形板的间隙，并记录间隙数据。设定并固定密封杆的位置。

5）拆除需要更换的轴向密封片。

6）安装并固定密封片。

7）进行手动盘车，转动转子，直到密封片与轴向密封板对齐为止。

8）紧固所有密封片，手动盘车，转动转子，直到所选密封片转到与轴向密封板相对的位置，然后检查设定值。

9）安装密封设定标尺到轴向密封检修门。

10）按照已经固定好的所选密封片的外形固定密封设定标尺。

11）通过检修门，依次设定和安装密封片，使其与密封设定标尺对齐。手动转动转子来固定每条密封片。

12）拆掉密封设定标尺。

13）检查是否已经安装所有的垫圈和连接片。

14）检查内部没有遗留物，重新安装检修门。

（2）质量标准。

1）密封片与扇形板间隙的设定应参照原始记录进行。

2）安装和设定密封的过程中不要损坏密封片。

3）轴向密封片和径向密封片应处于同一直线上。（安装在径向隔板的同一侧面上）

4. 环向密封片的拆除和更换

（1）工艺要求。

1）顶部外缘环向密封片的更换。

a. 检查环向密封片，磨损、变形严重，无法矫正时，应更换。

b. 检查锁紧螺母、螺栓、垫圈和连接片的损坏和腐蚀情况，损坏、腐蚀严重的进行更换。

c. 测量原始间隙，并做好记录。

d. 卸下锁紧螺母、垫片和支撑件上的平垫圈，拆除需要更换的密封片。

e. 安装新的密封片，校核原始间隙。

f. 检查所有的锁紧螺母、垫圈和连接片安装牢固。

2）底部外缘环向密封片的更换。

a. 检查密封板条是否损坏和腐蚀，损坏、腐蚀严重的进行更换。

b. 记录原始数据后，依据原始数据更换新的底部外缘环向密封片。

3）内缘环向密封片的更换。

a. 在底部烟道搭建临时检修平台，检查顶部／底部密封片，磨损腐蚀严重的进行更换。

b. 拆除锁紧螺母，割开密封片，并按照要求转动转子，更换每个密封片。

c. 密封间隙值的设定和径向密封片保证一致。

（2）质量标准。

1）锁紧螺母、螺栓、垫圈和连接片无损坏和腐蚀。

2）环向密封片无磨损、变形。

3）密封板条无损坏和腐蚀。

4）填料密封盘根无损坏。

5. 中心筒密封的拆除和更换

（1）工艺要求。

1）松开密封压盖，从扇形板上拆除固定螺栓以拆下整个填料密封组件。

2）卸下中心筒密封的固定销钉，拆掉整个密封。

3）填料密封盘根如有损坏松开压盖拆除。

4）拆下空气密封管接头，检查腐蚀状况。

5）安装依照拆卸的反顺序进行并遵照以下说明。

6）用油涂填料环把环的两端放进密封座套，放其余的填料环之前用木垫块和压盖轻压进密封座套。

7）重复放进其余的填料环并将端部错开90°。

8）拧紧压盖螺母直至轻轻压紧轴为止，然后松开压盖用手指感觉压紧。

9）进一步调整螺母，调整好密封。

10）填料 V 形尖靠轴一侧应顺着转向。

（2）质量标准。更换密封时，必须注意两个保持环的正确安装位置，确保密封片靠紧中心筒。

6. 拆除和更换主驱动和备用驱动电动机以及减速箱

（1）检修工序。

1）确认两个电动机的电源都被切断并且转子驱动装置的电源也被切断。

2）安排适当的起吊设备。

3）缓慢吊起电动机。

4）把柔性联轴器的两部分卸开。

5）卸下固定电动机法兰上的 4 个销钉。

6）将电动机从轴套中小心抽出，直到半个联轴器从电动机轴上完全抽出为止。

7）把电动机移到检修区进行检修。

8）更换电动机的时候，按反顺序进行，并且保证联轴器两部分的安装正确。

（2）质量标准。

1）锁紧盘的紧固力矩为 490N·m。

2）在扭转臂的支撑滑动面应使用润滑脂。

7. 拆卸和更换整个驱动装置

（1）工艺要求。

1）确认两个电动机的电源都被切断，并且转子驱动装置的电源也被切断。

2）安排适当的起吊设备。

3）缓慢吊起整个装置。

4）卸下转子停转警报传感器和位于驱动装置顶部锁紧盘外边的保护罩。

5）卸下转子轴顶部的传感器靶盘。

6）从驱动轴顶部卸下锁紧盘。

7）垂直向上吊起整个转子驱动装置，直到二级减速箱完全脱离了驱动轴为止。注意不能损坏扭转臂的支撑座。

8）将转子驱动装置吊运至检修区进行检修。

9）根据拆卸顺序，反向安装整个转子驱动装置。

10）在轴顶部装配靶盘，并且安装保护罩和转子停转报警传感器。

（2）质量标准。

1）扭转臂的支撑座无破损。

2）锁紧盘无锈蚀、变形。

8. 驱动装置（减速器）的检修

（1）检修工序。

1）所有零部件解体清洗检查。放掉润滑油并化验。

2）轴系零件的解体以能清洗和检查为限，严禁用棉纱头擦拭零件。

3）用红丹粉检查齿轮副的啮合情况，测量数据并记录。

4）用红丹粉检查蜗轮副的啮合情况，测量数据并记录。

5）轴承与轴的配合检查。用塞尺检查轴承与轴肩的装配间隙。（除非更换轴或轴承，一般情况下不拆卸轴承）

6）油位计检查。用煤油清洗油位计。

7）减速机箱体清洗检查。箱体清洗后用白布擦拭，然后用黏体物将杂物粘干净，装配零件前应保持箱内干净，用 0.05mm 的塞尺检查箱座与箱盖自由结合时结合面间隙。

8）轴封的更换。

9）更换润滑油，油质应符合要求。

10）检查各部螺栓。

（2）质量标准。

1）解体前仔细做好装配印记，记录各部件解体顺序、各部间隙记录、垫子厚度。

2）齿轮、蜗轮、蜗杆、轴及轴承的质量应符合有关标准的规定。

3）各轴装配后，两啮合齿轮在齿宽方向上的错位不超过 1.5mm，齿面接触斑点沿齿高方向不低于 60%，沿齿宽方向不低于 80%。接触斑点的分布位置应趋近齿面中部。

4）蜗轮副的接触面积沿齿高方向不少于 50%，沿齿宽方向不少于 60%；接触斑点在齿高方向上无断缺，不允许成带状条纹；接触斑点痕迹的分布位置应趋近齿面中部。

5）滚动轴承与轴装配时应紧贴轴肩，其间隙不应超过 0.05mm，装配完毕后用手转动，应轻松灵活，无卡阻现象。

6）油位计无破损，油位显示清晰，油位标注正确。

7）减速机箱体无裂纹及其他缺陷，清洗干净；箱体不漏油。

8）塞尺塞入深度不得超过结合面宽度的 1/3；箱座与箱盖加紧后减速器密封要严实，不得有漏油或渗油现象。

9）轴封完好，无缺陷。

10）各部基础无裂纹，螺栓齐全、无松动。

9. 顶部导向轴承的拆卸与更换

（1）检修工序。

1）拆下整个转子驱动装置。

2）在转子和转子外壳之间加临时支撑。

3）排净顶部轴承箱的油并妥善处理。

4）松开锁紧盘，并把它从轴套上卸下。

5）拆下六角头螺钉和顶部盖板。

6）用轴承套座顶部面上的拆卸孔垂直向上小心地拆下整个轴套和顶部导向轴承。

7）把转子驱动装置移到检修区检修。

8）拆下六角头螺栓和轴承的保持环以后，将导向轴承从轴套中抽出来。

9）安装顶部导向轴承，按拆卸的反顺序进行。

10）更换新的顶部和底部白色毛毡衬垫和垫片。

11）将轴承箱注油。

（2）质量标准。

1）转子与转子外壳之间必须有足够的支撑保证转子保持垂直。

2）轴承检查质量标准参照下述底部支撑轴承的拆卸与更换的质量标准。

10. 底部支撑轴承的拆卸与更换

（1）工艺要求。

1）断开主驱动电动机和备用驱动电动机。

2）拆下底部轴承上的保护网。

3）排净底部轴承箱中的油，妥善处理废油。

4）拆除底部轴承箱座套上的温度探测热电阻。

5）拆下内缘环向密封。

6）拆下顶部扇形板中心位置的顶部径向密封。

7）拆下底部轴承箱底固定螺栓。

8）安装带有支撑台及液压泵的液压千斤顶。

9）安装液压管道。

10）安装拆除轨和相应支撑。

11）在底梁上安装起吊点。

12）安排合适的起吊装置和钢缆。

13）用液压千斤顶抬升转子使轴承盖板与千斤顶分开。拿走轴承箱下面的薄垫片以更方便地移走轴承箱。注意保留所有被拆除的垫片，并做好记号，在重新安装时使用。

14）小心地将底部轴承箱连同轴承一起从滑轨上拖出到检修区域。

15）将轴承上的垫片／盖板抽出。

（2）质量标准。

1）转子抬升的高度不能过高，不超过 5mm。

2）固定螺栓、螺母应无松动现象；螺栓无弯曲，螺栓、螺母无损牙；垫片整齐，无裂纹；螺栓、螺母及垫片应清洗干净；当所有螺母拧紧后，垫片应并紧，用 0.05mm 的塞尺检查，应无间隙存在。

3）轴承座无裂纹、毛刺、沟痕、锈污、油污、杂质；法兰结合面清理干净，无毛刺。

4）轴承无脱皮剥落、无磨损、无过热变色、无锈蚀、无裂纹、无破碎等，轴承间隙应符合有关标准要求。

5）轴、连接套管及锁紧盖表面无裂纹、毛刺、沟痕、过热变色，锁紧盖螺栓无断裂，轴、连接套管、锁紧盖之间无相对运动。

6）各部间隙、有要求紧力值的按厂家规定调整。

7）油位计无破损，油位显示清晰，油位标注正确。

8）新加润滑油油位正确，油质符合要求。

9）轴承座法兰自由结合时，塞尺塞入深度不得超过结合面宽度的1/3；轴承座与轴承盖加紧后密封要严实，不应有漏油或渗油现象。

（三）检修安全、健康、环保要求

1. 检修工作前

（1）重点做好设备防腐及个人防护工作。

（2）提前对换热器进行空气置换。

（3）提前选定安全带悬挂位置及吊装点。

2. 检修过程中

（1）对换热器内部进行降温通风，检查合格后方可进入。

（2）进行换热元件更换时做好监护，防止转子转动伤人。

（3）工作人员应严格按照规定着装，穿紧袖工作服，在烟道内进行动火作业时，要做好烟道及附属设备防腐层的隔离，禁止与防腐施工作业同时进行。

（4）在烟道内进行防腐作业时，要做好通风与人员监护，防腐期间禁止使用可产生电火花的电动工器具及24V以上光源，禁止与动火作业同时进行。

（5）在风道内工作时材料、备件和工器具等应放置在石棉木板或胶皮上。

（6）硅酸铝保温对皮肤有刺激性，在接触时要做好防护。

（7）换热器内灰尘对人体的皮肤有害，在工作结束后要及时进行清洗。

3. 检修结束后

（1）工作结束必须做到工完、料净、场地清。

（2）恢复设备的标识、保温及检修过程中拆除的各附属部件。

（3）检查烟气换热器各人孔门可靠封闭并具备试运条件。

（4）设备检修完毕后，对设备进行盘车，无异常后提交试运申请。

四、常见故障原因及处理

回转式烟气换热器是用传热元件在原烟气侧吸收热量降低烟气温度、旋转到净烟气侧释放热量抬升烟气温度，设备的核心部件是传热元件，常见故障多是传热元件堵塞。

GGH 常见故障原因及处理方法见表 2-7。

表 2-7 GGH 常见故障原因及处理方法

故障	原因	处理方法
传热元件堵塞、积垢	进入 GGH 内部的烟气携带石膏浆液的颗粒，石膏具有很强的黏附性，在传热元件表面及 GGH 内部沉积	经常检查除雾器的压降，定期对除雾器进行冲洗，使除雾器的排放效率达到要求（≤50～100mg/m³，标准状态）
	GGH 传热元件特别是冷端，工作在硫酸露点以下，易产生冷端腐蚀	控制烟气中 SO_3、SO_2 的含量
	吸收塔中的液位偏高导致烟气携带浆液增多	控制吸收塔内的浆液液位，防止发生烟气携带的液体、固体颗粒增多；或者在吸收塔净烟气出口烟道选用向塔身倾斜的烟道布置，避免烟道过度弯曲及浆液积流并设置排放口，避免发生浆液倒灌向 GGH
	因吸收塔中的 pH 值失调而引起除雾器的堵灰及硫酸露点降低更容易产生冷端腐蚀	控制吸收塔内的 pH 值
	吹灰器的行程没有完全覆盖住整个传热元件表面	按照要求设定吹灰器的各种介质参数、吹灰行程，确保能够覆盖住全部元件表面。根据传热元件的状况定期进行吹灰
	吹灰器的介质参数没有满足要求：例如过热蒸汽压力不够、过热度不够、疏水不够导致蒸汽带水	检查过热蒸汽管道和阀门是否泄漏，疏水器是否堵塞、卡涩
	吹灰的频率不够	当锅炉启停期间或工况发生变化时加大吹灰的频率

第三节 烟道及膨胀节

脱硫系统烟道通常为矩形或圆形截面，原烟道（引风机出口至脱硫吸收塔入口膨胀节）由于烟气温度较高，一般不做防腐处理，对于净烟道以及在原烟道设置事故喷淋系统（烟气减温装置）的，考虑采用对烟道进行防腐处理，防止湿烟气腐蚀烟道。

为了吸收烟道热膨胀引起的轴向位移，烟道设有膨胀节，膨胀节一般由挠性连接件（金属或非金属）、法兰、限位拉杆及其他零件组成。膨胀节通过挠性连接件的柔性变形来补偿烟道热膨胀引起的轴向位移和少量的横向、角向位移，吸收固定设备（如脱硫塔、换热器外壳）和运行设备（如风机及烟道）相对振动，并有消声和提高烟道使用寿命的作用。

一、结构及工作原理

（一）烟道

吸收塔入口处烟道（膨胀节后，与吸收塔塔体焊接连接的烟道）一般采用不锈钢内衬

（如 C-276 合金钢板）做防腐处理，增强烟道的耐腐蚀性和耐冲刷性；吸收塔出口净烟道一般采用碳钢材质烟道并用玻璃鳞片进行防腐，提高耐腐蚀性。

（二）烟道膨胀节

脱硫烟道膨胀节根据材料可分为非金属膨胀节和金属膨胀节。金属膨胀节用于原烟气高温烟道，非金属膨胀节用于净烟气烟道和低温原烟气烟道。非金属烟道膨胀节一般由纤维、钢丝或纤维和钢丝联合增强的氟橡胶制成，金属膨胀节抗腐蚀和抗扭性能差。目前，几乎所有的膨胀节均采用增强的氟橡胶制成，其厚度一般为 5mm 左右。

膨胀节在可能出现的各种温度、压力下无损坏，并保持 100% 的气密性。膨胀节与烟道可采用焊接方式或法兰螺栓连接方式，位于挡板门附近的膨胀节有适当的净距，以避免与挡板门的移动部件互相碰触、摩擦。

1. 非金属膨胀节

非金属膨胀节也称非金属补偿器、织物补偿器，属补偿器的一种，其材料主要为纤维织物、橡胶、耐高温材料等，非金属膨胀节结构如图 2-6 所示。

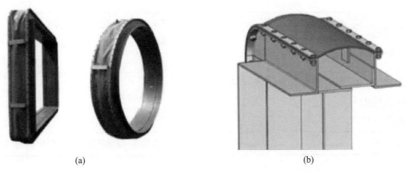

(a)　　　　　　　　　　　　　　　(b)

图 2-6　非金属膨胀节结构图

（a）非金属补偿器（非金属膨胀节）；（b）结构示意图

（1）蒙皮。蒙皮是非金属膨胀节的主要伸缩体，由性能优良的硅（氟）橡胶或高硅氧聚四氟乙烯与无碱玻璃丝棉等多层复合而成，是一种高强密封复合材料。其作用是吸收膨胀量，防止漏气和雨水的渗漏。

（2）不锈钢丝网。不锈钢丝网是非金属膨胀节内衬，阻止流通介质中杂物进入膨胀节和阻止膨胀节中绝热材料向外散失。

（3）保温棉。保温棉兼顾非金属膨胀节保温和气密性的双重作用，由玻璃纤维布、高硅氧布和各类保温棉毡等组成，其长度和宽度与外层的蒙皮一致，具有良好的延伸性和抗拉强度。

（4）隔热填料层。隔热填料层是非金属膨胀节绝热的主要保证，由多层陶瓷纤维等耐高温材料组成。

（5）框架。框架是非金属膨胀节的轮廓支架，以保证有足够的强度和刚度，其一般有与所连接的烟道相匹配的法兰面。

（6）挡板。挡板也称作导流板或防磨板，起导流和保护隔热层的作用，材料应是抗腐蚀和耐磨损的，挡板还应不影响膨胀节的位移。

2. 原烟道、净烟道非金属膨胀节的区别

非金属膨胀节是用非金属高强密封复合材料、高温隔热材料等经特殊工艺制作而成。目前，脱硫原烟道、净烟道膨胀节主要采用非金属膨胀节，由于对防腐要求不同，其结构及波纹节材料不同。

（1）原烟道非金属膨胀节。因为原烟气温度在露点之上，不会结露，所以不需考虑 Cl^- 腐蚀问题，对材质耐腐性能要求低。作为吸收膨胀量的蒙皮一般由氟橡胶布、聚四氟乙烯、玻璃纤维布、玻璃纤维包布制作而成。沿气流方向有导流板，导流板与蒙皮之间填充保温材料。框架与烟道连接一般采用焊接。原烟道非金属膨胀节具有 100% 的气密性。

（2）净烟道非金属膨胀节。因为脱硫净烟气中带有一定的水分，含有 Cl^- 等极具腐蚀性的离子，所以对接触烟气的部分必须考虑耐腐蚀问题。蒙皮除考虑吸收膨胀量外，还必须考虑耐腐蚀问题。一般由氟橡胶布、聚四氟乙烯、玻璃纤维布、耐腐蚀复合材料制作而成，耐腐蚀复合材料直接接触烟气，为防腐特殊材料。净烟道非金属膨胀节一般采用直接法兰连接，用螺栓、螺母和垫圈把蒙皮紧固在烟道框架上，不允许使用双头螺栓。中间不设隔热层。为防止下部缝隙漏水，除设置合理的连接螺栓孔距外，必须用金属压板压紧缝隙。

3. 非金属膨胀节的优点

（1）补偿热膨胀。非金属膨胀节可以补偿多方向，优于只能单方向补偿的金属补偿器。

（2）补偿安装误差。由于烟道连接过程中，系统误差在所难免，纤维补偿器可以较好地补偿安装误差。

（3）消声减振。纤维织物、保温棉具有吸声、隔振功能，能有效减少系统的噪声和振动。

（4）无反推力。非金属膨胀节主体材料为纤维织物，缓冲效果较好，无力的传递。

（5）良好的耐高温、耐腐蚀性。非金属膨胀节选用的氟塑料、有机硅材料具有较好的耐高温和耐腐蚀性能。

（6）非金属膨胀节质量轻、结构简单、安装维修方便。

（7）非金属膨胀节价格低于金属补偿器，质量不低于进口产品，价格是进口产品的 $1/5 \sim 1/2$。

4. 金属膨胀节

金属膨胀节一般由金属波节、连接法兰、导流板等组成。脱硫系统常用的有矩形或圆形波纹膨胀节。金属膨胀节按波节数量可分为单波、双波和三波膨胀节，按波管材质又可分为普通碳钢波纹膨胀节、不锈钢波纹膨胀节及其他合金波纹膨胀节。

金属波纹管膨胀节按波纹管的位移形式可分为轴向型、横向型、角向型及压力平衡型波纹管式。

膨胀节由多层材料组成，净烟道处的膨胀节要考虑防腐要求，波纹节全部是合金材料，至少是耐酸耐热镍基合金钢，烟道膨胀节必须保温。原烟道膨胀节的波纹节可采用316L金属型，以降低造价。保护板是防止灰尘沉积在膨胀节波节处。膨胀节能承受系统最大设计正压/负压再加上1kPa余量的压力。接触湿烟气并位于水平烟道段的膨胀节通过膨胀节框架排水，排水孔最小为DN150，位于水平烟道段的中心线上。排水配件能满足运行环境要求，由FRP、合金材料制作（至少是镍合金钢），排水返回烟气脱硫装置区域的排水坑。

烟道上的膨胀节采用焊接或螺栓法兰连接，布置能确保膨胀节可以更换。法兰连接膨胀节框架有同样的螺孔间距，间距不超过100mm。膨胀节框架将以相同半径波节连续布置，不允许使用铸模波节膨胀节。框架深度最小是200mm，留80mm的余地以便于拆换膨胀节。膨胀节及与烟道的密封有100%气密性。膨胀节的外法兰密封焊在烟道上，要注意不锈钢与普通钢的焊接，减少腐蚀。

二、日常维护

烟道及膨胀节的日常维护工作主要包括定期检查清理。

（1）每天检查清理烟道及膨胀节周围积水、积浆及杂物。

（2）每天检查烟道膨胀节附属管道无漏浆、漏水现象。

（3）每周检查膨胀节两侧紧固压板是否有变形、腐蚀脱落情况。

（4）每周对烟道及膨胀节基础紧固螺栓等紧固件进行检查，检查无腐蚀，基础无变形。

（5）每周检查烟道附属水管无漏浆、漏水现象。

三、设备检修

（一）检修项目

检修项目分类见表2-8。

表2-8　　　　　　　　　　　检修项目分类表

A级检修项目	B级检修项目	C级检修项目
（1）清理积灰、异物。	（1）清理积灰、异物。	（1）清理积灰、异物。
（2）烟道穿孔、防腐损坏。（目视、电火花）检查	（2）烟道穿孔、防腐、损坏（目视、电火花）检查。	（2）烟道穿孔、防腐、损坏（目视）检查。
（3）导流板、加强筋、内部构件检查。	（3）导流板、加强筋、内部构件检查。	（3）导流板、加强筋、内部构件检查。
（4）烟道外观（变形、位移）检查。	（4）烟道外观（变形、位移）检查。	（4）烟道外观（变形、位移）检查。
（5）烟道排水管系检查。	（5）烟道排水管系检查。	（5）烟道排水管系检查。
（6）人孔门检查	（6）人孔门检查	（6）人孔门检查

（二）主要检修工艺要求和质量标准

1. 烟道本体检查

（1）开检修人孔门，降温通风，清理烟道杂物和积灰，清理膨胀节处积灰及杂物时注意对膨胀节及防腐层进行保护。

（2）对烟道内部进行外观检查，必要时搭设脚手架，检查是否有裂缝、焊缝开焊和严重冲刷痕迹。

（3）对于有严重冲刷的地方用测厚仪测厚，厚度达到原钢板的 4/5。

（4）检查烟道防腐层无裂纹、褶皱、鼓包等现象，用测厚仪检测内衬厚度大于 2mm。

（5）检查膨胀节框架和蒙皮是否完好、无缺损，对于腐蚀严重的膨胀节，重新做防腐或更换处理。

（6）烟道内部检查保证良好的通风条件和照明条件。

（7）放置在烟道下面的设备、材料要用胶皮垫好，防止损伤烟道的防腐层。

2. 烟道壁板检修

（1）壁板出现裂缝或开焊现象，进行修补和补焊。对严重冲刷减薄的局部（不足原钢板的 4/5）进行补焊或更换处理。

（2）防腐段钢板的修补尽量采用对接形式，焊道必须经过打磨，以保证平整、光滑，不应有棱角和尖锐凸起的现象。

（3）金属膨胀节有腐蚀或冲刷损坏的，进行修复或更换处理，若腐蚀现象严重时，对膨胀节材质是否能满足运行要求进行分析，并合理选材改型。

（4）气割、焊接时防止火星乱溅，引起火灾及影响其他工作人员。

3. 烟道防腐段防腐检修

（1）防腐段烟道（含膨胀节）防腐衬层厚度不足的（少于 2mm）局部必须补足厚度。

（2）防腐段烟道（含膨胀节）防腐衬层有裂纹、褶皱和鼓包现象的局部，可用砂轮机磨平后进行修补处理。

（3）对于修补过和新更换的钢板，必须进行重新防腐施工处理。防腐工序为打磨、清灰、刷底涂、抹鳞片、涂面漆。防腐衬层厚度不少于 2mm，并经测厚检测、电火花检测合格。

（三）检修安全、健康、环保要求

1. 检修工作前

（1）准备好设备检修需要的图纸、资料、工具等。

（2）准备好设备检修需要的物资、材料、备件等。

2. 检修过程中

（1）工作区域做好通风工作。

（2）在进行脚手架搭设时，履行搭设手续，做好安全措施。

（3）在进行烟道蒙皮检查时，应系好安全带，悬挂点牢固、可靠，防止坠落。

（4）在烟道内进行防腐作业时，要做好通风与人员监护，防腐期间禁止使用可产生电火花的电动工器具及 24V 以上光源，禁止与动火作业同时进行。

（5）在烟道内工作时，下方通道要进行隔离，防止坠物伤人。

（6）在拆除烟道蒙皮保温时，要把拆下的保温收好，禁止散落在网格板上。

（7）硅酸铝保温对皮肤有刺激性，在接触时要做好防护。

（8）在烟道膨胀节检查时，应戴防尘口罩。

3. 检修结束后

（1）检查膨胀节连接螺栓牢固、可靠。

（2）烟道内部杂物清理干净。

（3）检查烟道各人孔门可靠封闭并具备试运条件。

四、常见故障原因及处理

烟道膨胀节运行故障会导致烟气泄漏，污染环境，严重时可造成被迫停机事故，同时会腐蚀、污染周边环境，影响脱硫系统现场文明生产等，在运行中常见故障主要包括漏水、漏风、基础腐蚀、振动、变形、异响、超温等，根据不同故障原因采取相应针对性处置措施。

烟道膨胀节常见故障原因及处理方法见表 2-9。

表 2-9　　　　　　　　　烟道膨胀节常见故障原因及处理方法

故障	原因	处理方法
漏水	事故喷淋水管有漏点	消除事故喷淋系统漏点
	烟道腐蚀	采用水不漏等速干剂处理漏点
	烟道与膨胀节连接法兰泄漏	更换紧固螺栓并增加垫片
漏风	烟道腐蚀	采用水不漏等速干剂处理漏点
	烟道与膨胀节连接法兰泄漏	更换紧固螺栓，并增加垫片
基础腐蚀	有泄漏点	消除泄漏点
	基础表面防腐层破损	打磨清理防腐层，重新进行防腐处理
振动	增压风机或引风机引起的喘振	消除风机喘振
	基础钢结构强度不足	更换固定连接钢结构
	烟道支撑点不足或跨度过大	增加支点

故障	原因	处理方法
变形	烟道支撑点不足或跨度过大	增加支点
	烟道内积灰过多,自重增加	清理积垢,减少自重
异响	增压风机或引风机引起的喘振	消除风机喘振
	有泄漏点	消除泄漏点
超温	烟气温度过高	进行事故喷淋降温,调整工况,降低烟道烟气温度
	保温棉失效	更换保温棉
	保温棉安装不符合标准	增加保温棉厚度
	保温棉破损,裸露烟道	更换保温棉

第三章 吸收塔系统维护与检修

脱硫吸收塔是燃煤烟气石灰石湿法脱硫装置（FGD）的核心设备，在脱硫塔内通过气－液扩散，完成对烟气中 O_2 的吸收，进一步发生系列反应，生成石膏脱硫副产品，在脱硫吸收塔内实现 SO_2 的吸收、氧化及协同除尘。根据气液接触形式吸收塔一般可分为喷淋塔、填料塔、鼓泡塔、液柱塔等。在电力行业烟气脱硫中，脱硫吸收塔主要是喷淋塔，早期设计少量的鼓泡塔。

随着国家环保政策趋严，污染物排放限值越来越低，在脱硫吸收塔内设计增强湍流扰动、提高传质效果装置，如托盘、旋汇耦合等。实施"超低排放"后，针对高硫煤，采用双塔串联技术和单体双循环技术，以保证烟气 SO_2 达标排放。脱硫吸收塔设计采用钢制筒体，内衬玻璃鳞片树脂或橡胶防腐，其直径、高度等几何尺寸充分考虑烟气流速及停留时间、浆液停留时间等，通过控制 pH 值保证 SO_2 吸收和石灰石充分溶解。

脱硫吸收塔包含从吸收塔烟气入口至吸收塔烟气出口间塔体及塔内构件以及塔体附属设备，主要由吸收塔本体、浆液循环泵、喷淋装置、除雾器、搅拌器（脉冲悬浮泵）、氧化风机、石膏浆液排出泵、吸收塔地坑，以及相关的管道和阀门等设备组成。吸收塔结构示意见图 3-1。

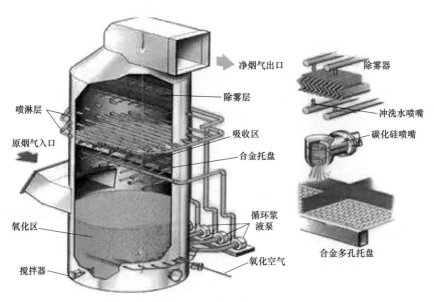

图 3-1 吸收塔结构示意图

本章将主要对吸收塔本体［包括单塔双循环技术下的吸收塔外浆液池（AFT塔）］、浆液循环泵、喷淋层、除雾器、协同除尘装置（DUC）、搅拌装置、吸收塔地坑泵等设备的检修及维护工作进行重点介绍。

第一节 吸 收 塔 本 体

吸收塔本体是脱硫反应、氧化结晶场所。吸收塔主要分除雾区、吸收区、氧化结晶区。烟气从一侧进气口进入吸收塔向上流动，与自上而下的雾化喷淋浆液逆向接触。净化处理后的烟气经除雾器除去烟气携带水滴后，从吸收塔顶部经净烟道排至烟囱；脱硫浆液在吸收区发生化学反应，经过氧化结晶，生成一定粒径的石膏晶体，通过石膏排出泵排至石膏脱水系统生产石膏。

脱硫浆液吸收 SO_2 后，pH 值降低，通过补充石灰石浆液以满足吸收 SO_2 发生的酸碱中和反应，并控制 pH 值在 5.2～5.8 的合理范围内，既保证 SO_2 充分吸收，也实现石灰石较充分的溶解。通过浆液循环泵经喷嘴实现浆液雾化喷淋，喷淋浆液循环利用。根据烟气条件设计浆液循环量和浆池容积，保证一定的浆液停留时间，提高循环浆液再生能力。

目前，针对烟气高 SO_2 浓度，设计有双循环脱硫技术，通过提高液气比和 pH 值分区控制，实现高效脱硫。双循环技术工艺分双塔双循环工艺和单体双循环工艺，双塔双循环工艺两级塔的结构、材料、原理相类似；单体双循环在喷淋塔旁新建 AFT 塔。

一、结构及工作原理

（一）吸收塔本体

吸收塔设计要考虑烟气、风雪、地震、自重等各项荷载，筒体设加强筋。吸收塔一般选择普通碳钢结构，内衬玻璃鳞片树脂或橡胶防腐材料，与脱硫塔相连接的2m左右的入口烟道一般采用衬C276不锈钢材料或采用玻璃鳞片树脂防腐。塔体设计有人孔门、观察口、烟气进出口、排空口、浆液循环进出口、石膏排出口、浆液搅拌接口、氧化空气接口、工艺水接口、浆液溢流口、工艺备用口，以及仪表接口等。部分吸收塔内部安装托盘、旋汇耦合、气液耦合等装置。常规脱硫吸收塔结构见示意图3-2。双塔双循环工艺两级脱硫塔工艺相似，一级塔的 pH 值运行控制低于二级塔，一级塔浆液排至石膏脱水系统。

吸收塔本体是烟气脱硫反应的核心部分，烟气流经吸收塔被脱硫浆液洗涤，脱除烟气中的 SO_2，通过石灰石的补入、石膏排出，实现脱硫反应的动态平衡。脱硫吸收塔防腐设计一般 Cl^- 不超过 20000mg/L。在脱硫吸收塔运行中会发生防腐脱落，塔体、管道、部件等磨损锈蚀泄漏，设备堵塞积垢等现象。

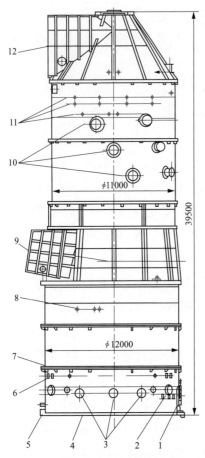

图 3-2　常规脱硫吸收塔结构示意图

1—人孔；2—搅拌器接口；3—循环浆液泵接口；
4—塔体底板；5—地脚螺栓；6—氧化空气接口；
7—筒体加强筋；8—净烟气管道积液回流接口；
9—原烟气进口；10—循环浆液入口；11—除雾器
冲洗水接口；12—净烟气出口

（二）AFT 塔

单塔双循环技术，在吸收塔设有收集碗、导流锥，AFT 塔主要由 AFT 塔本体、循环泵入口滤网、氧化风出口管、搅拌器等组成。AFT 塔结构图如图 3-3 所示。

吸收塔一级脱硫设计效率在 80% 以上，循环浆池中浆液 pH 值一般设置在 4.5～5，有利于亚硫酸钙的氧化，从一级循环浆池排出的浆液进行脱水处理，生产石膏。AFT 塔浆液循环泵将含有新鲜的石灰石的浆液经吸收塔二级喷淋层喷嘴雾化后向下喷淋，在收集碗上方吸收区与通过导流锥的烟气逆流反应吸收，吸收 SO_2 的浆液，收集在吸收塔收集碗内，通过溜管返回 AFT 塔。二级循环采用较小的液气比，就能达到理想的洗涤效果，由于二级循环浆液无需脱水处理，对氧化的要求不高，可以减少氧化风量的供应，这就降低了系统的电能消耗，因此，AFT 塔浆液 pH 值控制较高，一般设置在 5.5～6，保证了较高的浆液碱度，更有利于快速吸收烟气中残留的 SO_2，使出口烟气 SO_2 浓度满足超低排放的要求。

二、日常维护

吸收塔是整个 FGD 的核心部分，脱硫反应在塔内进行。对其的日常维护工作尤其重要，具体工作要求如下：

（1）设备保温齐全，周围清洁，无积油、积水、积浆及其他杂物，照明充足，栏杆平台完整。

（2）所属阀门开关灵活，无卡涩现象，位置指示正确。

（3）任何有浆液溢出或流经的区域都需及时进行冲洗。

（4）吸收塔本体、AFT 塔及连接管道无漏浆及漏烟、漏风现象，其液位、浓度和 pH 值在规定范围内。

（5）除雾器进出口烟气压差正常，除雾器冲洗水畅通，压力在合格范围内。除雾器自动冲洗时，冲洗程序正确。

（6）吸收塔、AFT 塔内严禁超压（正压），若压力过高，则可能发生塔体拉裂、外爆，导致吸收塔损坏。

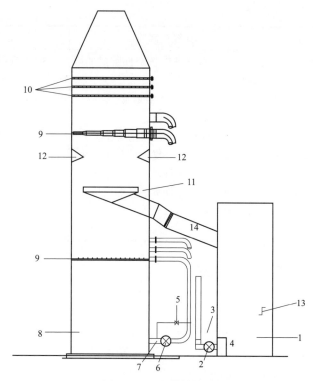

图 3-3 AFT 塔结构图

1—AFT 塔；2—AFT 浆液循环泵；3—浆液循环泵出口管道；4—AFT 循环泵入口滤网；

5—石灰石供浆管道；6—浆液循环泵；7—浆液循环泵管道；8—吸收塔；9—喷淋层；

10—除雾器；11—收集碗；12—导流锥；13—搅拌器；14—溜管

（7）严禁超温。由于吸收塔内壁衬胶，耐热最高温度在 120℃左右，所以不能超温运行。

（8）若吸收塔内出现大量泡沫，可通过开启吸收塔消泡器出口阀进行消泡。

（9）根据循环泵的入口压力，判断入口滤网是否畅通、有无堵塞。

（10）定期检查喷淋梁端部排浆口、导流锥排浆口是否有浆液排出。

三、设备检修

（一）等级检修项目

吸收塔本体等级检修项目见表 3-1。

表 3-1   吸收塔本体等级检修项目

A 级检修项目	B 级检修项目	C 级检修项目
（1）清理塔壁、钢梁、支撑件结垢及塔底石膏浆液。 （2）塔壁防腐层损坏，塔壁穿孔挖补。	（1）清理塔壁、钢梁、支撑件结垢及塔底石膏浆液。 （2）塔壁防腐层损坏，塔壁穿孔挖补。	（1）检查塔壁、钢梁、支撑件等。 （2）塔壁防腐层检查修复。 （3）检查塔壁冲刷情况。 （4）检查塔内防腐。

续表

A 级检修项目	B 级检修项目	C 级检修项目
（3）修复塔内各部件磨损冲刷部位。 （4）检查、修复塔底及内壁、钢梁、支撑件防腐。 （5）检查、修复氧化风管。 （6）检查、修复各泵入口滤网。 （7）收集碗母材、焊口检查。 （8）导流锥防腐、防磨层检查，修复穿孔。 （9）溜管母材、焊口检查	（3）修复塔内各部件磨损冲刷部位。 （4）检查、修复塔底及内壁、钢梁、支撑件防腐。 （5）检查、修复氧化风管。 （6）检查、修复各泵入口滤网。 （7）收集碗母材、焊口检查。 （8）导流锥防腐、防磨层检查，修复穿孔	（5）收集碗母材、焊口检查。 （6）导流锥防腐、防磨层检查，修复穿孔

（二）主要检修工艺要求和质量标准

1. 清理内部杂物

（1）工艺要求。沉淀浆液及杂质清理。

（2）质量标准。清理后见防腐层本色，不破坏防腐层。

2. 塔壁防腐层检查（目测、电火花）

（1）工艺要求。

1）内部防腐层目测检查。

2）内部防腐层电火花检查。

3）内部防腐层厚度检查。

（2）质量标准。

1）目测防腐层衬胶不允许有脱层，检查无鼓包、脱落、开胶、开裂现象。

2）重点部位用电火花检测仪检测，4kV 电压不漏电。

3）使用测厚仪检测重点部位防腐层，厚度不小于原有厚度，筒体内壁衬胶平整，无胶皮脱落，各搭接缝光滑无翘起、断裂等缺陷，衬里上无气泡、夹杂物、粗糙处、裂缝或者其他机械性损伤等缺陷。

3. 吸收塔内部检查

（1）工艺要求。

1）进行检修作业时，将喷淋层主梁作为支撑点搭设环形双排脚手架、检查平台及爬梯，要求如下：

a. 脚手架材质：钢管选用外径为 48mm、壁厚 3.5mm 的 A3 钢管。

b. 立杆间距：立杆纵距小于 1.8m。

c. 剪刀撑：脚手架外侧从端头开始，按水平距离小于 9m、角度在 45°～60°连续设置剪刀撑，并延伸到顶部大横杆以上。

d. 脚手板：顶层及操作层必须满铺；脚手板横向铺设，用不细于 18 号铁丝双股并联 4 点绑扎。

2）清除塔壁、喷淋梁结晶及干湿界面的灰渣及垢物。

3）吸收塔防腐衬胶脱落检查，塔壁、喷淋梁冲刷及渗漏情况，包括塔底板、烟气进口周围、各衬胶搭接面、支撑梁、角焊缝等重点部位的整塔衬胶检查。不允许有裂纹或海绵状气孔，衬胶不允许有脱层，衬胶不允许有气泡、开胶、剥落现象。

4）塔壁、喷淋梁防腐修复。

a. 施工平台搭建。每层施工平台的步廊用钢跳板铺设，并能通往任何一处需衬里处，不留死角，确保施工的顺利进行。每块跳板的两侧都使用铁丝捆扎固定。从步廊跳板向上 1200mm 处设有护栏（衬胶面一侧不设置），以确保高空作业的安全性。

b. 打磨。使用角磨机除去衬里面上的防腐层、铁锈等异物，同时也增加钢体与玻璃鳞片之间的黏接强度。

c. 刷底涂。底涂与硬化剂按规定的比例混合，确认底涂要在喷砂后尽快涂刷，最迟须喷砂验收后 4h 内完成，用辊筒或刷子进行均匀涂刷。要求底涂无淤积、流挂或厚度不匀引起的光泽变化等。

d. 第一层鳞片衬里施工。

a）施工前的确认事项：一是湿度在 85% 以下或无结露发生。下雨天必须停止作业。二是确认刷完底涂后衬里面上是否有粉尘或其他异物附着等。

b）衬里材料的调和：按鳞片的规定比例调和硬化剂，调和后用手持搅拌机进行充分的搅拌。

c）衬里施工要领：使用泥抹子与辊筒进行施工，确保平均厚度为 1mm。用辊筒蘸取少量苯乙烯轻轻滚压涂上的鳞片，调整表面。

e. 第二层鳞片衬里施工。

a）施工前的确认事项：湿度在 85% 以上或雨天要停止作业。确认第一层鳞片硬化。

b）衬里材料的调和：按鳞片的硬化剂的添加规定进行调和，另加入色浆 0.5%。搅拌要充分。

c）衬里施工要领：使用泥抹子与辊筒进行施工，必须使平均厚度为 1mm。使用辊筒蘸取少量苯乙烯轻轻滚压衬里面。

f. 涂面层。按检查要领进行漏电、厚度、外观检查。全部合格后用刷子或辊筒涂上一层面涂层，注意涂刷均匀。

g. 最终检查。

a）外观检查：目视、指触等确认无鼓泡、伤痕、流挂、凹凸、硬化不良等缺陷。

b）漏电检查：使用高压电漏电检测仪全面扫描衬里面（速度为 300～500mm/s），确认无孔眼缺陷（检查电压为 4000V/mm）。

c）厚度检查：使用磁石式或电磁式厚度计按每 $2m^2$ 测一处确认衬里层的厚度，最低厚度为 1.5mm，标准厚度为 2.0mm。

d）打诊厚度：使用木制小锤轻击衬里面，根据无异常声响确认衬里无鼓泡或衬里不实。

（2）质量标准。

1）各喷嘴喷射角度对塔壁防腐无冲刷。

2）塔壁、喷淋层钢构架牢固无泄漏穿孔，防腐层无脱落、开裂、磨损等缺陷，修补完好；结构件支撑、壁板、连接部位无变形、开裂、减薄，连接螺栓无腐蚀脱落。

3）管道无裂纹、变形、堵塞。

4）角磨机除锈等级大于或等于 St3，衬胶磨损厚度小于或等于 1mm，打磨粗糙度大于或等于 $80\mu m$。

5）厚度检查标准为 $3.0\times（1\pm15\%）mm$，即 2.55～3.45mm。

6）平整玻璃鳞片表面，允许鳞片空隙小于 3mm。

7）高压低频电火花检测。1mm 检查电压为 4000V，2mm 检查电压为 8000V。

8）所使用的防腐材料符合要求。

9）外观检查无以下缺陷：机械损伤、锐器划伤等伤痕；流挂、凹凸不平、硬化不良等缺陷；目视、指触确认无鼓泡、异物、脏物。

吸收塔塔壁衬胶、喷淋梁防腐修复质量标准见表 3-2。

表 3-2　　　　　　　　吸收塔塔壁衬胶、喷淋梁防腐修复质量标准

项目	质量要求
结构件检查	检查支撑、壁板、构件及连接部位无变形、开裂、减薄
衬胶磨损厚度	≤1mm
角磨机除锈等级	≥St3
打磨粗糙度	≥80μm
厚度检查	标准厚度为 3.0×（1±15%）mm 即 2.55～3.45mm
玻璃鳞片平整度	允许空隙小于 3mm
高压低频电火花检测	1mm 检查电压：4000V； 2mm 检查电压：8000V
所使用的防腐材料是否符合要求	合格
外观检查	无以下缺陷： （1）机械损伤、锐器划伤等伤痕； （2）流挂、凹凸不平、硬化不良等缺陷； （3）目视、指触确认无鼓泡、异物、脏物
打诊检查	用打诊棒（棒的端部焊接一小铁球 $\phi10$）轻轻敲击衬里面。根据声音判断鳞片衬里是否有鼓泡、分离、粘接不良

4. 循环泵入口滤网清理

（1）工艺要求。

1）拆卸循环泵入口滤网，并将其放倒，检查循环泵滤网及入口管处防腐情况，并进行修复。

2）清理循环泵滤网和入口管道。保证滤孔无结晶物，漏出母材，滤网内及管道内杂物清理干净，滤网变形的进行修复或更换。

3）滤网连接螺栓和生根件检查。

（2）质量标准。

1）清理后滤网无堵塞孔洞，孔洞大小一致，滤网见本色。

2）螺栓无腐蚀脱落，生根件紧固、可靠。

5. 与吸收塔、AFT 塔连接的管段磨损、腐蚀检查

（1）工艺要求。

1）检查吸收塔液位计、pH 计管道的防腐情况，损坏部位进行防腐修复。

2）清理检查吸收塔液位计、pH 计管道及其冲洗水阀门，定期更换。

3）检查吸收塔排空管道、阀门防腐及磨损情况，进行防腐修复及更换。

4）检查石膏排出泵入口管道、阀门处防腐及磨损情况，进行防腐修复及更换。

5）检查与吸收塔相连接的各管道接口的密封情况，必须严密。对于未发现泄漏且检修过程中非必须拆开的接口则待吸收塔再次注浆时观察是否存在泄漏情况，有泄漏必须处理。

（2）质量标准。

1）管道内部防腐层完好，无脱落、鼓泡现象，外部焊缝牢固，无开裂现象。

2）法兰防腐层完好，无脱落、开裂现象，外部焊缝牢固，无开裂现象。

6. 排空阀检查（底排、溢流、排气阀）

（1）工艺要求。

1）底部排放阀及管道严密性检查；

2）溢流管道严密性检查；

3）排空阀严密性检查。

（2）质量标准。

1）阀门开关灵活，无泄漏；衬套完好，无脱落、鼓泡现象。

2）阀板与转轴无分离，阀板无磨损穿孔。

3）阀门操作手柄活动灵活，指示正确，无变形、断裂。

7. 人孔门检查

（1）工艺要求。

1）门板外观检查。

2）门板内部防腐层检查。

3）连接螺栓检查。

（2）质量标准。

1）无变形、焊缝开裂。

2）防腐检查无鼓包、脱落、开胶、开裂现象。

3）丝扣完好，无损伤、腐蚀。

8. 收集碗检修

（1）工艺要求。

1）开裂位于收集碗中、上部按照如下工艺要求进行修复：

a. 检查收集碗母材、焊缝是否开裂，用显影剂对裂纹进行着色，找到裂纹末端，用3mm钻头在末端打止裂洞；用角磨机对裂纹处进行挖除，形成长方形缺口。

b. 用2205合金板进行放样、下料，补齐缺口；打磨母材和填补料的坡口，坡口呈梯形，下底长2mm，上底长4mm。使用氩弧焊设备和E2209焊丝对坡口进行打底和盖面焊接，焊接后，焊口打磨平整。焊接结束进行焊口检测。

2）开裂位于收集碗低部与溜管结合处按照如下工艺要求进行修复：

a. 在喷淋层与收集碗之间搭设满堂脚手架及爬梯。

a）脚手架材质：钢管选用外径48mm、壁厚3.5mm的A3钢管；

b）立杆间距：立杆纵距小于1.8m；

c）剪刀撑：脚手架外侧从端头开始，按水平距离小于9m、角度在45°～60°上下左右连续设置剪刀撑，并延伸到顶部大横杆以上。

d）脚手板：顶层及操作层必须满铺；

e）脚手板横向铺设，用不细于18号铁丝双股并联4点绑扎。

b. 对收集碗低部与溜管结合密集开裂处，进行局部更换；切除需更换部位后，拉伸力得到释放，加工符合尺寸的整板，进行安装，减少焊口数量。为提高收集碗的稳定性，在收集碗与溜管结合处焊接角向拉筋。

c. 使用氩弧焊设备和E2209焊丝对更换的母材和拉筋进行打底和盖面焊接，焊接后，焊口打磨平整。焊接结束进行焊口检测。

（2）质量标准。

1）支撑、壁板、构件及连接部位无变形、开裂、减薄。

2）破口打磨，下底长2mm，上底长4mm。焊缝余高小于或等于0.8mm。

3）焊缝外形均匀，焊道与焊道、焊道与基本金属之间过渡平滑，焊渣和飞溅物清除干净。

4）每50mm长度焊缝内表面气孔允许直径小于或等于0.4t；气孔2个，气孔间距小于或等于6倍孔径。

5）咬边深度小于或等于 0.05t，且深度小于或等于 0.5mm，连续长度小于或等于 100mm，两侧咬边总长小于或等于 10% 焊缝长度（t 为连接处较薄的板厚）。

6）表面夹渣，深度小于或等于 0.2t，长度小于或等于 0.5t，连续长度小于或等于 20mm（t 为连接处较薄的板厚）。

9. 氧化喷枪（堵塞、断裂）及支架检查

（1）工艺要求。

1）检查塔内氧化空气管道及喷枪是否通畅，如有异物、积垢，必须清理干净，保证塔内氧化风管通畅无阻塞。

2）检查吸收塔内氧化风管的固定支撑是否完整、可靠，紧固件无缺失，连接牢固；焊口无脱焊，有脱焊处需补焊牢固。

（2）质量标准。

1）氧化空气管道及喷枪无堵塞、断裂、裂纹；

2）氧化空气管道抱箍固定牢固，无断裂、裂纹，与支撑固定牢固。

3）各氧化风管的支撑必须牢固，紧固件齐全并牢固，各焊口完整无缺。

（三）检修安全、健康、环保要求

1. 检修工作前

（1）重点做好有限空间作业的风险预控交底。

（2）在脱硫塔内部进行检修工作前，应将与该脱硫塔相连的石灰石浆液进料管、石膏浆液排除管、事故浆液排出管、事故浆液进入管、出入口烟道的阀门或挡板门关严并上锁，挂上警告牌。电动阀门还应将电动机电源切断，并挂上警告牌。停止该脱硫塔的增压风机、浆液循环泵、氧化风机、烟气换热器（GGH）、脱硫塔搅拌器等设备的运行，将各设备电源切断，并挂上警告牌。

（3）进行脱硫塔检修时，必须先将脱硫塔内浆液全部排除，否则严禁进入脱硫塔内作业。

（4）进行脱硫塔除雾器和喷淋系统检修时，严禁动火。

（5）吸收塔周边进行封闭管控，减少无关人员进入。

（6）做好吸收塔进出登记及人员资质审核。

（7）办理好吸收塔检修过程中的工作票（热机票、有限空间作业票）。

2. 检修过程中

（1）高空作业应小心谨慎，安全带要系在牢固可靠的地方，备件、材料和工器具等应放置在牢固可靠的地方。

（2）现场工作器具要定置摆放，建立专门工作区与监护区，检修场地铺设橡胶垫。

（3）在脱硫吸收塔内动火作业前，工作负责人应检查相应区域内的消防水系统、除雾器冲洗水系统在备用状态。除雾器冲洗水系统不备用时，严禁在吸收塔内进行动火作业。

动火期间，作业区域、吸收塔底部各设置一名专职监护人。

（4）做好塔壁及附属设备防腐层的隔离，禁止与防腐施工作业同时进行。

（5）在吸收塔内进行防腐作业时，要做好通风与人员监护，防腐期间禁止使用可产生电火花的电动工器具及24V以上光源，禁止与动火作业同时进行，施工人员必须为具有防腐施工资质的特种作业人员。

（6）在拆除吸收塔及其附属设备保温时，要把拆下的保温收好，禁止散落在网格板上。

（7）硅酸铝保温对皮肤有刺激性，在接触时要做好防护。

3. 检修结束后

（1）工作结束必须做到工完、料净、场地清。

（2）办理工作票结票前，恢复设备的标识、保温及检修过程中拆除的各附属部件。

（3）检查吸收塔各人孔门可靠封闭并具备试运条件。

四、常见故障原因及处理

吸收塔、AFT塔运行故障严重影响脱硫系统的安全稳定运行，在运行中常见故障主要包括塔壁防腐层损坏，塔壁穿孔，过流部件的磨损，喷淋管道堵塞断裂，收集碗母材、焊口开裂，导流锥穿孔，溜管母材焊口开裂等，根据不同故障原因采取相应针对性处置措施，尽快恢复吸收塔的正常稳定运行。

常见故障原因及处理方法见表3-3。

表3-3　　　　　　　　　　　　　常见故障原因及处理方法

故障	原因	处理方法
塔壁防腐层损坏，塔壁穿孔	喷淋层处塔壁受喷嘴长期冲刷导致穿孔	利用停机机会对离塔壁、喷淋梁较近的喷嘴进行改向
	搅拌器处塔壁受叶片转动影响，长期磨损同一位置，导致穿孔	修复受冲刷损坏的防腐层
	浆液循环泵入口与塔壁连接处受滤网局部堵塞影响，在局部形成单一通道，长期高压冲刷，导致穿孔	在搅拌器塔壁处，进行耐磨加强处理
		清理浆液循环泵入口滤网堵塞物
收集碗母材、焊口开裂	受母材和焊口内应力和浆液冲击力的影响	对开裂部位进行挖补焊接
		提高AFT塔运行液位，使得浆液铺满收集碗底部，缓冲浆液冲击
导流锥穿孔	浆液长期冲刷	利用停机机会修复受冲刷损坏的防腐层
过流部件的磨损	浆液在泵内高速流动，对过流部件产生一定的冲刷磨损，造成叶轮、护板等过流部件变薄、磨穿的情况	对泵叶轮、护板等过流部件进行特殊工艺防磨，养护完毕，可在此投入运行。当叶轮磨损严重时根据运行周期可更换新叶轮
溜管母材焊口开裂	受母材和焊口内应力和浆液冲击力的影响	对开裂部位进行挖补焊接
		提高AFT塔运行液位，使得浆液铺满收集碗底部，缓冲浆液冲击

第二节 浆 液 循 环 泵

吸收塔浆液循环泵是石灰石湿法脱硫的主要设备，主要作用是为脱硫运行输送石灰石、石膏的固液两相流介质。浆液循环泵连续不断地把吸收塔浆液池内的混合浆液向上输送到喷淋层，为喷淋层及喷嘴输送足够流量的吸收浆液，从而保证适当的液气比。并为雾化喷嘴提供工作压力，使浆液通过喷嘴后达到雾化效果，使小雾粒和上行的烟气充分接触，以确保较高的脱硫效率。循环泵的消耗功率仅次于增压风机，因此设计运行并维护好是非常重要的。

一、结构及工作原理

脱硫浆液为固液两相流，浆液泵运行环境复杂，存在磨损、腐蚀、气蚀现象，叶轮尤为明显。循环泵按材质分类大体有金属泵、工程塑料泵、陶瓷泵三类。目前，燃煤电厂一般采用双相不锈钢或高铬铸铁壳体，叶轮为耐腐蚀、耐磨损的合金，超高分子量聚乙烯或陶瓷材料，具有非常优良的耐腐蚀性和耐磨性能，能较好地适应各种工况条件。

浆液循环泵为卧式离心泵，包括泵壳、叶轮、导轴承、出口弯头、底板、进口、密封盒、轴承、基础框架、地脚螺栓、机械密封及管道、阀门及就地仪表等。

浆液循环泵示意如图 3-4 所示。

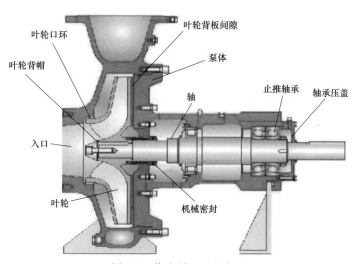

图 3-4 浆液循环泵示意图

离心泵是利用叶轮旋转而使浆液产生的离心力来工作的。离心泵在启动前，必须使泵壳和吸入管内充满浆液，然后启动电动机，使泵轴带动叶轮和浆液做高速旋转运动，浆液在离心力的作用下，被甩向叶轮外缘，经蜗形泵壳的流道流入泵的出口管路。离心泵叶轮中心处，由于浆液在离心力的作用下被甩出后形成真空，浆液池中的浆液便在大气压力的作用下被压进泵壳内，叶轮通过不停地转动，使得浆液在叶轮的作用下不断地流入与流出，达到了输送浆液的目的。

二、日常维护

浆液循环泵的日常维护工作主要包括定期检查清理工作、润滑油的监视及更换、日常设备参数监督等，并做好数据记录与分析。

（一）定期检查清理工作

（1）每天检查清理设备周围积油、积浆及杂物。

（2）每天检查设备及其附属设备管道无漏浆、漏油、漏水现象。

（3）每天检查循环泵机械密封及减速机水压和水量（水压与水量根据机械密封厂家提供的出厂设计参数进行调整），要始终保持密封冷却水流通，使其加长使用寿命以及保证密封性能。

（4）每周对设备基础螺栓等紧固件及防护罩进行检查。

（5）每月清理机械密封冷却水滤网。

（二）润滑油的监视及更换

（1）每天对泵体油位进行检查。

（2）及时补充润滑油。

（3）每周对设备润滑油油质进行检查。

（4）根据设备厂家要求运行周期进行润滑油更换。

（5）选择符合设备厂家性能指标要求的润滑油。

（三）日常设备参数监督

（1）每天对设备的振动、温度、电流等参数进行检测，了解设备运行状态。

（2）根据设备运行状态，调整设备运行环境温度。

三、设备检修

（一）等级检修项目

浆液循环泵等级检修项目见表 3-4。

表 3-4　　　　　　　　　　　　浆液循环泵等级检修项目

A 级检修项目	B 级检修项目	C 级检修项目
（1）检查修理减速机。 （2）检查联轴器及膜片情况，对磨损严重的联轴器进行修理，对变形及断裂的膜片进行更换。 （3）检查修理泵盖、泵壳，更换前后护板、轴套、机械密封、叶轮。	（1）化验减速机润滑油油质。 （2）检查联轴器及膜片情况，对磨损严重的联轴器进行修理，对变形及断裂的膜片进行更换。 （3）检查修理泵盖、泵壳，更换前后护板、轴套、机械密封、叶轮。	（1）检查联轴器及膜片情况，对磨损严重的联轴器进行修理，对变形及断裂的膜片进行更换。 （2）检查修理泵盖、前后护板、轴套、机械密封、泵壳、叶轮。 （3）检查清洗油位镜，化验或更换润滑油。

A级检修项目	B级检修项目	C级检修项目
（4）检查修理轴承箱，清洗油位镜，化验或更换润滑油。 （5）检查更换入口门。 （6）检查更换进出口衬胶管道、膨胀节	（4）检查修理轴承箱，清洗油位镜，化验或更换润滑油。 （5）检查更换入口门。 （6）检查更换进出口衬胶管道、膨胀节	（4）检查入口门严密性。 （5）检查进出口衬胶管道、膨胀节

（二）主要检修工艺要求及质量标准

1. 泵本体解体

（1）联轴器防护罩、联轴器的拆卸及检查。

1）用开口扳手拆卸电动机与减速机、减速机与泵联轴器防护罩。

2）在联轴器螺栓和联轴器上做好标记及编号，先用百分表对减速机与泵、减速机与泵联轴器中心复查，再用吊带及行车固定泵与减速机、减速机与电动机联轴器短节，依次用开口扳手和梅花扳手、活扳手拆除联轴器螺栓、金属减振膜片及联轴器短节，用液压拉马安装在联轴器上，安装好氧气、乙炔（氧气、乙炔表完好，回火器功能正常）。用氧气、乙炔烤把均匀加热，拔下泵体联轴器、减速机两端联轴器，依次将联轴器螺栓、金属减振膜片、联轴器放到备件放置区内。

（2）测量联轴器配合公差。

1）用钢质扁铲从斜45°角方向将联轴器键从轴上拆下，用清洗剂清洗干净，检查键与轴配合公差为0.02～0.04mm，检查键与联轴器配合公差为0.02～0.04mm，将合格的键放置在备品配件放置区。

2）用内径千分尺（外径千分尺）测量拆卸下来的联轴器内孔与轴的配合公差，联轴器内孔与轴的配合公差为过盈配合0.05～0.07mm。

（3）润滑油排放及泵地脚螺栓、排出盖螺栓拆卸。

1）用开口扳手和梅花扳手拆卸循环泵放油堵头，同时将油盘、油盆放置在泵本体放油孔下方，排净润滑油，倒入废油储存桶内，放置在废旧物资放置区。

2）用开口扳手和梅花扳手拆卸减速机放油堵头，同时将塑料布铺设在放油孔下方，用油盘、油盆排净润滑油，倒入废油储存桶内，放置在废旧物资放置区。

3）用开口扳手和梅花扳手拆卸循环泵地脚螺栓，将螺栓做好标记，放置在零部件放置区。

4）用开口扳手和梅花扳手拆卸排除盖与蜗壳的连接螺栓，将螺栓做好标记，放置在零部件放置区。

（4）机械密封水管拆卸、泵体吊出。

1）用开口扳手和十字螺丝旋具拆卸机械密封连接管道，放置在零部件放置区。

2）用手拉葫芦、行车吊起，调整上下、左右方向稳固泵体后，将循环泵吊出蜗壳口，放置在检修放置区（注意：移动行车时防止叶轮碰触蜗壳，损坏）。

3）用配套的六角套筒拆卸叶轮螺母，放置在零部件放置区。

4）用吊带、行车固定叶轮。

5）用钢质扁铲、4P（磅）手锤从斜 45°角方向将锁紧环从轴上拆下，取出止退垫，用清洗剂清洗干净，放置在零部件放置区。

6）用 M20×1000mm 的螺丝杆和 50t 千斤顶抽出叶轮，直至叶轮与泵轴的连接完全脱离，将叶轮放置在检修区。

（5）测量叶轮配合公差。

1）用钢质扁铲从斜 45°角方向将叶轮键从轴上拆下，用清洗剂清洗干净，检查键与轴配合公差为 0.02～0.04mm，检查键与叶轮配合公差为 0.02～0.04mm，将合格的键放置在备品配件放置区。

2）用内径千分尺（外径千分尺）测量拆卸下来的叶轮内孔与轴的配合公差，叶轮内孔与轴的配合公差为过盈配合 0.05～0.07mm。

3）用钢板尺测量、检查叶轮表面。叶轮进出口边缘磨损超过 3mm 的缺口、冲刷部位需用修补剂修复；叶轮直径磨损后超过原始尺寸的 10% 或轮毂磨穿需更换新叶轮，叶轮做动平衡实验。

（6）机械密封拆卸及过流部件检查。

1）缓慢将叶轮上的动环压套取出，再用带钩拉杆将机械密封动环整体从泵叶轮里拉出；动环磨损小于 0.5mm；用 17mm 开口扳手和梅花扳手松开静环压板上的螺母，取下压板、静环弹簧座。

2）使用吊带、行车固定排出盖，拆卸排出盖和轴承座支架连接螺栓后吊出，将静环从排出盖上取下。在拆卸机械密封时，严禁动用手锤和扁铲，以免损伤机械密封部件。

3）用钢板尺逐条检查弹簧长度，弹簧长度若减少 1mm 以上需更换。

4）将轴套从轴上抽出，用清洗剂、毛刷、纯棉抹布清理轴套，用 120 号砂纸打磨表面毛刺或污迹，使轴套光亮。

5）外观检查动、静环结合面，直径方向不得有划痕，接合面不得有裂纹。手感检查不得有毛刺或凸凹不平。

6）将动环与静环接合面贴合后进行透光检验，工作面贴合后不得透光。

（7）测量数据。

1）用游标卡尺（外径千分尺）测量动环高度，磨损量不得超过 0.5mm，多点测量偏差控制在 0.02mm。

2）用游标卡尺（外径千分尺）测量静环高度，磨损量不得超过 0.5mm，多点测量偏差控制在 0.02mm。

3）在联轴器轴端垂直安装百分表，用铜棒从叶轮方向往联轴器侧轴端敲击，测出轴串量数据，并做好记录。

（8）轴承组件、主轴及轴承拆卸。

1）用内六角扳手依次将轴承组件两端的轴承端压盖螺栓拆卸，放置在零部件放置区。

2）用钢质扁铲、4P 手锤沿逆时针方向将联轴器端锁紧环拆卸，将止退垫取出，放置在零部件放置区。

3）使用吊装带将轴从轴承箱中吊出。

4）用轴承拉拔器拆卸泵轴叶轮端轴承和联轴器轴承室轴承。

5）用清洗剂、接油盘清洗轴承和轴承室，检查滚道、圆柱体、保持架无蚀斑、麻点、磨损、划痕。

6）用塑料布将轴承标记好包裹，放置在备品配件放置区。

（9）测量泵轴弯曲。

1）将泵轴放在 V 形支架上，V 形支架固定在同一水平面上并在一端固定防止轴向窜动的限位，要求轴向窜动限制在 0.1mm；百分表杆垂直指向轴心，然后缓慢地顺时针盘动泵轴，每转一周有一个最大读数和最小读数，两个读数之差就说明轴的弯曲程度，并做好记录。

2）将轴沿轴向等分 6 段，测量表面尽量选择在正圆没有磨损和毛刺的光滑轴段。

3）以键槽为起点，将轴的端面八等分，并用记号笔做好标记，如图 3-5 所示。

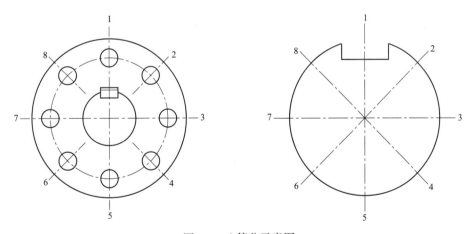

图 3-5 八等分示意图

4）将百分表针垂直轴线装在测量位置上，其中心通过轴心，将表的大针调到"50"，把小针调到量程中间，然后缓缓将轴转动一圈，表针回到始点。

5）将轴按同一方向缓慢转动，依次测出各点读数，并做好记录，测量时各断面测两次，以便校对，每次转动的角度一致，读数误差小于 0.005mm（0.01mm 百分表精度最小值）。

测量轴端面数值（示例）如图 3-6 所示。

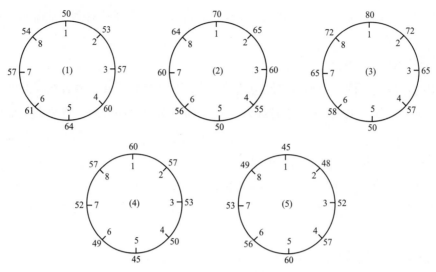

图 3-6　测量轴端面数值（示例）

6）将同一轴向断面的弯曲值，列入直角坐标系。纵坐标表示弯曲，横坐标表示轴全长和各测量断面间距离。根据向位图的弯曲值可连成两条直线，两直线的交点为近似最大弯曲点，然后在该点两边多测几点，将测得各点连成平滑曲线与两直线相切，构成泵轴的弯曲曲线，弯曲最大值不得超过 0.1mm（按照厂家要求设定标准）。

轴弯曲曲线记录（示例）如图 3-7 所示。

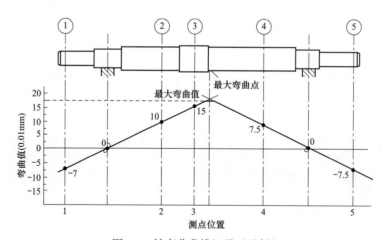

图 3-7　轴弯曲曲线记录（示例）

7）用 50～150mm 外径千分尺测量轴颈尺寸，用 50～150mm 内径千分尺测量轴承内径尺寸，轴与轴承内孔间配合为过盈配合，过盈值为 0.01～0.03mm。

（10）泵轴、轴承室及各部件清理、安装。

1）将泵轴表面用 120 号砂布清理、清洗剂清洗后用塑料布包裹，放置在备品配件放置区。

2）用平口刮刀、120号砂布打磨处理轴套、轴承箱、联轴器各部件密封结合面的锈垢，要求各结合面光洁、平整，止口无毛刺。

3）用清洗剂清洗各打磨好的零部件，再用面团粘接干净（注意：油位镜或油瓶要清理到位），要求清洗后的零部件见本色，放置在零部件放置区。

4）用轴承加热器加热联轴器端轴承，轴承加热温度控制在80～100℃。

5）将加热好的轴承快速套在轴肩上，注意保持轴承内孔与轴平行，然后将轴承回装套筒靠紧轴承内环端面，回装后轴承内环与轴肩的间隙小于0.03mm。

6）等轴承冷却后，放入止退垫后用钢质扁铲、4P手锤沿顺时针方向将联轴器端锁紧环锁紧，轴承室垂直吊起并固定，将泵轴缓慢传进轴承室内。

7）叶轮端轴承用轴承加热器加热温度控制在80～100℃，然后将轴承回装套筒靠紧轴承内环端面，回装后轴承内环与轴肩的间隙小于0.03mm。

8）在联轴器轴端安装百分表，用撬棍沿轴向将泵轴撬动，调整泵轴串量至原始记录数据。

9）轴承端压盖安装，用内六角扳手、50～500N·m扭矩扳手依次对角将压盖螺栓上紧（螺栓扭矩为350N·m）。

10）将机械密封动环放至叶轮背部卡槽，装上机械密封动环压套，用螺杆、平垫、螺母缓慢将机械密封动环压入叶轮动环卡槽内（注意：三条拉杆必须同时向下紧固，保证机械密封动环压套将动环平行压入卡槽）。

11）机械密封静环从排出盖内侧装入，靠近排出盖底部，在泵轴头放入压板、静环弹簧座，用吊带、行车吊起排出盖，并紧固排出盖与轴承座支架螺栓。

（11）本体回装。

1）用吊装带、行车将叶轮吊起，在泵轴上涂抹润滑脂，将叶轮推入轴上，用锁紧螺母锁紧，最后用叶轮螺母锁紧；将叶轮螺母套入叶轮螺丝孔后，用叶轮六角套筒扳手旋紧螺母。

2）将循环泵吊至蜗壳口，调整上下、左右方向稳固泵体后，用丝杆穿入排出盖左、右两侧螺栓孔连接至蜗壳丝孔处，移动行车将循环泵吊入蜗壳内后，用开口扳手和梅花扳手平行（对称）紧固泵壳端面螺栓。

3）用氧气、乙炔烤把，均匀加热泵体联轴器，安装联轴器。

4）用手动油桶泵、加油桶加注润滑油，检查确认油位在油镜刻度线以上，不超过油镜2/3。

2. 减速机本体解体

（1）减速机解体。

1）用活扳手拆卸减速机冷油器油管，拆卸减速机冷油器固定支架螺栓，放置在零部件放置区。

2）用手拉葫芦吊装带将减速机上盖固定。

3）用梅花扳手拆卸减速机高、低速轴两端轴承压盖，用开口扳手和梅花扳手拆卸减速机上盖观察孔螺栓，放置在零部件放置区。

4）用开口扳手和梅花扳手、内六角扳手拆卸减速机上壳体与下壳体连接螺栓，用行车吊起放置在零部件放置区。

5）用200mm钢质扁铲拆下高速轴、低速轴轴承压盖内骨架油封（高、低速轴骨架油封型号为 TC 110×140×12），将拆下的骨架油封放置在废旧物资放置区。

（2）清理、检查。

1）用平头刮刀清理减速机接合面，用清洗剂、毛刷、纯棉抹布、面粉对传动轴、齿轮、轴承、箱体、端盖进行清理。

2）检查齿轮、传动轴，无锈蚀、无裂纹、无砂眼、无毛刺。

3）用2P（磅）手锤、200mm钢质扁铲依次安装高速轴、低速轴轴承压盖内骨架油封。

（3）齿轮间隙测量。

1）用轴承加热器加热高、低速轴电动机端轴承，加热温度控制在80～100℃；将加热好的轴承快速套在轴肩上，注意保持轴承内孔与轴平行，然后将轴承回装套筒靠紧轴承内环端面，回装后轴承内环与轴肩的间隙小于0.03mm。

2）等轴承冷却后用轴承加热器加热高、低速轴泵端轴承，加热温度控制在80～100℃；将加热好的轴承快速套在轴肩上，注意保持轴承内孔与轴平行，然后将轴承回装套筒靠紧轴承内环端面，回装后轴承内环与轴肩的间隙小于0.03mm。

3）高、低速轴轴承安装完成后用手拉葫芦吊装带将传动轴吊入减速机下壳体轴承座上进行调整。

4）用压铅丝法测量各齿轮的啮合间隙，要求：顶部间隙（0.25× 齿轮模数）mm，两端测量之差小于0.10mm；齿轮背部间隙为0.3～1mm，两端测量之差小于0.15mm。

（4）安装。

1）用手拉葫芦行车将减速机上盖从零部件存放区吊运回装，上盖结合面均匀涂抹耐油密封胶，用开口扳手和梅花扳手对称将减速机上壳体与下壳体连接螺栓紧固。

2）减速机高、低速轴两侧轴承压盖端面均匀涂抹耐油密封胶，用开口扳手和梅花扳手依次安装高、低速轴轴承压盖。

3）用氧气、乙炔烤把均匀加热联轴器，用行车手拉葫芦手锤分别安装减速机两端联轴器。

4）用手动油桶泵、加油桶加注润滑油（符合设备出厂说明书）。

（5）联轴器端面间隙、联轴器螺栓孔孔径测量。

用0～10mm多功能组合式数显楔形塞尺测量轴承组件与电动机联轴器间隙（要求≥8mm）并记录；用50～600mm、0.01级内径千分尺测量联轴器螺栓孔孔径，对比原始记录检查是否有磨损，如有磨损，需更换。

3. 联轴器找中心

依次对泵与减速机联轴器，减速机与电动机联轴器找中心。

（1）用纯棉抹布、平头刮刀、清洗剂、毛刷清理联轴器表面；用塞尺检查减速机及电动机地脚是否平整、无虚脚，如果有，用塞尺测出数值并记录，用相应铜皮垫实。

（2）用直角尺平面初步找正，主要为左右径向（相差太大可能造成百分表无法读数或读错数据）。

（3）分别在联轴器径向、轴向安装百分表（装百分表时要固定牢，但需保证测量杆活动自如），测量径向的百分表要垂直于轴线，其中必要通过轴心，装好后试装一周，表针必须回到原来位置，测量径向的百分表必须复原，将2块百分表指针调整归零。测量轴向的百分表要垂直于联轴器端面，装好后试装一周，表针必须回到原来位置，测量轴向的百分表必须复原，将2块百分表指针调整归零。百分表位置如图3-8所示。

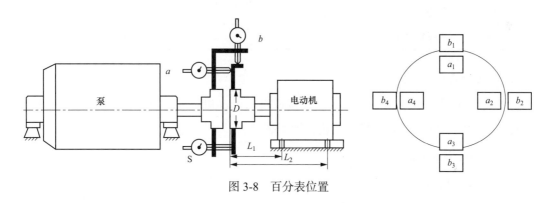

图 3-8　百分表位置

（4）慢慢转动转子，每隔90°测量一组数据并做好记录（a、b），一周后到原来位置径向表应该为0，轴向表数据相同。上下张口 $=a_1-a_3$，正为上张口，负为下张口；左右张口 $=a_2-a_4$，正为 a_2 侧张口，负为 a_4 侧张口。上下径向偏差 $b=(b_1-b_3)/2$，正为电动机高，负为电动机低；左右径向偏差 $b=(b_2-b_4)/2$，正数为电动机偏右，负数为电动机偏左（轴向偏差：≤0.05mm；径向偏差：≤0.05mm；联轴器距离：≥8mm）。

找中心数据标准见表3-5。

表3-5　　　　　　　　　　　找中心数据标准　　　　　　　　　　　mm

测量项目	标准值
电动机 – 减速机对轮水平位置张口方向	左右张口
电动机 – 减速机对轮水平位置张口数值	≤0.05
电动机 – 减速机对轮垂直位置张口方向	上下张口
电动机 – 减速机对轮垂直位置张口数值	≤0.05

测量项目	标准值
减速机 – 循环泵对轮水平位置张口方向	左右张口
减速机 – 循环泵对轮水平位置张口数值	≤0.05
减速机 – 循环泵对轮垂直位置张口方向	上下张口
减速机 – 循环泵对轮垂直位置张口数值	≤0.05
电动机 – 减速机对轮水平位置圆周方向	错口长度
电动机 – 减速机对轮水平位置圆周数值	≤0.05
电动机 – 减速机对轮垂直位置圆周方向	高低差
电动机 – 减速机对轮垂直位置圆周数值	≤±0.05
减速机 – 循环泵对轮水平位置圆周方向	错口长度
减速机 – 循环泵对轮水平位置圆周数值	≤0.05
减速机 – 循环泵对轮垂直位置圆周方向	高低差
减速机 – 循环泵对轮垂直位置圆周数值	≤±0.05

4. 联轴器连接

按标记及编号，依次用吊带行车固定减速机与电动机、减速机与泵联轴器，用开口扳手和梅花扳手安装联轴器减震膜片和轮联轴器螺栓。

5. 联轴器防护罩安装

用开口扳手和梅花扳手依次安装电动机与减速机、减速机与泵联轴器防护罩。

（三）检修安全、健康、环保要求

1. 检修工作前

（1）对起重机械进行检查。

（2）对设备吊装过程中所使用的吊装带、倒链、行车等做好检查，并经过验收。

（3）检查起重操作人员等特种作业人员资质是否符合标准。

2. 检修过程中

（1）检修使用的废旧辅料要放置在专用垃圾筒。

（2）检修现场要保持清洁，对循环泵各拆卸部件进行分类后，统一放置（可按照相同设备或相同部件原则）。

（3）使用行车、手拉葫芦必须为具有操作资质的特种作业人员。

（4）清洗后的废油倒入指定的油桶中。

（5）防止机械伤害及防坠落伤害。

（6）在脚手架上工作正确使用安全带。

3. 检修结束后

（1）工作结束必须做到工完、料净、场地清。

（2）办理工作票终结手续票前，恢复设备的标识、保温及检修过程中拆除的各附属部件。

（3）检查设备是否检修完毕并具备试运条件。

（4）设备检修完毕后，对设备进行盘车，无异常后提交试运申请。

四、常见故障原因及处理

浆液循环泵运行故障会导致浆液循环量减少、系统液气比不足，影响脱硫效率等，在运行中常见故障主要包括泵不吸水、压力表跳动、流量低于设计流量、功率过大、电动机发热、运转杂声或振动、泄漏等，根据不同故障原因采取相应针对性处置措施。

常见故障原因及处理方法见表3-6。

表3-6　　　　　　　　　　　常见故障原因及处理方法

故障	原因	消除方法
泵不吸水，出口压力表跳动	泵内积有空气，入口管漏气	检查入口管路，排除漏气现象
出口压力表指示有压力，泵出力不足	出口管阻力大	疏通出口管道堵塞物
	电动机转向错误	检查电动机转向
	叶轮堵塞	除去叶轮堵塞物
流量低于设计流量	叶轮堵塞	除去堵塞物
	前护板磨损过大	更换前护板
功率过大、电动机发热	流量超过使用范围	按泵使用范围运转
	浆液密度过大	更换较大功率电动机
	产生机械摩擦	检查摩擦处、调整或更换磨损零件
杂声或振动	泵轴与电动机轴不同心	调整确保同心
	浆液中含有气体	降低浆液温度、控制浆液起泡
	转轴不平衡	冷校转轴
	螺母有松动现象	拧紧各部位螺母
	导轴承与轴颈磨损过大	更换导轴承，修复轴颈
	流量、扬程超过使用范围	调整至规定范围或重新选型
泄漏	机械密封水、浆液渗漏	调整机械密封的水压在合适范围内，更换失效机械密封
	油封泄漏	更换油封
	泵体紧固法兰泄漏	紧固螺栓或更换结合面垫片
	出入口管道法兰泄漏	更换垫片，对角紧固法兰螺栓
	管道防腐层破损	对管道重新进行防腐处理

第三节 喷 淋 层

喷淋层又可以称为液体分布器，由喷淋管和喷嘴组成，循环浆液通过喷淋管的分配作用输送至均匀分布的喷嘴，由喷嘴喷出与逆向流动的烟气充分接触，进行气液扩散，达到 SO_2 有效吸收的目的。脱硫喷淋层是脱硫性能的关键设备，液气比是脱硫设计重要参数之一，根据入口烟气 SO_2 浓度、排放限值要求，设计液气比及喷淋层数量。喷淋层一般为3～5层，部分高硫煤脱硫装置设计喷淋层数量更多。浆液喷淋覆盖率、雾化角、雾化粒径等对脱硫效果影响较大，影响喷雾角的因素主要是喷嘴的各种结构参数，如喷嘴孔半径、旋转室半径和浆液入口半径等；浆液雾化平均粒径和粒径分布取决于浆液进口压力、浆液的黏度、表面张力和喷嘴结构参数等。喷嘴进口压力越大，喷嘴压力降越大，通过喷嘴的流量越大，而喷嘴雾化浆滴平均直径越小。

一、结构及工作原理

喷淋层包括喷淋主管道、喷淋支管、喷嘴。

（一）喷淋管及管网

1. 喷淋管设计结构

目前，喷淋层的喷淋管主要有两种材质和结构形式，一是全玻璃钢（FRP）材质，由于玻璃钢的材料特性，这种结构需要在喷淋管底部设置支撑梁；二是主管用碳钢，内外衬胶，支管用 FRP 管，主管和支管之间用法兰连接，主管采用等径钢管，管径大、壁厚，自身起到支撑梁的作用，FRP 支管底部可以不设支撑梁。喷淋层一般设3～5层，喷淋层间距通常为 1～2m，一般按 1.5～1.7m 设计。

吸收塔 FRP 支管较长，要求喷淋层设计、施工时，利用管道分析软件对喷淋层进行受力分析，选择合理壁厚，通过在支管上加筋提高 FRP 支管的强度和刚度。最上层喷浆管至第一段除雾器保持一定的高差，根据喷浆后雾滴大小及烟气上升流速考虑，一般在3～3.5m。在实际运行中，由于喷嘴喷雾角、喷嘴安装等原因，全玻璃钢喷淋层的支撑梁发生被浆液击穿破坏的现象。

2. 喷淋管及管网的作用

脱硫浆液通过喷淋主管均匀输送到各支管，通过各支管均匀输送至雾化喷嘴，浆液通过分布在喷淋管上的喷嘴喷出雾状液以吸收烟气中的 SO_2。根据喷头的布置位置和喷嘴流量，一般支管为变径管，保证每个喷嘴喷出浆液流量一致，并满足喷嘴最佳压力要求，避免浆液疏密不均。喷淋管网内外均耐磨蚀，管内主要耐浆液腐蚀，管表面要求耐浆液冲刷。

（二）雾化喷嘴

1. 喷嘴种类

目前，在湿法脱硫吸收塔喷淋层通常采用空心锥切线型、实心锥切线型、双空心锥切线型、实心锥、螺旋型 5 种喷嘴。常用的浆液喷嘴有 2 种形式：空心锥切线型喷嘴和螺旋型实心锥喷嘴。螺旋型实心锥喷嘴的特点是喷淋量大、喷嘴个数少，缺点是结构易碎、液滴均匀性差。在湿法脱硫吸收塔上，空心锥切线型喷嘴是螺旋型实心锥喷嘴的替代产品，其自由畅通直径大，具有自清洗功能，应用最为普遍。

图 3-9　吸收塔喷淋层

吸收塔喷淋层如图 3-9 所示。

2. 喷嘴选材及安装

浆液本身具有较强的磨损和腐蚀性，喷嘴表面要求能耐冲刷（因为有上层浆液喷下），另由于喷嘴处压力较高，流速较大，浆液喷嘴要求防堵，耐腐蚀、耐磨性好。喷嘴一般由反应烧结碳化硅和氮化硅材料制成。在喷嘴布置上，各喷淋层喷嘴错开布置，保证浆液重叠覆盖率至少达 170%～250%，最外层喷嘴与塔壁要保持合理距离，防止塔壁穿孔漏浆。喷嘴最上一层是单喷，下面喷淋层均采用双喷的形式，双向喷嘴一般上喷角度为 20°，流量占该喷嘴总量的 70%；下喷角度是 90°，流量占 30%。近塔壁的均用上下喷角为 90° 的喷嘴。喷嘴有法兰连接、丝扣连接和承插连接三种，如喷浆管用 FRP 材料，则应用丝扣连接和承插连接方式；如用钢管内外橡胶，则只能用法兰连接。

带压浆液通过喷淋管道输送到交错布置的喷嘴处，经过喷嘴的雾化浆液与进入吸收塔的烟气充分混合反应。

二、日常维护

（1）定期检查循环泵喷淋层外塔主管路连接部分的牢固性。

（2）定期检查喷淋区域塔壁的运行状态，第一时间发现喷嘴对塔壁的破坏，防止污染面扩大。

（3）定期检查喷淋层连接管道的严密性，无漏水、漏浆现象。

三、设备检修

（一）等级检修项目

喷淋层等级检修项目见表 3-7。

表 3-7   喷淋层等级检修项目

A 级检修项目	B 级检修项目	C 级检修项目
（1）清理喷淋层管道，测量厚度，必要时进行更换。 （2）检查更换喷嘴，调整角度，更换损坏的喷嘴。 （3）检查修理喷淋层支撑装置、护梁板。 （4）检查试验喷嘴喷淋效果。 （5）喷嘴结垢、阻塞清理	（1）检查修理喷淋层管道。 （2）检查更换喷嘴，调整角度，更换损坏的喷嘴。 （3）检查修理喷淋层支撑装置、护梁板。 （4）检查试验喷嘴喷淋效果。 （5）喷嘴结垢、阻塞清理	（1）检查喷淋层管道。 （2）检查修复喷嘴。 （3）检查喷淋层支撑装置、护梁板。 （4）检查喷嘴喷淋效果。 （5）喷嘴结垢、阻塞清理

（二）主要部件检修工艺要求及质量标准

1. 喷淋管道

（1）工艺要求。

1）检查各喷淋主管支管磨损、堵塞和下沉现象情况以及喷淋管完好性。

2）各喷淋管磨损量超过 2mm 的予以更换，如有断开的支管需重新粘接；如有堵塞的应疏通；如最下层喷淋支管需要检修时，可在主梁上搭设对应吊架进行修复。

3）检查靠近塔壁的喷淋梁是否对防腐层造成冲刷，如冲刷严重，需对其进行焊接、防腐加固。

（2）质量标准。

1）喷淋管固定牢固，各支撑点无变形，管道连接无泄漏、断裂、堵塞现象。

2）喷淋支管支撑点牢固，无腐蚀穿孔，支管无泄漏、断裂、堵塞现象。

3）喷淋梁结构完整，防腐层无破损，钢板无穿孔、腐蚀。

2. 浆液喷嘴

（1）工艺要求。

1）检查各喷嘴磨损、堵塞和掉落情况以及喷淋管完好性。

2）各喷嘴磨损量超过 2mm 的予以更换，如有掉落的喷嘴需重新粘接；如有堵塞的应疏通；如最下层喷嘴需要检修时，可在主梁上搭设对应吊架进行修复。

3）检查靠近塔壁的喷嘴是否对防腐层造成冲刷，如冲刷严重，需对其进行改向或封堵。

（2）质量标准。

1）喷嘴口径测量数据与原始值对比，口径磨损量满足出厂设计要求。

2）喷射角度不对吸收塔塔壁造成损坏。

3）喷嘴无堵塞、脱落。

3. 喷淋区支撑梁及塔壁

（1）工艺要求。

1）清除喷淋区支撑梁及塔壁积垢，检查塔壁冲刷及渗漏情况，采用挖补焊接。

2）检查塔壁冲刷及渗漏情况，采用挖补焊接，并进行防腐修复。

（2）质量标准。

1）喷淋区支撑梁及塔壁无积垢。

2）喷淋区支撑梁及塔壁防腐层无破损、鼓包、穿孔，防腐层厚度不小于 3mm。

（三）检修安全、健康、环保要求

1. 检修工作前

（1）认真学习和熟悉喷淋层检查检修方案，以及检修中的风险预控措施。

（2）准备好设备检修需要的图纸、资料、仪器、工具等。

（3）准备好设备检修需要的物资、材料、备件等。

2. 检修过程中

（1）高空作业应小心谨慎，安全带要系在牢固、可靠的地方，备件、材料和工器具等应放置在牢固、可靠的地方。

（2）现场工作器具要定置摆放，做到"三不落地"。

（3）进行喷淋层支管修复及安装时，要做好通风与人员监护，防腐期间禁止使用可产生电火花的电动工器具及 24V 以上光源，禁止与动火作业同时进行。

（4）在喷淋层工作时，禁止上下交叉作用，控制作业人员在 3 人以下。

（5）在拆除喷淋层支管及其附属喷嘴时，要把拆下的材料与备件绑扎牢固。

3. 检修结束后

（1）工作结束必须做到工完、料净、场地清。

（2）办理工作票结票前，检查喷淋层支管及喷嘴完好。

（3）检查喷淋层无遗留脚手架管及杂物，人孔门可靠封闭并具备试运条件。

四、常见故障原因及处理

喷淋层运行故障会导致浆液喷淋效果差，造成脱硫效率降低，严重时可造成被迫停机事故，在运行中常见故障主要包括喷淋管堵塞、喷淋管断裂、喷嘴堵塞、喷淋层支撑梁穿孔等，根据不同故障原因采取相应针对性处置措施。

常见故障原因及处理方法见表 3-8。

表 3-8　　　　　　　　　　常见故障原因及处理方法

故障	原因	处理方法
喷淋管堵塞	浆液内有杂物堵塞管道	检查循环泵入口滤网是否有破损，恢复破损滤网，清除堵塞杂物
	喷淋管安装不平，存在低点积垢	调整喷淋管的安装位置，使喷淋层处于水平状态

续表

故障	原因	处理方法
喷淋管断裂	喷淋管单层固定点支撑不牢固	调整喷淋管单侧支撑点的位置，紧固支撑点
	管道粘接材质、方式不正确	对断裂管道按照安装工艺重新进行粘接
	喷淋管道老化	修补、更换FRP喷淋管
喷嘴堵塞	浆液内有杂物堵塞管道	检查循环泵入口滤网是否有破损，恢复破损滤网，清除堵塞杂物
	水泵出力不足	更换叶轮、调整转速
	喷嘴结垢	酸洗喷嘴
喷淋层支撑梁穿孔	喷嘴冲刷	更换喷淋层喷嘴喷射角度
	塔壁防腐脱落、老化	重新进行防腐处理

第四节 除 雾 器

在烟气湿法脱硫系统中，除雾器是脱硫塔重要部件，除雾器在脱硫浆液喷雾吸收过程中，将烟气携带的液滴、浆液滴捕集下来，使烟气含水量降低。除雾器的效率不仅与自身结构有关，而且与液滴的粒径、喷嘴雾化粒径以及浆液黏度等有关。把除雾器性能和喷淋浆液直径匹配好，才能取得好的除雾效果。除雾器性能的优劣关系到系统的运行状态，即湿法烟气脱硫系统能否稳定、连续地运行。除雾效果差，会导致颗粒物排放浓度超标，烟气携带浆液会传至下游设备，如烟气加热器、挡板门、膨胀节，还会造成烟道腐蚀、结垢，进而引起堵塞等。

除雾器位于吸收塔喷淋层的顶部，在脱硫塔出口多级高效除雾器捕捉烟气中携带的液滴，高效除雾可控制烟气中液滴携带量不大于$25mg/m^3$（标准状态）。除雾器采用工艺水冲洗，防止除尘器积垢、堵塞，冲洗过程通过程序控制自动完成。

本节主要对折流板屋脊除雾器的结构、原理、维护及检修、常见故障原因及处理进行重点介绍。

一、结构及工作原理

除雾器的种类有很多，脱硫除雾器有板式除雾器、屋脊式除雾器、管式除雾器、管束式除雾（除尘）器、旋流叶轮式除雾器等。其中屋脊式除雾器的接触面积大，细分离性能较好，因此屋脊式除雾器在气液分离过程中被广泛应用，燃煤电厂脱硫装置大多为屋脊式除雾器。屋脊式除雾器由除雾器本体及冲洗系统组成，具体为除雾器本体（二或三级）、冲洗水管道、喷嘴、支撑架、支撑梁以及相关连接、固定、密封件等。除雾器材质一般为高分子材料聚丙烯（PP）、玻璃钢（FRP）或不锈钢材料。

除雾器雾滴捕集示意图如图3-10所示。

除雾器主要用于除去烟气携带的液滴（还有少量的颗粒物），使得烟气含水量降低。当烟气流经除雾器区域时，实现除雾功能。当含有液滴的烟气体以一定速度流经弯曲通道的除雾器时，烟气中的液滴及浆尘颗粒物因受到转向离心力、摩擦力、惯性力和撞击力的作用而被捕集，从而撞击壁面并黏附在波形板的壁面上形成一层水膜，液滴及浆尘颗粒物与波形板相碰撞而聚集后，当其自身产生的重力超过气体的上升力与液体表面张力的合力时，就从波形板表面上被分离下来，实现了气液分离。除雾器波形板的多折向结构增加了液滴捕集的机会，这样反复作用，从而大大提高了除雾效率。

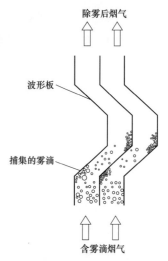

图 3-10 除雾器雾滴捕集示意图

二、日常维护

（1）根据除雾器差压及运行工况定期冲洗除雾器板块。

（2）每天检查除雾器冲洗水压力是否满足除雾器基本冲洗水压要求。

（3）每天检查除雾器连接管道的严密性，无漏水、漏气现象。

（4）定期查看吸收塔液位、除雾器冲洗水阀门及流量情况，判定是否泄漏，分析泄漏及时判定问题所在，并及时修复。

三、设备检修

（一）等级检修项目

除雾器 A、B、C 级检修项目一致，主要包括：

（1）检查更换除雾器组件。

（2）检查更换除雾器连接件、加固件。

（3）检查除雾器冲洗水管道及阀门。

（4）检查除雾器冲洗喷嘴，必要时进行更换。

（5）试验除雾器冲洗水系统喷淋。

（6）检查除雾器平台、支撑梁防腐。

（二）主要部件检修工艺要求及质量标准

1. 除雾器冲洗水系统

（1）工艺要求。

1）冲洗水管检查。检查除雾器冲洗水管道是否牢固地固定在支撑梁上，检查支撑梁连接部位无变形、开裂、松动，卡件、紧固件要齐全。除雾器冲洗水管道固定牢靠，卡件、紧固件齐全。

2）冲洗水压力检查。检查除雾器冲洗水管是否通畅、是否有泄漏。除雾器冲洗水管无堵塞、无泄漏，喷嘴出口压力波动不大于 ±10%。

3）检查除雾器冲洗水喷嘴。检查除雾器冲洗水喷嘴是否齐全，喷嘴是否畅通，是否存在堵塞现象。

4）除雾器冲洗阀门状态检查。检查冲洗水阀门及其顺序控制，阀门内漏、外漏点。

5）除雾器冲洗各阀门拆卸。检查阀门阀体、门板等部件腐蚀情况，密封不严的阀门进行更换或修复。

6）检查阀门法兰和管道法兰接口处无泄漏情况。

7）试验阀门开关情况，重新定位，并做水压试验。

（2）质量标准。

1）冲洗水管固定牢固，管道连接牢固、无泄漏，冲洗水管无老化、断裂、堵塞现象。

2）管道无泄漏、堵塞、变形，阀门开关灵活、无卡涩，调节阀压力调节正常，阀芯无泄漏；阀门控制指令正常。

3）调整冲洗水压在设计范围内，水压试验（差压）等于 200Pa。

4）喷嘴无堵塞、缺失、磨损、断裂现象，雾化效果满足冲洗要求。

2. 除雾器模块

（1）工艺要求。

除雾器清理，从上级开始往下级清理，即二级上部→二级下部→一级上部→一级下部，各级除雾器烟气通道清洁，没有石膏积存。

1）检查除雾器无损坏，损坏的除雾器予以更换，各片除雾器完整、无损坏，各片除雾器齐全，翼片间距约为 27.5mm。

2）检查除雾器位置是否平稳地放置在各支持梁上，若有个别除雾器有位移，要将其牢靠地搁置在支持梁上。各片除雾器间卡件齐全。

（2）质量标准。

1）除雾器板片完整、无破损，清洁、无结垢。

2）支架牢固、无变形。

3）喷嘴无松动脱落，无堵塞，雾化良好。

4）翼片间距小于 27.5mm。

5）除雾片厚度大于或等于 2.7mm。

6）除雾器的垂直度等于 90°。

7）梁架水平度小于 0.2%，小于 4mm。

（三）检修安全、健康、环保要求

1. 检修工作前

（1）准备好喷淋层脚手架搭设前的检查，选用质量轻的铝合金脚手架板。

（2）准备好喷淋层检查时的工器具，行灯、卡尺等。

（3）检查所更换备件尺寸是否合适，材质是否合格，重点是喷嘴孔径与粘接材料。

2. 检修过程中

（1）高空作业应注意防滑，保证喷淋层玻璃钢表面无水渍，安全带与安全绳需可靠固定。

（2）现场工作器具要定置摆放，做到"三不落地"。

（3）在喷淋层支管修复及安装时。要做好通风与人员监护，防腐施工期间禁止使用可产生电火花的电动工器具及 24V 以上光源，禁止与动火作业同时进行。

（4）在喷淋层工作时。禁止上下交叉作用，控制作业人员在 3 人以下。

（5）在拆除喷淋层支管及其附属喷嘴时，要把拆下的材料与备件绑扎牢固。

3. 检修结束后

（1）工作结束必须做到工完、料净、场地清。

（2）办理工作票结票前，对现场喷淋层喷嘴做好检查。

（3）检查喷淋层无遗留脚手架管及杂物，人孔门可靠封闭并具备试运条件。

四、常见故障原因及处理

除雾器运行故障会导致净烟气携带水量增加，造成水资源浪费，对锅炉风烟系统有较大的影响，在运行中常见故障主要包括除雾器堵塞、除雾器倾斜、冲洗水喷嘴堵塞、冲洗水管压力降低等，根据不同故障原因采取相应针对性处置措施，尽快恢复除雾器的正常运行。

常见故障原因及处理方法见表 3-9。

表 3-9　　　　　　　　　　　　常见故障原因及处理方法

故障	原因	处理方法
除雾器堵塞	pH 值控制不当，亚硫酸钙难以被及时氧化	吸收塔浆液 pH 值控制在设计范围内，在烟气中二氧化硫含量发生较大变化时，要及时调整石灰石浆液的加入量
	液位控制不当，氧化不充分	维持吸收塔液位在设计范围之间，给亚硫酸钙足够的氧化空间
	除雾器冲洗周期长，效果不理想	每 2h 除雾器冲洗至少 1 次
	除雾器冲洗水喷嘴堵塞	停机时疏通被堵塞的喷嘴
	除雾器冲洗水压力不足	检修除雾器冲洗水和冲洗水电动门
除雾器倾斜	烟气含尘量较大	调整、检修电除尘设施，从而降低烟尘浓度
	部分除雾器叶片变形	更换变形叶片、支撑柱；增加除雾器支撑结构，提高除雾器的受力性能及稳定性
	喷淋管浆液泄流	修补、更换喷淋管

续表

故障	原因	处理方法
冲洗水喷嘴堵塞	管路阻塞	清洗疏通管路
	水泵出力不足	更换叶轮、调整转速
	水泵的安装不规范或出口管路泄漏	检修水泵或堵塞漏点
	阀门开度不够	检修阀门
	喷嘴结垢	酸洗喷嘴
冲洗水管压力降低	冲洗水管出现断裂	重新焊接冲洗管道

第五节　协同除尘装置

环保排放限值日趋严格，脱硫装置的协同除尘作用越来越重要。在超低排放技术改造过程中，部分脱硫装置设计了协同除尘装置，根据不同设计原理，通过亲水性材质形成水膜捕集颗粒物，或通过气体变速、变向产生的离心力实现颗粒物凝并分离，从而实现除雾、除尘效果。主要有水膜协同除尘装置、管束式除尘装置、静电除尘装置等。

一、结构及工作原理

（一）水膜协同除尘装置

每套脱硫装置设置一套水膜协同除尘装置，包括除尘水箱、除尘水泵、水膜除尘器、升气帽等设备，水膜除尘器主体段过流断面为长方形。水膜协同除尘装置内部构件采用模块化设计，支撑梁等采用碳钢衬玻璃鳞片防腐。玻璃鳞片能长期工作在80℃以下环境中，短时耐温不超过120℃。水膜协同除尘装置示意图如图3-11所示。

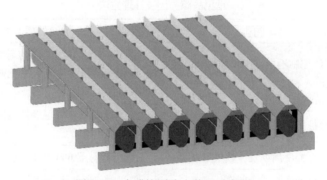

图 3-11　水膜协同除尘装置示意图

饱和湿烟气在经过该装置时（烟气的湿度为13%～15%），由于水膜协同除尘装置采用亲水性的材质，可以充分保证水膜的形成，从而有效地去除烟尘颗粒，达到高效除尘效果。升气帽和水膜除尘器的整体阻力为500Pa。在吸收塔塔壁上设置有压差测点以及性能检测孔，同时考虑检修方便，设置有人孔、爬梯及检修平台等辅助设施。

（二）管束式除尘装置

管束式除尘装置示意图如图 3-12 所示。

管束式除尘装置的结构包括管束筒体、增速器、分离器、汇流环和导流环。管束式除尘装置采用模块化设计，由多组管束组成，布置在脱硫塔喷淋层上部，竖向布置，脱硫烟气流经管束，实现除尘、除雾。

管束筒体垂直并且内壁光洁，圆滑没有偏心，通过增速器确保以最小的阻力条件提升气流的旋转运动速度，用分离器实现不同粒径的液滴、颗粒物在烟气中的分离，通过汇流环控制液膜厚度，维持合适的气流分布状态，导流环控制气流出口状态，防止捕获的液滴被二次夹带。

管束式除尘装置能同时实现除尘除雾，在"超低排放"改造中得到较多应用。由于管束式除尘装置维护量很少，将不对其维护检修工作进行介绍，仅论述水膜协同除尘装置的维护检修工作。

图 3-12 管束式除尘装置示意图

二、日常维护

（1）检查除尘水箱内部无杂物。

（2）除尘水泵地脚螺栓牢固；防护罩完好，安装牢固。润滑油油位正常、油质良好、无泄漏，油位计及油镜清晰、完好。

（3）冲洗水泵地脚螺栓牢固，防护罩完好，安装牢固。润滑油油位正常、油质良好、无泄漏，油位计及油镜清晰、完好。

（4）除尘水泵出、入口管道和阀门无渗漏现象。

三、设备检修

（一）等级检修项目

协同除尘装置等级检修项目见表 3-10。

表 3-10　　　　　　　　　　协同除尘装置等级检修项目

A 级检修项目	B 级检修项目	C 级检修项目
（1）清理、更换除尘模块。	（1）检查、清理除尘模块。	（1）检查、清理除尘模块。
（2）检查、清理管束单元及单元间，更换损坏分离器。	（2）检查、清理管束单元及单元间，更换损坏分离器。	（2）检查、清理管束单元及单元间，更换损坏分离器。
（3）检查冲洗水及喷嘴、雾化水连接水管、分水器。	（3）检查冲洗水及喷嘴、雾化水连接水管、分水器。	（3）检查冲洗水及喷嘴、雾化水连接水管、分水器。
（4）检查修复边缘封板、上下环板。	（4）检查修复边缘封板、上下环板。	（4）检查边缘瞄上下环板。
（5）检查修复支撑梁、格栅板。	（5）检查修复支撑梁、格栅板。	（5）清理自动反冲洗过滤器
（6）清理自动反冲洗过滤器，更换滤网	（6）清理自动反冲洗过滤器，更换滤网	

（二）升气帽检修

1. 工艺要求

（1）粘接泄水槽高位端部封板。

（2）分段安装挡水板，粘接挡水板与支架。

（3）升气帽安装后支撑圈上表面要齐平，水平度及平面度偏差均小于2mm，就位后不允许出现上翘现象。

（4）检查升气帽是否有泄漏、管道是否通畅。清理升气帽、管道积垢。

2. 质量标准

（1）高低位端部封板必须平行于吸收塔塔壁与泄水槽交点的弦，后续安装雨篷时必须全部封闭封板与吸收塔塔壁间的空间。

（2）分水板定位需准确平分两个分水管之间的空隙尺寸，且平分对应泄水槽的宽度尺寸。分水板平分两侧尺寸偏差不允许超过3mm。

（3）升气帽无积垢、无杂物。

（三）布水管和喷嘴检修

1. 工艺要求

（1）布水管固定牢固，管道连接牢固、无泄漏，无老化、断裂、松动、堵塞现象，卡件、紧固件齐全。

（2）布水管压力是否有偏差，是否在设计范围内。

（3）喷嘴无堵塞、缺少、磨损、断裂现象，雾化效果满足冲洗要求。

2. 质量标准

（1）对出现问题的管道进行焊接堵漏，并用玻璃丝布进行加固。

（2）布水管道无断裂、堵塞，喷嘴无堵塞、掉落。

（3）水压试验差压为300Pa。

（四）冲洗系统

1. 工艺要求

（1）冲洗水管检查。检查管道是否通畅，是否有泄漏。

（2）冲洗水压力检查。

（3）检查除尘冲洗水喷嘴。

2. 质量标准

（1）冲洗水管固定牢固，管道连接牢固、无泄漏，冲洗水管无老化、断裂、堵塞现象。

（2）调整冲洗水压在设计范围内。

（3）喷嘴无堵塞、缺少、磨损、断裂现象，雾化效果满足冲洗要求。

（四）模块及叶片

1. 工艺要求

（1）叶片积垢检查、清理。要求各模块中 PP（聚丙烯）板无损坏、无缺失，损坏的模块应予以更换。

（2）叶片间距测量、调整。

（3）模块倾斜检查。模块是否平稳地放置在各支持梁上，若有个别模块有位移，要将其牢靠地搁置在支持梁上，模块间距小于 1mm，各模块间卡件齐全。

（4）管道、支撑结垢清理。

2. 质量标准

（1）叶片表面无老化、结垢、断裂现象，模块 PP 片无积垢。

（2）叶片间距符合设备设计要求，叶片连接卡环完好，无断裂、破损、老化。

（3）各连接部件安装牢固、可靠，无变形、塌陷、断裂情况。模块间距小于或等于 1mm，梁架水平度小于 0.2%，小于 4mm。

（4）使用高压水清理除雾器积垢，杜绝将高压水对准喷嘴冲洗。

四、常见故障原因及处理

除尘模块运行故障会导致净烟气携带水量增加，造成水资源浪费，对锅炉风烟系统有较大的影响，在运行中常见故障主要包括除尘模块堵塞，除尘模块损坏、散架，冲洗水喷嘴堵塞，冲洗水管压力降低等，根据不同故障原因采取相应针对性处置措施，尽快恢复除尘模块的正常运行。

常见故障原因及处理方法见表 3-11。

表 3-11　　　　　　　　　　　常见故障原因及处理方法

故障形式	原因分析	排除方法
除尘模块堵塞	冲洗效果不理想	根据除尘水箱液位及差压，合理调整冲洗时间间隔，至少为每 2h 1 次
	模块冲洗喷嘴堵塞、管道断裂，导致模块表面结垢	停机时彻底清理模块表面结垢，更换损坏的喷嘴，修复断裂的管道
	模块冲洗压力水不足	检查更换泄漏冲洗水电动门
除尘模块损坏、散架	烟气含大量灰尘	有效使用电除尘设施，从而降低烟尘及温度
	模块变形	更换变形除尘模块，增加模块支撑结构，提高受力性能及稳定性
	部分喷嘴堵塞，造成局部水压过大，将模块冲散	疏通、更换喷嘴，更换破损除尘模块

故障形式	原因分析	排除方法
冲洗水喷嘴堵塞	管路阻塞	清洗疏通管路
	除尘水泵出力不足	更换叶轮，调整转速
	水泵的安装不规范或出口管路泄漏	检修水泵或堵塞漏点
	阀门开度不够	检修阀门
	喷嘴结垢	酸洗喷嘴
	泵的选型不合理	重新计算选型
冲洗水管压力降低	冲洗水管出现断裂	重新焊接 PP 管道

第六节　搅　拌　装　置

吸收塔搅拌装置安装在吸收塔下部浆液池中，其作用是将浆液保持在流动状态，从而使其中的脱硫混合物在浆液中处于均匀悬浮状态，防止沉淀、积垢；同时，搅拌装置将输送至氧化区域的氧化空气扩散分布，充分与浆液进行扰动混合，使鼓入反应池中的氧化空气与浆液发生氧化反应，保证浆液对 SO_2 的吸收和反应能力。

氧化空气分布系统采用喷管式或管网式，搅拌装置主要有侧进式搅拌器和脉冲悬浮搅拌系统。

一、结构及工作原理

（一）侧进式搅拌器

侧进式搅拌器由驱动电动机，驱动皮带，大、小对轮，轴承底盘组件，机械密封，轴，桨叶等组成。搅拌器在脱硫塔周围等间隔布置，根据脱硫浆池容积、结构分单层、双层布置。

侧进式搅拌器示意如图 3-13 所示。

由电动机驱动桨叶转动，将浆液保持在流动状态，氧化空气被分布管注入搅拌机桨叶的压力侧，将氧化空气向中心推动，利用搅拌器的搅拌保证氧化空气的扩散，被搅拌机产生的压力和剪切力分散为细小的气泡并均匀布于浆液中，从而使空气和浆液充分均匀混合，保证亚硫酸钙的氧化效果，促进浆液对 SO_2 的有效吸收和反应，并使得脱硫产物等固型颗粒物（$CaCO_3$、$CaSO_3$、$CaSO_4$ 固体微粒）在浆液中始终保持均匀的悬浮状态。

（二）脉冲悬浮搅拌系统

脉冲悬浮搅拌系统由脉冲悬浮泵、脉冲悬浮管道、脉冲悬浮喷嘴组成。

脉冲悬浮搅拌系统示意如图 3-14 所示。

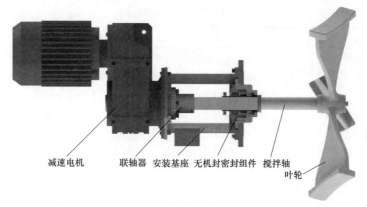

减速电机　联轴器　安装基座　无机封密封组件　搅拌轴
叶轮

图 3-13　侧进式搅拌器示意图

由脉冲悬浮泵从吸收塔浆池抽出浆液再通过管道和喷嘴喷向浆池底部，喷嘴出口的射流在吸收塔底部引起搅动，使浆液中固体物悬浮不沉积，达到防止浆液沉淀的目的。

二、日常维护

（1）设备周围清洁，无积油、积浆及其他杂物，照明充足，设备防护罩完整。

（2）定期补充搅拌器机械密封轴承润滑油脂。连续运行时根据设备指导意见，及时更换、补充油脂。

（3）定期检查搅拌器调整皮带的张紧度，每3个月1次，使之处于合适张紧状态。

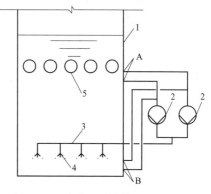

图 3-14　脉冲悬浮搅拌系统示意图
1—吸收塔；2—脉冲悬浮泵；3—脉冲悬浮管道；4—脉冲悬浮喷嘴；5—氧化分区管道；A—脉冲悬浮泵高位入口；B—脉冲悬浮泵低位入口

（4）设备本体无漏浆、漏油现象。

（5）定期检测有水机械密封水压和水量（水压与水量根据机封厂家提供的出厂设计参数进行调整），要始终保持密封冷却水流通，使其加长使用寿命，保证密封性能。

（6）每天对设备的振动、温度、电流等参数进行检测，了解设备运行状态。

（7）定期检查每次悬浮泵悬架体储油室油位的变化，并控制在规定范围内，为了保持油的清洁和良好润滑，应根据现场使用的实际情况，定期更换新油。

（8）定期检查、疏通密封冷却水通道，检查泵台板基础的腐蚀情况。

三、设备检修

（一）等级检修项目

搅拌装置等级检修项目见表3-12。

表 3-12   搅拌装置等级检修项目

A 级检修项目	B 级检修项目	C 级检修项目
（1）检查修理减速机。	（1）化验减速机润滑油质。	（1）化验减速机润滑油质。
（2）检查皮带轮，更换传动皮带，调整中心。	（2）检查皮带轮，更换传动皮带，调整中心。	（2）检查传动皮带，调整中心。
（3）检查、更换轴承。	（3）检查更换轴承。	（3）检查、修复叶片。
（4）修复、更换叶片。	（4）修复、更换叶片。	（4）检查轴套、水封环、机械密封磨损情况。
（5）检查搅拌器轴，更换关闭装置密封圈。	（5）检查搅拌器轴，更换关闭装置密封圈。	（5）复查悬浮泵对轮中心。
（6）检查轴套、水封环、机械密封磨损和损坏情况。	（6）检查轴套、水封环、机械密封磨损和损坏情况。	（6）检测叶轮与口环间隙是否符合规定、晃动度是否合格。
（7）复查悬浮泵对轮中心。	（7）复查悬浮泵对轮中心。	（7）检查轴有无裂纹、损伤及腐蚀，丝扣部分是否完好，锁母是否合适。
（8）检测叶轮与口环间隙是否符合规定、晃动度是否合格。	（8）检测叶轮与口环间隙是否符合规定、晃动度是否合格。	（8）轴承检查及处理、泵轴弯度的测量。
（9）更换机械密封。	（9）更换机械密封。	（9）检查脉冲悬浮管、喷嘴损坏和脱落情况
（10）检查轴有无裂纹、损伤及腐蚀，丝扣部分是否完好，锁母是否合适。	（10）检查轴有无裂纹、损伤及腐蚀，丝扣部分是否完好，锁母是否合适。	
（11）叶轮的静平衡实验。对轮重新找正。	（11）叶轮的静平衡实验。对轮重新找正。	
（12）轴承检查及处理、泵轴弯度的测量。	（12）轴承检查及处理、泵轴弯度的测量。	
（13）检查脉冲悬浮管、喷嘴损坏和脱落情况	（13）检查脉冲悬浮管、喷嘴损坏和脱落	

（二）主要检修工艺要求及质量标准

1. 减速机检修

在设备停运时对减速机进行维护检查或解体检修。

（1）工艺要求。

1）拆除减速机与机械密封轴联轴器及机架连接的双头螺栓，将减速机移至检修现场。

2）拔出减速机高低速轴对轮，拆除减速机轴头轴承压盖螺栓及减速机上盖与下壳体连接螺栓，将拆下的螺栓用清洗剂清洗后涂抹 3 号锂基脂放置在零部件放置区，并用塑料布包裹。

3）用钢质尖铲拆下高速轴、低速轴轴承压盖内骨架油封，将拆下的骨架油封放置在废旧物资放置区。

4）取出减速机高速轴与低速轴并做好标记。

5）减速机轴承检查。

6）高速轴齿轮、弯曲度检查。

7）减速机接合面检查。

8）做好数据测量。

（2）质量标准。

1）本体框架无裂纹，螺栓紧固完好。

2）测量对轮内径，做好记录（轴与对轮过盈配合要求为 0.02～0.04mm）。

3）齿轮箱内表面检查无沟痕和裂纹，使用面团清理传动轴、齿轮、轴承、箱体、端盖。

4）齿轮、传动轴检查无油蚀、无裂纹、无砂眼、无毛刺。

5）安装过程中按照设备出厂参数调整齿轮的啮合间隙、轴承的轴向间隙。

6）润滑油加注符合设备出厂要求。

2. 传动装置及机械密封的检查

（1）工艺要求。

1）拆除电动机端与减速机端的皮带轮。

2）使用机械密封拆卸专用卡盘工具拆除机械密封。

3）拆除机械密封及皮带轮放到指定位置。

4）皮带轮检查。

5）机械密封轴承检查。

6）机械密封内部结构检查。

7）各部件紧固螺栓及轴承紧固螺母、止退垫检查。

（2）质量标准。

1）机械密封框架无裂纹，螺栓紧固完好。

2）皮带轮 V 形槽检查无裂纹、残缺、磨损不超过 1/3。

3）皮带轮锥形套检查无开裂、无毛刺，螺栓孔无滑牙。

4）机械轴承转动灵活、无撞击声。轴承的径向游隙和轴孔内径在标准范围内（具体数据参考原厂家说明书）。

5）机械密封结合面检查无磨损、无泄漏痕迹。

6）机械密封安装过程中可使用润滑脂辅助安装。

3. 轴及叶片检查

（1）工艺要求。

1）拆除搅拌器叶轮前段锁紧螺母，取出叶轮，取下平键。

2）松开轴环，在塔内缓慢从座孔中抽出主轴。

3）轴弯曲度检查。

4）叶轮检查。

5）连接部件检查。

（2）质量标准。

1）叶轮各部位检查无磨损、腐蚀、裂纹。

2）轴检查无腐蚀、无裂纹。测量弯曲度在合格范围内（小于0.05mm）。

3）平键检查无磨损、无扭曲，测量轴与孔的配合间隙在合格范围内（小于0.08mm）。

4）测量轴与轮毂孔的椭圆度小于0.03mm。

5）安装过程中按照设备出厂参数调整齿轮的啮合间隙、轴承的轴向间隙（过盈配合要求为0.02～0.04mm）。

4. 脉冲悬浮泵

（1）工艺要求。

1）脉冲悬浮泵检修拆解。

a. 拆开对轮防护罩，卸下电动机及泵间连接对轮螺栓。拧下泵体上的放液管堵和悬架上的放油管堵，放净泵内液体及悬架体内的存油。

b. 松开端盖连接螺栓，用顶丝顶起或用铜棒均匀着力敲打取下端盖。拆卸过程中注意保护结合面，测量旧垫片厚度并做好记录。对附有橡胶衬里的泵，取下橡胶衬里，检查固定螺栓。

c. 用扳手或专用工具取下叶轮。松开前后轴承端盖及油标油封，测量垫片厚度，做好记录。

d. 以钢棒顶住叶轮侧轴头，轻轻敲出，将轴与轴承一并从对轮侧抽出。

e. 用专用工具取下对轮，拿下后轴承端盖及油挡。用专用工具取下轴承锁紧螺母及间距套管。

f. 油室及轴承部位应采用煤油清洗，并用棉纱擦拭，最后用腻子或面团粘净。泵壳叶轮应除垢，除垢擦净，检查有无裂纹、磨损，并测量密封环处外圆度。

g. 检查橡胶衬里，观察有无裂缝、渗油或磨损情况，严重的及时更换。密封环要检查磨损和不圆度，并查对以往记录确定是否需更换。

h. 轴承清洗干净后观察骨架和内外圈是否完整、转动时是否有松动或停止现象，并测定游隙，不合格或有缺陷时应予更换。

i. 泵轴擦洗干净后，观察轴封处有无严重磨损，而后测量轴弯曲度及轴承处是否松动。

2）脉冲悬浮泵的组装。

a. 将后轴承、间距套、前轴承、油挡、纸垫、后轴承端盖依次装于轴上，上紧对轮。对轮侧穿入托架（轴承支架）。安装对轮前，压铅丝测出后轴承端盖应加纸垫的厚度，同时参考拆卸时的记录，决定纸垫厚度，固定后轴承盖。

b. 轴穿入轴承支架直到前端露出时，将油挡、纸垫、前轴承盖、压栏、水封环套于轴上，后轴承盖固定时，用同样方法固定后轴承盖。

c. 在泵壳内将叶轮按叶轮旋转方向拧紧。装好端盖后再转动轮子，检查密封环有无摩擦，若有摩擦感觉应取下端盖调整或修刮。

d. 安装出入口管，装上压力表及真空表。

e. 按要求依次装好水封环及盘根，保证水封环对正进水管。然后上紧压兰，松紧度以能用于盘动转子旋转为宜。

f. 装上水泵及电动机间固定螺栓、螺紧螺母。加油于油室中，油位适中，装好对轮防护罩。

（2）质量标准。

1）泵的全部零件应完整、无损、无缺陷，经清扫、清洁和刮削后，表面应光滑、无锈、无垢。

2）叶轮和轴套晃动度小于或等于 0.05mm；轴的弯曲度小于或等于 0.05mm；叶轮径向偏差小于或等于 0.2mm。

3）密封环与叶轮的径向间隙为 0.2～0.3mm，轴向间隙为 0.5～0.7mm，紧力在 0.03～0.05mm 之间。

4）叶轮与泵体轴向间隙为 2～3mm，对于没有密封环的泵，叶轮入口轴向与径向间隙均在 0.03～0.06mm 之间。

5）滚动轴承与端盖的推力间隙，应保持在 0.25～0.5mm。

（3）试运。

1）检查泵的轴承温升情况，轴承的温升不应大于 35℃，极限温度不应大于 75℃。

2）试运转过程中，发现异常情况，应立即停泵检查，待排除故障后继续试运。

3）泵运行前应开启冷却水，冷却水压力一般为 0.01～0.02MPa。为防止腐蚀性液体损坏滑动轴承时，其冷却水压力应不低于 1.2 倍扬程（此项针对长轴液下泵）。

4）新泵运行 300h 后，应检查滚动轴承部位润滑脂，视情况更换，以后每 3000h 清洗、更换一次（此项针对长轴液下泵）。

（三）检修安全、健康、环保要求

1. 检修工作前

（1）认真学习和熟悉吸收塔搅拌器检查检修方案以及检修中的风险预控措施。

（2）准备好搅拌器检修的脚手架并确认检修作业吊装点。

（3）高空位置的搅拌器检修做好工器具防坠落措施。

2. 检修过程中

（1）使用检验合格的吊装工器具。

（2）选用吊装点应可靠、牢固，禁止使用脚手架架管作为吊装支点。

（3）认真遵守起重、搬运的安全规定。

（4）清洗后的废油倒入指定的油桶中。

（5）拆除的零部件放置在铺设的胶板上或专用容器内，防止坠落。

（6）在脚手架上工作时正确使用安全带。

3. 检修结束后

（1）工作结束清理现场杂物及散落工器具。

（2）检查设备回装完毕并连接可靠。

（3）设备检修完毕后，对设备进行盘车，确认转动灵活。

四、常见故障原因及处理

  侧进式搅拌器运行故障会导致浆液沉淀、浆液氧化不充分、浆液扰动不均、循环泵电流波动等，在运行中常见故障主要包括电动机跳闸或在正常负载下超电流、运转振动异常、运转声音异常、搅拌器机械密封泄漏、搅拌器运行电流偏低等，根据不同故障原因采取相应针对性处置措施。

  常见故障原因及处理方法见表 3-13。

表 3-13　　　　　　　　　　　常见故障原因及处理方法

故障	原因	处理方法
电动机跳闸或在正常负载下超电流	轴承损坏，转动卡涩	更换轴承
	叶片卡住异物	清理浆池内的卡涩异物
	浆池密度过高	调整浆池内的浆液密度，启动前盘车
	减速机内部齿轮断裂	更换断裂齿轮
运转振动异常	轴承损坏	更换轴承
	减速机齿轮变形磨损	更换减速机损坏齿轮
	搅拌器主轴弯曲	更换弯曲主传动轴
	叶片断裂或磨损不平衡	更换断裂或磨损叶片
	浆池内有异物阻碍设备运转	清理浆池内异物
	机座与基础接触不良，连接螺栓松动	调整机座与基础间空隙，拧紧连接螺栓
运转声音异常	轴承损坏	更换破损轴承
	减速机内部齿轮有破损	更换破损齿轮
	三角带打滑	调整皮带涨紧度或更换三角带
	皮带轮磨损咬合皮带	更换磨损皮带轮
搅拌器机械密封泄漏	机械密封到使用寿命	更换机械密封
	轴晃动引起机械密封泄漏	消除减速机轴晃动
搅拌器运行电流偏低	浆液密度低	调整浆液池中的浆液密度
	吸收塔起泡	添加消泡剂，消除吸收塔起泡
	皮带打滑	调整搅拌器皮带涨紧度

第七节　吸收塔地坑泵

在 FGD 系统中排水地坑位于吸收塔附近，用于收集吸收塔区正常运行、清洗和检修中产生的排出物，吸收塔地坑泵安装在排水坑顶，用于将浆液从排水坑中输送到吸收塔或事故浆液储存箱。排水坑泵一般设计为单流单级离心式立式泵，设计流量较大，防止来水较大时不能及时排空，抽吸管和泵安装在坑内，而电动机和联轴器安装在坑顶上。

一、结构及工作原理

吸收塔地坑泵示意图如图 3-15 所示。

单级离心式立式泵由轴、挡尘盖、轴承、轴承挡套、支架、滤网、泵壳、叶轮、护板、吸入管、出水管等组成。

当叶轮充满水时，叶轮在电动机带动下旋转，叶轮槽道中的水在离心力作用下甩向外围，流入涡形泵体。此时叶轮中心的压力低于进水管压力，在这个压力差作用下，水沿着进水管流入并充满泵体内部，这样不断地吸水和排水形成连续工作，从叶轮里获得能量。流体流出叶轮具有较大的动能，它在螺旋形泵体中把动能变成压力能，并通过涡形壳平稳地引向出口管道。

二、日常维护

吸收塔地坑泵的日常维护工作主要包括定期检查清理、日常设备参数监督等工作，并做好数据记录与分析。

（一）定期检查清理工作

（1）每天检查清理设备周围积油、积浆及杂物。

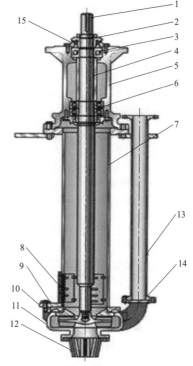

图 3-15　吸收塔地坑泵示意图

1—轴；2—挡尘盖；3、6—轴承；4—轴承挡套；
5—轴承体；7—支架；8—滤网；9—后护板；
10—叶轮；11—泵体；12—下滤网；13—吐出管；
14—对开吐出法兰；15—轴承压盖

（2）每天检查设备及其附属设备管道无漏浆、漏油、漏水现象。

（3）每周检查地坑泵吸入管及泵体运行状态。

（4）每周对设备基础螺栓等紧固件及防护罩进行检查。

（5）每月清理地坑过滤网，防止杂质进入地坑泵内部。

（6）根据设备厂家要求，定期对轴承进行润滑脂的补充。

（二）日常设备参数监督

每天对设备的振动、温度、电流等参数进行检测，了解设备运行状态。

三、设备检修

（一）等级检修项目

吸收塔地坑泵等级检修项目见表3-14。

表 3-14　　　　　　　　　　　　　　吸收塔地坑泵等级检修项目

A 级检修项目	B 级检修项目	C 级检修项目
（1）泵头部分（过流部件、密封元件、间隙调整）检修。 （2）更换机械密封。 （3）修理轴承箱。 （4）修理更换进、出口门。 （5）检查更换进出口衬胶管道、膨胀节。 （6）吸入管、滤网、连接螺栓检查。 （7）基础及地脚检查。 （8）对轮或皮带轮检查。 （9）更换润滑油	（1）泵头部分（过流部件、密封元件、间隙调整）检查。 （2）检查机械密封。 （3）检查修理轴承箱。 （4）检查修理进、出口门。 （5）检查修复进出口衬胶管道、膨胀节。 （6）吸入管、滤网、连接螺栓检查。 （7）基础及地脚检查。 （8）对轮或皮带轮检查。 （9）更换润滑油	（1）检查联轴器，复查中心。 （2）检查泵盖、泵壳、叶轮、机械密封。 （3）检查进出口衬胶管道、膨胀节

（二）主要部件检修工艺要求及质量标准

1. 联轴器解体

（1）拆除泵电动机接线。

（2）拆下联轴器防护罩螺栓，取下防护罩。

（3）测量并记录联轴器间隙，对靠背轮做好标记，松开对轮螺栓，拆下联轴器柱销。确保减振圈没有破损和断裂，必要时及时更换。

（4）把手拉葫芦和吊带安装在吊梁上，用扳手把固定电动机的螺栓都松开，使电动机与泵体完全分离，用吊带将电动机绑好，然后用手拉葫芦将电动机吊离泵体；此时对轮就会同电动机一起被吊出，将销柱上的螺母松开，用铜棒将销柱一一敲出，然后取下所有的销柱进行检查。

（5）用开口扳手和梅花扳手拆除电动机与泵联轴器防护罩，放置在备品配件放置区。

（6）在联轴器上做好标记及编号，用深度尺记录对轮与轴头的相对位置深度，用铜棒、内六角扳手，借助于联轴器拆卸工具，通过稍微加热联轴器轮毂，拔出联轴器，放到备件放置区内。

2. 泵体拆卸

（1）拆开泵出口法兰及其连接短管。

（2）用手拉葫芦吊带固定泵体，拆除泵体底板与泵基座连接螺栓，缓慢将泵体吊运至检修区域。

（3）测量泵体叶轮同前护板的间隙并记录。

（4）用吊带将后护板及蜗壳联合体绑扎固定。

（5）将泵前护板与后护板及蜗壳联合体的紧固螺栓按顺序缓慢松开。

（6）取出后护板及蜗壳联合体。

（7）拆下零部件按顺序放好，并妥善保管。

3. 拆卸叶轮、轴承组件

（1）从驱动端看顺时针旋转卸下叶轮。

（2）拆下零部件按顺序放好，并妥善保管。

（3）松开泵轴承体同泵壳的紧固螺栓。

（4）将泵轴承体前后端盖紧固螺栓拆除。

（5）用千分尺测量轴承外圈同端盖的间隙并记录。

（6）将轴承端部的紧固定位片拆开。

（7）固定螺栓拆除后，将轴从轴承座中拔出，取出轴承体。将轴放至检修区域，检查轴承磨损情况。

4. 测量配合公差

（1）用钢质扁铲从斜 45° 角方向将联轴器键从轴上拆下，用清洗剂清洗干净，检查键与轴配合公差为 0.02～0.04mm，检查键与联轴器配合公差为 0.02～0.04mm，将合格的键放置在备品配件放置区。

（2）用内径千分尺、外径千分尺测量拆卸下来的联轴器内孔与轴的外径尺寸，联轴器内孔与轴的配合公差为过盈配合 0.05～0.07mm。

5. 测量泵轴的弯曲

（1）将轴放在托轴 V 形支架上，V 形支架固定在同一水平面上，并在一端固定限位装置，防止发生轴向窜动，要求轴向窜动限制在 0.1mm；百分表杆垂直指向轴心。然后缓慢地盘动泵轴，每转一周有一个最大读数和最小读数，两个读数之差就说明轴的弯曲程度，做好记录。

（2）将轴沿轴向等分 5 段，测量表面尽量选择在正圆没有磨损和毛刺的光滑轴段。

（3）以键槽为起点，将轴的端面分成八等份，并用记号笔做好标记。

（4）将百分表针垂直轴线装在测量位置上，其中心通过轴心，将表的大针调到"50"，把小针调到量程中间，然后缓缓将轴转动一圈，表针回到始点。

（5）将轴按同一方向缓慢转动，依次测出各点读数，并做好记录，测量时各断面测两次，以便校对，每次转动的角度一致，读数误差小于 0.005mm（0.01mm 百分表精度最小值）。

（6）根据记录，算出各断面的弯曲值，取同一断面内相对两点的差值的一半，绘制向位图。

（7）将同一轴向断面的弯曲值，列入直角坐标系。纵坐标表示弯曲，横坐标表示轴全长和各测量断面间距离。根据向位图的弯曲值可连成两条直线，两直线的交点为近似最大弯曲点，然后在该点两边多测几点，将测得各点连成平滑曲线与两直线相切，构成泵轴的弯曲曲线，弯曲最大值不得超过 0.1mm（按照厂家要求设定标准）。

6. 部件检查

（1）用钢板尺测量检查叶轮表面。

标准：叶轮进、出口边缘磨损超过 3mm 的缺口、冲刷部位需用修补剂修复；叶轮直径磨损后超过原始尺寸的 10% 或轮毂磨穿需更换新叶轮。

（2）外观检查前、后护板、蜗壳护套、叶轮等易磨损部件的磨损、冲蚀情况。

（3）用开口扳手、梅花扳手、套筒扳手依次将轴承组件两端的轴承端盖螺栓拆下，放置在备品配件放置区。

（4）轴承用清洗剂清洗，有污垢和铁锈杂物要用铲刀清除干净。

（5）将轴表面用清洗剂清洗干净，外观检查轴无磨损、裂纹、划痕等缺陷，如有则需进一步检查。

（6）检查轴端叶轮安装螺纹，无损坏、变形；检查油封及轴承压盖无变形、裂纹。

（7）检查泵入口段、出口段是否有裂纹、砂眼及局部产生凸凹不平而影响泵强度或零件之间正常配合的缺陷，检查进、出口膨胀节无裂纹、破裂、磨损等问题。

7. 清理、检查

（1）将轴用塑料布包裹后放在备件放置区内。

（2）用 100 号砂布、平口刮刀、油石打磨处理泵轴、轴套、联轴器各部件密封结合面的锈垢，要求各结合面光洁、平整，止口无毛刺。

（3）用清洗剂清洗各打磨好的零部件，再用面团粘接干净，要求清洗后的零部件见本色。

（4）用 50～150mm 外径千分尺测量轴颈，用 50～150mm 内径千分尺测量轴承内径，轴与轴承内孔间配合为过盈配合，过盈值为 0.01～0.03mm。

（5）检查轴承滚道及滚珠无蚀斑、麻点、磨损、划痕，测量轴承间隙，做好记录，不符合标准的需更换新轴承（间隙标准以轴承型号与设备说明书为准）。

（6）将轴承用轴承加热器加热至 80～100℃后热装到轴上，待轴承冷却后清洗干净，加注润滑脂。

（7）用 1t 吊装带，将泵轴吊至轴承体组件安装位，调整上下、左右方向稳固泵体后，将泵轴吊入轴承体内，将轴承压盖中换上新密封垫，并装在轴承座上，上紧压盖，用扳手平行（对称）紧固轴承组件固定螺栓。

（8）用手盘动转子，检查转子是否灵活，测量轴的窜动间隙，如不合格则重新调轴承两侧垫片。

8. 泵组件回装

（1）将轴承体组件、后护板及叶轮准确就位，先旋上叶轮，再将蜗壳连体部件螺栓拧紧。

（2）一边缓慢转动主轴，一边调节螺栓，使轴承箱向吸入口移动，让叶轮与前护板接触；用同样的方法，调节螺栓，使轴承箱向联轴器移动，调整叶轮与前护板的间隙在 0.5～1.5mm 范围。

（3）紧固轴承箱固定螺栓及轴向调整螺栓。

（4）回装泵吸入口管道，拧紧连接螺母螺栓；将泵体吊运至地坑，紧固连接螺栓。

（5）用量具测量出联轴器与轴的配合间隙，如配合紧力过大用砂纸打磨轴或联轴器内径至 0.01～0.03mm，如配合间隙过大做喷涂。

（6）在轴上均匀涂抹润滑油，以利于联轴器与轴的装配。联轴器加热后装配在轴上。

（7）将检修好的电动机移送到现场就位，拧上电动机地脚螺栓。

（8）调整联轴器轴向间隙在 4～6mm 之间，再次紧固电动机安装螺栓，装上联轴器螺栓。

（9）分别用 14、17mm 开口扳手和梅花扳手安装电动机与泵联轴器防护罩。

（三）检修安全、健康、环保要求

1. 检修工作前

（1）确认并选择好吊装点。

（2）在检修区域设置警戒围栏，与在运吸收塔地坑泵做好隔离。

（3）在检修区域铺设胶板等防护设施。

2. 检修过程中

（1）检修使用的废旧辅料要放置在专用垃圾筒内。

（2）检修现场要保持清洁，及时整理散落的工器具及废弃物。

（3）在进行吸收塔地坑泵吊装作业时严格按照起吊安全作业要求进行，起吊前检查吊装点牢固、可靠，吊装带检验合格，吊装人员符合资质要求。

（4）清洗后的废油倒入指定的油桶中。

（5）在使用大锤进行敲击作业时注意手部防护。

（6）拆除的工器具及备件放置在指定位置。

3. 检修结束后

（1）工作结束后清理现场遗留物品。

（2）恢复设备的标识、保温及检修过程中拆除的各附属部件。

（3）对设备进行盘车，确保转动无异常。

四、常见故障原因及处理

吸收塔地坑泵运行故障会导致地坑浆液无法排出，污染周边环境，影响脱硫系统现场标准化工作等。在运行中常见故障主要包括泵不出水；泵出力不足，压力表显示有压力；泵不转；流量不足；泵的电动机超负荷；泵内部声音反常，泵不出水；泵振动；轴承发热等。根据不同故障原因采取相应针对性处置措施。

常见故障原因及处理方法见表 3-15。

表 3-15　　　　　　　　　　　常见故障原因及处理方法

故障形式	原因	处理方法
泵不出水	吸入管路堵塞	清理管路堵塞部位
	泵的进水管路严重漏气	堵塞漏气部位
泵出力不足，压力表显示有压力	出水管路阻力太大	检查调整出水管路
	叶轮堵塞	清理叶轮
	转速不够	提高泵转速
泵不转	蜗壳内被沉积物淤塞	清除淤塞物
	泵出口阀门关闭不严，泵腔漏入浆液并沉淀	检修或更换出口阀门，清除沉积物
流量不足	叶轮或进、出水管路阻塞	清洗叶轮或管路
	叶轮磨损严重	更换叶轮
	转速低于规定值	调整转速
	泵的安装不合理	重新安装
	输送高度过高，管内阻力损失过大	降低输送高度或减小阻力
	泵的选型不合理	重新选型
泵的电动机超负荷	泵扬程大于工况需要扬程，运行工况点向大流量偏移	关小出口阀门，切割叶轮或降低转速
	选用电动机时没有考虑介质比重	重新选配电动机
泵内部声音反常，泵不出水	吸入口有空气进入	堵塞漏气处
	所输送液体温度过高	降低液体温度

续表

故障形式	原因	处理方法
泵振动	叶轮局部堵塞	清理叶轮
	叶轮破损	更换叶轮
	紧固件或地基松动	拧紧螺栓，加固地基
	电动机振动超标	更换电动机
轴承发热	润滑不好	按说明书调整润滑脂量
	推力轴承方向不对	针对进口压力情况，将推力轴承调方向
	轴承间隙过小	更换轴承

第四章　氧化空气系统维护与检修

石灰石－石膏湿法脱硫系统浆液的氧化情况直接影响到脱硫效率和副产物的品质，氧化工艺主要分为自然氧化和强制氧化，在技术发展初期采用自然氧化工艺，但由于烟气中含氧量很少，对亚硫酸钙氧化能力差，不利于石膏晶体的生长，脱硫效率低，易导致吸收塔结垢。目前，燃煤电厂湿法烟气脱硫技术均采用强制氧化工艺，能够有效促进石膏晶体的生成，同时促进石灰石溶解，提高脱硫吸收效率。

氧化空气系统主要由氧化风机、氧化风管、氧化喷枪或塔内氧化空气分布管组成，风机流量确保氧化倍率为 1.8～2.5，扬程保证喷枪或氧化空气分布管出口压力略高于临界压力。氧化空气系统按氧化空气供给方式可分为管网式和喷枪式。

（1）管网式。在吸收塔浆液池内设置多根氧化空气分布支管，氧化空气通过每根支管上分布的众多小孔喷出，并形成细小的空气泡，均匀分布至吸收塔反应浆池断面，然后气泡靠浮力上升至浆池表面，上升过程中与浆液得以充分混合，并进行氧化反应，进而实现了高氧化率，可与搅拌器组合使用，也可以与脉冲悬浮装置组合使用，应考虑好防堵和冲洗措施。

管网式氧化空气系统图如图 4-1 所示。

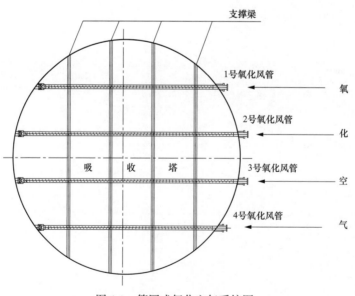

图 4-1　管网式氧化空气系统图

96

（2）喷枪式。喷枪式氧化空气管一般要结合搅拌器的布置一起考虑，利用搅拌器的搅拌来保证氧化空气的扩散，从而保证亚硫酸钙的氧化效果。

喷枪式氧化空气系统图如图 4-2 所示。

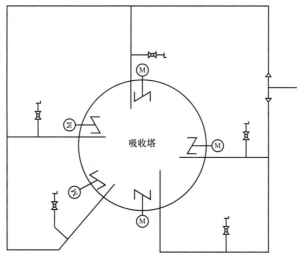

图 4-2　喷枪式氧化空气系统图

氧化风机一般采用罗茨风机，设置备用。流量超过 10000m³/h，可采用高效离心风机。高效离心风机又可分为单级离心风机、多级离心风机。

第一节　罗　茨　风　机

罗茨风机能够提供较高的压头、风量大，目前国内湿法脱硫系统氧化风机大多选用罗茨风机，其主要特点如下：

（1）可长期连续运行。叶轮和轴为整体结构，且叶轮无磨损，风机性能持久不变，可以长期连续运转。

（2）强制输气特性。在设计压力范围内流量保持稳定，适用于在流量要求稳定而阻力变化幅度较大的工作场合。

（3）高噪声强度。由于在工作过程中存在冲击脉动，导致噪声较高，会给周围环境带来极大的影响。

罗茨鼓风机效率一般在 70% 左右，风量调节只能采用变频调速和出风管放气的方式，三叶罗茨鼓风机相对于传统的双叶风机，在一定程度上提高了其在阻力较大工作场合的适应性，风机效率有一定的改善，噪声也有所降低。

一、结构及工作原理

罗茨风机结构图如图 4-3 所示。

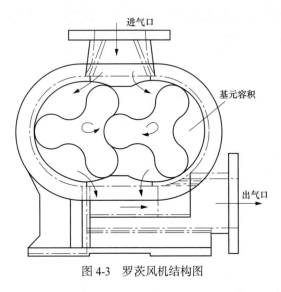

图 4-3　罗茨风机结构图

罗茨风机主要由气缸、转子、齿轮、轴承及其轴密封等部分组成。

罗茨风机是一种高压、容积式风机，利用的是回转式气体工作原理，通过主动轴和从动轴的旋转将气体由吸入侧输送到排出侧，具有一定的容积率，输送的风量与转数成比例。两个转子之间缝隙不能太大，过大会影响工作效率；又不能太小，太小容易产生严重的摩擦，也会影响工作效率。为了运行效果，两个转子之间的缝隙是小间隙固定，排出的气体不可以再回到里面；回转数越多，风量就会越大，不会受到风机出口压力的影响。从工作原理来看，罗茨风机是不能对气体进行压缩的。

由于叶轮与叶轮、叶轮与机壳、叶轮与墙板之间均存在很小的间隙，所以运行时不需要往气缸内注润滑油，也不需要油气分离器辅助设备。由于不存在转子之间的机械摩擦，因此具有机械效率高、整体发热少，使用寿命长等优点。

二、日常维护

罗茨风机的日常维护工作主要包括定期检查清理、润滑油的监视及更换、日常设备参数监督等工作，并做好数据记录与分析。

（一）定期检查清理工作

（1）每天检查清理设备周围积油、积浆及杂物。

（2）每天检查设备及其附属设备管道无漏风、漏油现象。

（3）每周检查清理氧化风机吸入管口滤网。

（4）每周对设备基础螺栓等紧固件及防护罩进行检查。

（5）每月对风机出口安全阀进行放气实验。

（6）每季度对风机皮带进行检查。

（二）润滑油的监视及更换

（1）每天对泵体油位进行检查。

（2）及时补充润滑油。

（3）每周对设备润滑油油质进行检查。

（4）根据设备厂家要求运行周期进行润滑油更换。

（5）选择符合设备厂家性能指标要求的润滑油。

（三）日常设备参数监督

（1）每天对设备的振动、温度、电流等参数进行检测，了解设备运行状态。

（2）根据设备运行状态，调整设备运行环境温度。

三、设备检修

（一）等级检修项目

罗茨风机等级检修项目见表4-1。

表 4-1　　　　　　　　　　　罗茨风机等级检修项目表

A 级检修项目	B 级检修项目	C 级检修项目
（1）检查联轴器、复查中心。 （2）检查、疏通氧化风机出口管道，对锈蚀严重的入口滤网进行修复，对破损的出口膨胀节进行更换。 （3）检查修理进、出口阀，检验安全阀。 （4）检查更换冷却器，进行水压试验。 （5）检查修理齿轮箱，更换润滑油。 （6）检查、更换转子，调整各部间隙	（1）检查联轴器、复查中心。 （2）检查、疏通氧化风机出口管道，对锈蚀严重的入口滤网进行修复，对破损的出口膨胀节进行更换。 （3）检查修理进、出口阀，检验安全阀。 （4）检查修理冷却器，进行水压试验。 （5）检查齿轮箱。 （6）检查调速转子等各部间隙	（1）检查、疏通氧化风机出口管道，对锈蚀严重的入口滤网进行修复，对破损的出口膨胀节进行更换。 （2）补油脂。 （3）检查进、出口阀

（二）主要部件检修工艺要求及质量标准

1. 联轴器解体检查

（1）拆除对轮防护罩，安装对轮螺栓。

（2）将液压拉马安装在对轮上，用氧气乙炔（氧气乙炔表完好，回火器功能正常）均匀加热，拔下风机对轮，将拔下的对轮放置零部件放置区。

（3）测量原始数据。

1）用钢质扁铲从斜45°角方向将对轮键从轴上拆下，用清洗剂清洗干净，检查键与轴配合公差为0.02～0.04mm，检查与对轮配合公差为0.02～0.04mm，将合格的键放置在备品备件放置区。

2）用内径千分尺、外径千分尺测量拆卸下来的对轮内孔与轴的配合公差，对轮内孔与轴的配合公差为过盈配合0.05～0.07mm。

3）用记号笔标记进口消声器位置，拆除风机进口消声器，用0～1mm塞尺测量风机内部的间隙，并做好记录（标准值与设备说明书一致）。

2. 齿轮箱检修

（1）拆卸齿轮箱盖上的冷却水管，用铁丝疏通后放置在备品备件放置区。

（2）用接油盘、油桶排净泵本体、风机润滑油，倒入废油储存桶内，放置在废旧物资放置区。

（3）拆除非驱动侧油箱盖，用清洗剂、纯棉抹布、毛刷清洗，用塑料布包裹后放置在备品备件放置区。

（4）用记号笔标记同步齿轮螺栓，将同步齿轮螺栓拆下，清理完成后用塑料布包裹放置在备品备件放置区。

（5）将支撑脚螺栓拆除，拆卸齿轮端盖固定螺栓，用清洗剂、毛刷、纯棉抹布清理完成后将端盖及螺栓用塑料布包裹后放置在备品备件放置区。

（6）用铜棒、手钳、手锤拆出齿轮端盖定位销，用顶丝将齿轮端盖顶出，用清洗剂、毛刷、纯棉抹布清理完成后用塑料布包裹，放置在备品备件放置区。

（7）用内六方扳手将风机活套皮带轮拆下，放置在备品备件放置区。

（8）拆卸驱动端盖固定螺栓，用清洗剂、毛刷、纯棉抹布清理完成后将端盖及螺栓用塑料布包裹后放置在备品备件放置区。

（9）用卡簧钳将轴承固定卡簧拆出，用顶丝将驱动端盖拆下，用清洗剂、毛刷、纯棉抹布清理完成后将端盖及螺栓用塑料布包裹后放置在备品备件放置区。

3. 拆卸附属设备

（1）用记号笔标记安全阀与管道间的位置。

（2）用开口扳手、梅花扳手拆除安全阀固定螺栓，并将安全阀放置在备品备件放置区。

4. 轴承检查

（1）用轴承拉拔器依次将风机两端轴承拆除。

（2）用清洗剂、接油盘清洗轴承和轴承室，检查滚道、圆柱体、保持架无蚀斑、麻点、磨损、划痕。

（3）用 50～150mm 外径千分尺测量轴颈，用 50～150mm 内径千分尺测量轴承内径尺寸，轴颈与轴承内孔间配合为过盈配合，过盈值为 0.01～0.03mm，轴承游隙小于 0.15mm。

（4）用手锤、平口螺丝旋具将两端盖内部骨架油封、气封拆下，放置在废旧物资放置区。

（5）端盖与叶轮无接触性磨损、划痕。

（6）端盖与叶轮无开裂。

（7）用铜棒、手锤、钢质扁铲、平口敲击螺丝旋具缓慢敲击气封、油封，回装至端盖内。

（8）将加热好的轴承快速套在轴肩上，注意保持轴承内孔与轴平行，回装后轴承内环与轴肩的间隙小于 0.02mm。

（9）用轴承加热器加热轴承，加热温度控制在 80～100℃。

（10）按照标记将驱动端盖和齿轮端盖先后回装到风机壳体上，注意不要碰掉油封及气封。

5. 测量风机内部间隙

叶轮与前墙板的间隙应为 0.20～0.25mm，叶轮与后墙板的间隙应为 0.58～0.71mm。

6. 回装

（1）按照标记将轴承压盖紧固，使用卡簧钳将卡簧固定在驱动测轴承卡槽内。

（2）将同步齿轮按照标记回装至叶轮上（螺栓扭矩为 376N·m）。

（3）按标记回装皮带轮，检查皮带磨损量超过 2/3 需要更换。

（4）回装非驱动侧油箱盖（螺栓扭矩为 176N·m）。

（5）使用塞尺重新调整叶轮与墙板的间隙，叶轮与前墙板的间隙应为 0.20～0.25mm，叶轮与后墙板的间隙应为 0.58～0.71mm，可通过调节叶轮轴承垫片进行主、副叶轮与前、后墙板之间的间隙调整。

（6）按照标记回装安全阀。

（7）用压缩空气清理消声器内部滤网积灰，将消声器按记号回装。

（8）回装皮带，调整皮带松紧量，按压皮带中间部分，伸展距离为 10～15mm。

（9）用手动油桶泵、加油桶加注润滑油（型号及数量与设备说明书一致）。

（10）安装电动机与风机皮带轮防护罩。

（三）检修安全、健康、环保要求

1. 检修工作前

（1）准备好风机检修需要的图纸、资料、仪器、仪表、工具等。

（2）准备好风机检修需要的物资、材料、备件等。

2. 检修过程中

（1）检修使用的废旧辅料要放置在专用垃圾筒内。

（2）检修现场要保持清洁，检修工作完要清理现场，工作结束后必须做到工完、料净、场地清。

（3）设备解体时做好泵体孔及管道口的防护，防止杂物遗留在设备内部。

（4）清理氧化风机入口过滤器需配戴口罩等防护面具，防止灰尘危害作业人员。

（5）做好风机出口安全阀的校验工作。

3. 检修结束后

（1）恢复设备各部件，并连接可靠。

（2）整理检查检修过程中的工器具数量，避免有遗漏。

（3）启动前对设备进行盘车。

四、常见故障原因及处理

罗茨风机运行故障会导致氧化风量不足，影响脱硫效率，在运行中常见故障主要包括异常噪声、风机本体超温、油进入传输腔、进气流量太低、电机过载、皮带振动、停机后风机反转等，根据不同故障原因采取相应针对性处置措施，尽快恢复罗茨风机的正常运行。

罗茨风机常见故障原因及处理方法见表 4-2。

表 4-2　　　　　　　　　　　罗茨风机常见故障原因及处理方法

故障现象	原因	处理方法
异常噪声	皮带定位不准	重新测量定位
	轴承损坏	更换轴承
	转子接触或与传输腔壁接触	检查间隙，无裂纹
	转子污染	清洁
	同步齿轮有异物	清洁
	轴弯曲	冷校或更换
风机本体超温	进口过滤器堵塞	清洁或更换
	进气温度过高	确保室内进排气顺畅
	隔声罩通气口堵塞，通气不畅	清洁或修理
	油位过高或黏度太高	放油或更换
	转子间隙太大	调整间隙
	过载	对照性能参数，调整入口阀门
油进入传输腔	油位过高	放油、清洁
进气流量太低	进口过滤器太脏	清洁或更换
	管道泄漏	补焊管道漏点
	转子磨损	更换转子
电动机过载	轴承损坏	更换轴承
	电压降低	检查电压
皮带振动	三角带磨损	检查三角带状况
停机后风机反转	止回阀失效泄漏	更换止回阀

第二节　多级离心式氧化风机

离心式风机较容积式风机具有供气连续、运行平衡，效率高、结构简单、噪声低、外形尺寸及质量小、易损件少等优点。但也有随吸收塔液位变化流量波动较大等特点，需配备相应的风量调节装置。

离心风机又分为多级低速和单级高速，单级离心风机只有一组叶轮，空气的压缩是一次压缩完成的，而多级离心鼓风机在一根主轴上有多组叶轮，空气的压缩是在多组叶轮间逐步完成的。

多级离心风机经过多级叶轮对气体压力的提升，效率得到一定提高，一般在75%左右，但调控特性较差，噪声仍然高达100dB以上。

一、结构及工作原理

多级离心式氧化风机结构如图4-4所示。

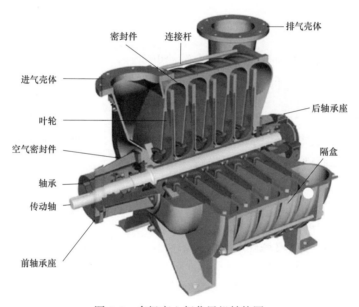

图4-4　多级离心氧化风机结构图

多级离心风机由进气壳体、密封件、连接杆、排气壳体、传动轴、多级叶轮、轴承、隔盘、轴承座等部分组成。

当电动机转动带动风机叶轮旋转时，叶轮中叶片之间的气体也跟着旋转，并在离心力的作用下甩出这些气体，气体流速增大，使气体在流动中把动能转换为静压能，然后随着流体的增压，使静压能又转换为动能，通过排气口排出气体，而在叶轮中间形成了一定的负压，由于入口呈负压，使外界气体在大气压的作用下立即补入，在叶轮连续旋转作用下不断排出和补入气体，从而达到连续送风的目的。

二、日常维护

多级离心风机的日常维护工作主要包括定期检查清理工作、润滑油的监视及更换、日常设备参数监督等工作，并做好数据记录与分析。

（一）定期检查清理工作

（1）每天检查清理设备周围积油、积浆及杂物。

（2）每天检查设备及其附属设备管道无漏风、漏油现象。

（3）每周检查清理氧化风机吸入管口滤网。

（4）每周对设备基础螺栓等紧固件及防护罩进行检查。

（5）每月对风机出口安全阀进行放气实验。

（6）每季度对风机皮带进行检查。

（二）润滑油的监视及更换

（1）每天对泵体油位进行检查。

（2）及时补充润滑油。

（3）每周对设备润滑油油质进行检查。

（4）根据设备厂家要求运行周期进行润滑油更换。

（5）选择符合设备厂家性能指标要求的润滑油。

（三）日常设备参数监督

（1）每天对设备的振动、温度、电流等参数进行检测，了解设备运行状态。

（2）根据设备运行状态，调整设备运行环境温度。

三、设备检修

（一）等级检修项目

多级离心式氧化风机等级检修项目见表4-3。

表 4-3　　　　　　　　　　　　多级离心式氧化风机等级检修项目

A 级检修项目	B 级检修项目	C 级检修项目
（1）检查入口过滤器滤网并清理。 （2）检查联轴器，复查中心。 （3）检查、调整进出气管路伸缩节。 （4）检查叶轮、轴，对叶轮根部进行着色渗透检验，必要时更换叶轮。 （5）检查级间密封、平衡盘，必要时更换。 （6）检查清洗轴承箱，必要时更换轴承，更换油封。 （7）更换润滑油/脂。 （8）检查出入口阀门	（1）检查入口过滤器滤网并清理。 （2）检查联轴器，复查中心。 （3）检查、调整进出气管路伸缩节。 （4）检查清洗轴承箱，更换油封。 （5）检查出入口阀门	（1）检查入口过滤器滤网并清理。 （2）检查联轴器，复查中心。 （3）检查、调整进出气管路伸缩节。 （4）检查出入口阀门

（二）主要检修工艺要求及质量标准

1. 风机联轴器更换、检查部分

（1）切断电源，用压缩空气清理设备积灰。

（2）拆除联轴器防护罩，放置在备品配件放置区，拆卸对轮螺栓。

（3）拆掉联轴器的轮胎及螺钉，放置在备品配件放置区。

（4）拆除电动机地脚螺栓，用行车吊钩起吊至电动机临时放置区，以不影响风机及联轴器拆卸。

（5）用液压拉马拉拔风机端联轴器，用氧气、乙炔烤把在联轴器四周规律移动，均匀加热，加热温度为 200～250℃，拔下风机端联轴器对轮，用耐温布包裹拿开，放置在零部件放置区。

2. 测量键与联轴器、键与轴配合公差

（1）用钢质扁铲从斜 45°角方向将对轮键从轴上拆下，用清洗剂清洗干净，检查键与轴配合公差为 0.02～0.04mm，检查键与对轮配合公差为 0.02～0.04mm，将合格的键放置在备品配件放置区。

（2）用内径千分尺、外径千分尺测量拆卸下来的对轮内孔与轴的配合公差，对轮内孔与轴的配合公差为过盈配合 0.05～0.07mm。

3. 装配联轴器

准备好铁锤、氧气、乙炔、锉刀，去毛刺，并在风机轴与电动机轴上涂润滑油，加热联轴器装配段内孔约 5min，加热温度为 200～250℃，然后用耐温布包裹好，快速套入主轴，用铜棒敲打到位。

4. 风机轴承、轴承座解体

（1）拆卸轴承座上的冷却水管接头、管路，用铁丝疏通确认后放置在备品配件放置区。

（2）用接油盘、油桶排净风机油箱润滑油，倒入废油储存桶内，放置在废旧物资放置区。

（3）手拆除排气端（非驱动侧）轴承座，用清洗剂、纯棉抹布、毛刷清洗，用塑料布包裹后放置在备品配件放置区。

（4）依次拆掉轴承座盖、稀油油箱，清除油脂，用清洗剂、毛刷、纯棉抹布清理完成后用塑料布包裹，放置在备品配件放置区。

（5）拆掉主轴上滚动轴承的锁紧螺母（并帽），放置在备品配件放置区。

（6）拆掉排气端轴承座座体固定螺栓，通过液压三爪拉拔，放置在备品配件放置区。

（7）拆掉进气端轴承座盖、稀油油箱，清除油脂，用清洗剂、毛刷、纯棉抹布清理完成后用塑料布包裹，放置在备品配件放置区。

（8）拆掉主轴上的滚动轴承的锁紧螺母（并帽），放置在备品配件放置区。

（9）拆掉进气端轴承座座体螺栓，通过液压三爪拉拔，放置在备品配件放置区。

（10）拆掉轴座油封，用铜棒、手锤、钢质扁铲、平口敲击螺丝旋具缓慢敲击油封，与座体分离。

5. 检查、测量与回装

（1）用清洗剂清洗轴承和轴承室，检查滚道、圆柱体、保持架，无蚀斑、麻点、磨损、划痕。

（2）用 50～150mm 外径千分尺测量轴直径，内径千分尺测量轴承内径尺寸，轴径与轴承内孔间配合为过盈配合，过盈值为 0.01～0.03mm，轴承游隙小于 0.15mm。

轴颈及轴承内径测量标准见表 4-4。

表 4-4　　　　　　　　　　　　　　　轴颈及轴承内径测量标准

测量项目	标准值（mm）
进气轴颈	90
进气轴承内径	90
排气轴颈	80
排气轴承内径	80

（3）将加热好的轴承快速套在轴肩上，注意保持轴承内孔与轴平行，轴承座内圈的间隙，进气侧小于 0.02mm，排气侧小于 0.02mm。

轴承座及轴承外径测量标准见表 4-5。

表 4-5　　　　　　　　　　　　　　　轴承座及轴承外径测量标准

测量项目	标准值（mm）
进气轴座内径	190
进气轴承外径	190
排气轴座内径	170
排气轴承外径	170

（4）油封先去毛刺，清理干净，放入毡圈，毡圈内径小于轴径 0.5mm，用木制小锤轻轻敲进，四周法兰根部涂满密封胶，油封端面比安放轴承端面略低 1～2mm，上紧内六角螺栓。

（5）壳体上装好双头螺栓、座体法兰垫子，敲打确认轴承座止口到底，对角法上紧螺母。

（6）用轴承加热器加热轴承，加热温度控制在 80～100℃；快速套上轴头，轴承安装完毕后，转轴自如无摩擦，固定好轴承止退帽。

（7）再依次安装密封垫、油箱、油箱盖，上紧螺栓。

6. 风机本体拆卸

（1）拆掉风机本体上的压力表组件、测温探头、回气管。

（2）拆卸隔盘冷却水带上的冷却水管接头、管路，用铁丝疏通确认。

（3）拆掉风机本体与底座的连接螺栓。

（4）将消声器按记号回装，拆掉风机进口消声器连接螺栓，将进口消声器移至检修区。

（5）拆掉风机连接的软接头螺栓、风机本体与底座的连接螺栓。

（6）拆掉进气壳、中间隔板与排气壳之间拉杆螺栓。

（7）依次拆掉气封、回气座的排气壳。

（8）拆掉主轴上的末级叶轮轮毂处的锁紧螺母，注意拆叶轮时不能用金属锤直接敲击叶轮，避免损坏叶轮，严禁划伤轴孔和轴颈，对叶轮、轴套进行加热，使其适当膨胀，方便拆出。

（9）拆掉平衡盘，依次拆去一个中间隔板、轴套、叶轮，反复依序进行，直至将所有的中间隔板、轴套叶轮全部拆掉，最后拆掉末级叶轮，将主轴与进气壳分离。

（10）多级鼓风机特点之一就是叶轮数目较多，每卸下一个叶轮后注意清理轴颈，并涂一层防锈油，一一拆除，将所有的叶轮和轴套做好位置记号。

7. 风机内部间隙测量

（1）叶轮两侧与隔盘间隙测量：使用记号笔，在机壳位置做标记，先用胶泥打点，再用游标卡尺测量风机内部的间隙，并做好记录。

风机内部间隙测量标准见表4-6。

表4-6　　　　　　　　　　　　　　风机内部间隙测量标准

mm

项目	要求间隙	项目	要求间隙
进气机壳与1号叶轮锥面配合间隙	5	1号叶轮与1号隔盘平面配合间隙	5
1号隔盘与2号叶轮锥面配合间隙	5	2号叶轮与2号隔盘平面配合间隙	5
2号隔盘与3号叶轮锥面配合间隙	5	3号叶轮与3号隔盘平面配合间隙	5
3号隔盘与4号叶轮锥面配合间隙	5	4号叶轮与4号隔盘平面配合间隙	5
4号隔盘与5号叶轮锥面配合间隙	5	5号叶轮与5号隔盘平面配合间隙	5
5号隔盘与6号叶轮锥面配合间隙	5	6号叶轮与6号隔盘平面配合间隙	5
6号隔盘与7号叶轮锥面配合间隙	5	7号叶轮与7号隔盘平面配合间隙	5

（2）轴套外圈与隔盘内圈以及平衡盘外圈与排气壳内间隙测量：分别标记轴套与机壳位置，用游标卡尺测量各间隙，并做好记录。

轴套与隔盘间隙测量标准见表4-7。

表 4-7 　　　　　　　　　　　　　　　　轴套与隔盘间隙测量标准　　　　　　　　　　　　　　　　mm

项目	要求间隙	项目	要求间隙
1 号轴套与进气机壳间隙	0.02～0.05	5 号轴套与隔盘间隙	0.02～0.05
2 号轴套与隔盘间隙	0.02～0.05	6 号轴套与隔盘间隙	0.02～0.05
3 号轴套与隔盘间隙	0.02～0.05	7 号气封与隔盘间隙	0.02～0.05
4 号轴套与隔盘间隙	0.02～0.05	平衡盘与排气壳间隙	0.02～0.05

8. 检查安装

（1）隔盘与叶轮无接触性磨损、划痕。

（2）隔盘与叶轮无开裂。

（3）依次拆卸平衡好的转子、平衡盘、叶轮轴套，放在装配风机旁待装。

（4）装配时把进气壳盖到隔盘上，使进气端碗面朝下，主轴从进气端座插入。

（5）插入拉杆螺栓，调整两头余量，同步修正检查底脚平行度，对角紧固螺栓，最后使用扭矩扳手校核。

（6）安装按照拆卸的反向顺序进行。

（7）完成安装后用钢丝绳吊移，慢慢放平。

9. 共用底盘基础与风机安装

（1）将风机吊到底座上，一般以后脚孔为基准，定轴向位置，摆正风机位置。

（2）检查共用底盘基础是否水平，风机、电动机脚八块平板位平整，调整地脚螺栓并垫实。

（3）检查风机进、出口及其他部位是否有软连接情况，如有连接，及时松开螺栓，保持自由状态。

（4）进行机头、整机调试时，底脚螺栓在松开状态，查看风机、电动机脚板是否有缝隙，结合联轴器调整后，必须垫实再夹紧螺栓。

（5）联轴器装配时通过双百分表进行调整，联轴器轴向和径向偏差的调整，以增减电动机地脚垫片为主、电动机顶丝调整为辅，最后紧固所有螺栓。

联轴器中心轴向和径向偏差标准见表 4-8。

表 4-8 　　　　　　　　　　　　　　　　联轴器中心轴向和径向偏差标准　　　　　　　　　　　　　　　　mm

测量项目	设计值
电动机 – 风机对轮水平位置张口方向	左右张口
电动机 – 风机对轮水平位置张口数值	≤0.05
电动机 – 风机对轮垂直位置张口方向	上下张口
电动机 – 风机对轮垂直位置张口数值	≤0.05

续表

测量项目	设计值
电动机 – 风机对轮水平位置偏差方向	左右偏差
电动机 – 风机对轮水平位置数值差	≤0.05
电动机 – 风机对轮垂直位置偏差方向	高低偏差
电动机 – 风机对轮垂直方向数值差	≤ ± 0.05

（6）安装防护罩。

（7）用手动油桶泵、加油桶加注润滑油。

四、常见故障原因及处理

多级离心式氧化风机运行故障会导致氧化风量不足，影响脱硫效率，在运行中常见故障主要包括压力过高，排出流量减小；压力过低，排出流量过大；通风系统调节失灵；风机压力降低；叶轮损坏或变形；机壳过热；密封圈磨损或损坏等，根据不同故障原因采取相应针对性处置措施，尽快恢复多级离心式氧化风机的正常运行。

多级离心式氧化风机常见故障原因及处理方法见表 4-9。

表 4-9　　　　　　　　　多级离心式氧化风机常见故障原因及处理方法

故障	原因	处理方法
压力过高，排出流量减小	气体成分改变、气体温度过低或气体所含固体的杂质增加，使气体的密度增大	测定气体密度，消除密度增大的原因
	出气管道和阀门被尘土、烟灰和染物阻塞	开大出气阀门或者进行清扫
	进气管道、阀门或网罩被尘土、烟灰和杂物堵塞	开大进气阀门或者进行清扫
	出口管道破裂或管道法兰密封不严密	焊接裂口或者更换管法兰垫片
	出口管道破裂或管道法兰密封不严密：密封圈损坏过大，叶轮的叶片磨损	更换密封圈、叶轮或叶片
压力过低，排出流量过大	气体成分改变、气体温度过高或气体所含固体杂质减少，使气体的密度减小	测定气体密度，消除密度减小的原因
	进气管道破裂或其管法兰密封不严	焊接裂纹或更换管法兰垫
通风系统调节失灵	压力表失灵，阀门失灵或卡住，以致不能根据需要对流量和压力进行调节	修理或更换压力表，修复阀门
	由于需要流量小，管道堵塞，流量急剧减小或停止，使风机不稳定区（飞动区）工作，产生逆流反击风机转子的现象	如需要流量减小，应打开旁路阀门，或降低转速；如管道堵塞进行清扫
风机压力降低	管道阻力曲线改变，阻力增大，通风机工作点改变	调整管道阻力曲线，减小阻力，改变通风机工作点
	风机制造质量不良或通风机严重磨损	检修风机

故障	原因	处理方法
风机压力降低	风机转速降低	提高风机转速
	风机在不稳定区工作	调整风机工作区
叶轮损坏或变形	叶片表面或钉头腐蚀或磨损	如是个别损坏，更换个别零件；如损坏过半，应更换叶轮
	铆钉和叶片松动	用小冲子紧住；如仍无效，则需更换铆钉
	叶轮变形后歪斜过大，叶轮径向跳动或端面跳动过大	卸下叶轮后，用铁锤矫正，或将叶轮平放，压轮盘某侧边缘
机壳过热	在阀门关闭的情况下，风机运转时间过长	停运设备进行冷却。设备运行时保证阀门处于开位置
密封圈磨损或损坏	密封圈与轴套不同轴，在正常运转中被磨损	清除外部影响因素，然后更换密封圈，重新调整和找正密封圈的位置
	机壳变形，使密封圈一侧磨损	
	转子振动过大，其径向振幅之半大于密封径向间隙	
	密封齿内进入硬质杂物。如金属、焊渣等	
	推力轴衬溶化，使密封圈与密封齿接触面磨损	

第三节　单级离心式氧化风机

单级离心式氧化风机具有效率高、噪声低、维护成本低的优点，是氧化风机未来升级换代的主要趋势，由于单级离心式氧化风机是依靠提高空气的流动速度即空气动能来压缩空气、提高压力的，所以要获得同样的压力，单级离心式氧化风机的叶轮必须要比多级离心风机的转速高数十倍，通常情况下多级离心风机的转速只有数千转，而单级离心式氧化风机的转速可以高达数万转。单级离心式氧化风机的主要特点如下。

（1）风机效率高，可达 85%～90%。

（2）运行能耗低，单级高速离心鼓风机要比相应的多级离心风机节能 10% 左右，比相应的罗茨鼓风机节能 15% 左右。

（3）结构相对紧凑，占用场地面积较小。

（4）噪声低，单级离心式氧化风机产生的噪声是高频噪声，只要有障碍物，即可隔声，因此风机房外几乎无噪声。

由于压力的提高在很大程度上依靠转速的提高，但由于高转速会带来诸多部件，如叶片等磨损较大，对风机轴承要求较高。因此，单级离心式氧化风机叶片材料需选用合金钢，并且采用整体铣制工艺，因此价格较昂贵，而多级离心风机叶片全部为焊接工艺，风机运行可靠性降低。

一、结构及工作原理

单级离心式氧化风机结构图如图 4-5 所示。

单级离心式氧化风机一般由风机进气口、叶轮、风机排气口、传动轴、壳体等部分组成。驱动电动机通过轴驱动增速机带动叶轮高速旋转，气流由进口轴向进入高速旋转的叶轮后变成径向流动被加速，然后进入扩压腔，改变流动方向而减速，这种减速作用将高速旋转的气流中具有的动能转化为压能（势能），使风机出口保持稳定压力。

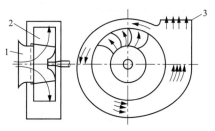

图 4-5　单级离心式氧化风机结构图
1—进口（集流器）；2—叶轮；3—机壳

单级离心式氧化风机的工作原理与离心式水泵类似，叶轮和外壳是风机的主要部件，风机壳体的外形具有沿半径方向由小渐大的蜗壳形特点，使壳体内的气流通道也由小渐大，空气的流速则由快变慢，而压力由低变高，致使风机出口处的风压达到最高值。

当电动机通过轴带动风机叶轮快速旋转时，叶轮间的空气随之旋转流动，由于离心力的作用被径向地甩向壳壁，随之在那里产生一定的压力，并由蜗形外壳汇集后沿切向排出。这时，叶轮的中部由于气体不断地被甩走而形成负压。风机入口处的空气则在大气压力的作用下源源不断地沿轴向进入风机。由于风机叶轮连续旋转，导致吸风与排风的过程连续进行，从而达到向吸收塔通入氧化空气的目的。

二、日常维护

单级离心式氧化风机的日常维护工作主要包括定期检查清理工作、润滑油的监视及更换、日常设备参数监督等，并做好数据记录与分析。

（一）定期检查清理工作

（1）每天检查清理设备周围积油、积浆及杂物。

（2）每天检查设备及其附属设备管道无漏风、漏油现象。

（3）每周检查清理氧化风机吸入管口滤网。

（4）每周对设备基础螺栓等紧固件及防护罩进行检查。

（5）每月对风机出口安全阀进行放气实验。

（6）每季度对风机皮带进行检查。

（二）润滑油的监视及更换

（1）每天对泵体油位进行检查。

（2）及时补充润滑油。

（3）每周对设备润滑油油质进行检查。

（4）根据设备厂家要求运行周期进行润滑油更换。

（5）选择符合设备厂家性能指标要求的润滑油。

（三）日常设备参数监督

（1）每天对设备的振动、温度、电流等参数进行检测，了解设备运行状态。

（2）根据设备运行状态，调整设备运行环境温度。

三、设备检修

（一）等级检修项目

单级离心式氧化风机等级检修项目见表4-10。

表4-10　　　　　　　　　　　　单级离心式氧化风机等级检修项目

A级检修项目	B级检修项目	C级检修项目
（1）检查、修理变速箱。 （2）检查风机基础、地脚螺栓，复查联轴器中心。 （3）检查修理润滑油站，清理油过滤器、油冷却器。 （4）更换润滑油。 （5）更换入口滤网。 （6）检查集流器进口导叶。 （7）检查叶轮、轴，对叶轮根部进行着色渗透检验，必要时更换叶轮。 （8）调整叶轮与集流器间隙	（1）检查变速箱。 （2）检查风机基础、地脚螺栓，复查联轴器中心。 （3）检查修理润滑油站，清理油过滤器、油冷却器。 （4）根据化验结果更换润滑油。 （5）检查清理入口滤网。 （6）检查集流器进口导叶	（1）检查变速箱。 （2）检查润滑油站，清理油过滤器、油冷却器。 （3）检查清理入口滤网。 （4）检查集流器进口导叶

（二）主要检修工艺要求及质量标准

1. 风机解体检查

（1）拆除对轮防护罩，放置在备品配件放置区，拆卸联轴膜片。

（2）拆卸进气侧和排气侧膨胀节。

（3）整体拆卸进口导叶装置。

（4）拆下六角头螺栓，卸进口集流器。注意不得损坏叶轮叶片。拆下叶轮导流螺母后，用拆卸工具卸下叶轮，注意不得损坏叶轮。

（5）拆下后，重新安装要注意按原有标记组装；然后进行动平衡，精度为G1级。并用手动葫芦吊起高速转子，注意轻起轻放；用起顶螺栓拆卸齿轮箱上盖的螺栓。

2. 测量齿轮副的侧隙和轴封与主轴的单边间隙

（1）检查齿轮箱内大、小齿轮齿的磨损情况。

（2）用铅丝测量齿轮副的侧隙，齿隙尺寸为0.19～0.25mm，用塞尺测量轴封与主轴的单边间隙为0.2～0.25mm。

3. 清理、检查

（1）用布蘸丙酮擦洗叶轮灰尘，以防止不平衡，严禁使用钢丝刷或类似物对叶轮进行清洁，以免造成叶轮表面损坏。

（2）采用液体渗透试验检查叶轮是否有裂纹，尤其注意叶片根部。

（3）彻底清除黏结在机壳及流道上的灰尘。

（4）用油清洗集流器之后，检查集流器内无任何阻塞物，清理进口导叶污垢。

（5）用塞尺测量叶轮周边与集流器之间的间隙，间隙标准尺寸为 1.0～1.5mm。

（6）用塞尺测量密封的间隙，标准的间隙值为 0.2 ± 0.02mm。

（7）用接油盘、油桶排尽风机润滑油，倒入废油储存桶内，放置在废旧物资放置区。

（8）拆除油箱盖，用清洗剂、纯棉抹布、毛刷清洗，用塑料布包裹后放置在备品配件放置区。

4. 检查支撑轴承

（1）拆卸轴承箱罩或轴承盖上的仪表和导线。

（2）拆下连接两半联轴器护罩的定位销和螺钉，拆下联轴器上半部分（注意：装配时，齿轮箱的结合面涂以密封胶，确保密封，但密封胶凝固干燥能使结合面形成很强的黏合力，拆卸比较困难）。

（3）把轴承箱盖取下，拧下固定轴承盖的螺栓。

（4）拧出连接两半轴承的螺钉，如果在上部有螺纹孔就把吊环螺钉拧上去，用滑车把上半轴承吊出来。

（5）拆下下半轴承，用清洗油清洗轴承，清洗完毕后彻底清除残留油迹，要保证轴承合金面没有划痕或鳞片。

（6）清洗轴承和轴颈，装上下半轴承并在轴颈顶部放一根铅丝，轴向放置铅丝，长度比轴承长，并用凡士林油粘住铅丝（在轴上放置铅丝之前，要用千分尺测量铅丝的厚度并记录下来）。

（7）装上上半轴承、轴承盖，在最终组装时将轴承盖拧紧。

（8）拆去轴承盖和上半轴承，取下铅丝并用千分尺在铅丝被压扁的两、三处进行测量。将读出的值进行平均并记录下来，如果测量结果的平均值大于"直径间隙"，需要更换轴承。

5. 拆卸止推轴承检查转子

（1）拆去止推轴承以及支撑轴承的压盖，慢慢提起轴承压盖，提升时尽可能保持垂直上升。

（2）逐块取下止推瓦块，然后取下下半推力环，转动下半推力环，使之达到取下的位置，再将止推轴承的调整垫片取下（不要弄乱垫片的位置，因两半垫片的厚度不同而决定了转子的轴向位置，垫片上打的号与止推轴承两半推力环上打的号一致）。

（3）用油清洗止推块，仔细擦去油脂，检查合金表面，除掉由于油污而引起的划痕。

（4）将千分表固定在机壳上，并使千分表触头接触转子端部。

（5）向两个方向轴向移动转子，至转子内部件接触机壳部件为止。

6. 拆卸冷油器

（1）测量整组冷油器换热片的尺寸，并做好记录。

（2）拆除连接冷油器的油管、水管。

（3）拆卸冷油器换热片（共49片）螺栓，将冷油器换热片安装位置用记号笔进行标记，将冷油器换热片逐片用清洗剂、纯棉抹布、毛刷清洗，并放置在备品配件放置区。

（4）拆卸油滤网，将拆卸下的油滤网用清洗剂、毛刷清洗，放置在备品配件放置区。

（5）拆卸空气滤网螺栓后，逐一拆卸空气滤网，并用压缩空气进行吹扫，放置在备品配件放置区。

（6）回装油箱盖（注意结合面的密封）。

（7）用链条扳手回装油滤网（注意检查滤网密封圈，如有损坏进行更换）。

（8）按照记号笔标记逐一回装冷油器换热片。

（9）按照拆除前测量数据紧固螺栓（上、中、下位置保持一致）。

（10）恢复连接冷油器的油管、水管。

（11）将空气滤网安装到位，紧固空气滤网螺栓。

7. 安装轴承

（1）仔细核对各部件的油漆号，确保部件装回原位上。

（2）小心地清理滑动面，组装前、后要涂油脂。

（3）在双头螺栓的螺纹上涂上一层凡士林油，除掉定位销孔中的残留物。

（4）止推轴承的调整垫片分为两半，安装时要使两半结合面处于水平位置，而推力环上、下半的结合面要保持垂直位置。

（5）为了使轴承盖与两个轴承和油控制环的几个槽口相吻合，将轴承盖轻放在支架上，如果不能立即咬合，用手来转动轴，在两个方向上用力，沿转子轴放置轴承盖，直到完全紧固在支架上为止。

（6）要注意止推轴承锁定螺母的固定销与各自的槽口咬合情况。

8. 检查止推轴承端串动量

（1）在单级离心式风机机壳上放置千分表，尽可能靠近入口端（止推轴承端）。

（2）让千分表触头与转子端部接触，把转子从一端移动过来，并在此位置上将千分表调整为零。

（3）将转子移到另一端，千分表上读出的值就是止推轴承的端部串量（标准值与设备说明书一致）。

9. 风机回装

（1）按原有标记组装叶轮。

（2）回装进口集流器。

（3）整体回装进口导叶装置。

（4）回装进气侧和排气侧膨胀节。

（5）回装联轴器中间隔套。

（6）安装电动机与风机对轮防护罩。

（7）用手动油桶泵、加油桶加注润滑油。

四、常见故障原因及处理

单级离心式氧化风机运行故障会导致氧化风量不足，影响脱硫效率，在运行中常见故障主要包括压力过高，排出流量减小；压力过低，排出流量过大；通风系统调节失灵；风机压力降低；叶轮损坏或变形；机壳过热；密封圈磨损或损坏；带滑下或带跳动等，根据不同故障原因采取相应针对性处置措施，尽快恢复单级离心式氧化风机的正常运行。常见故障原因及处理方法见表4-11。

表 4-11　　　　　　　　　　　常见故障原因及处理方法

故障	原因	处理方法
压力过高，排出流量减小	气体成分改变、气体温度过低或气体所含固体的杂质增加，使气体的密度增大	测定气体密度，消除密度增大的原因
	出气管道和阀门被尘土、烟灰和污染物阻塞	开大出气阀门或者进行清扫
	进气管道、阀门或网罩被尘土、烟灰和杂物堵塞	开大进气阀门或者进行清扫
	出气管道破裂或出气管法兰密封不严密	焊接裂口或者更换出气管法兰垫片
	密封圈损坏过大，叶轮的叶片磨损	更换密封圈、叶轮或叶片
压力过低，排出流量过大	气体成分改变、气体温度过高或气体所含固体杂质减少，使气体的密度减小	测定气体密度，消除密度减小的原因
	进气管道破裂或进气管法兰密封不严	焊接裂纹或更换管法兰垫
通风系统调节失灵	压力表失灵，阀门失灵或卡住，以致不能根据需要对流量和压力进行调节	修理或更换压力表，修复阀门
	由于需要流量小，管道堵塞，流量急剧减小或停止，使风机在不稳定区（飞动区）工作，产生逆流反击风机转子的现象	如是需要流量减小，打开旁路阀门或减低转速；如是管道堵塞，进行清扫

故障	原因	处理方法
风机压力降低	管道阻力曲线改变、阻力增大、风机工作点改变	调整管道阻力曲线，减小阻力，改变风机工作点
	风机制造质量不良或通风机严重磨损	检修风机
	风机转速降低	提高风机转速
	风机在不稳定区工作	调整风机工作区
叶轮损坏或变形	叶片表面或钉头腐蚀或磨损	如是个别损坏，更换个别零件；如损坏过半，更换叶轮
	铆钉和叶片松动	用小冲子紧住，如仍无效，则需更换铆钉
	叶轮变形后歪斜过大，使叶轮径向跳动或端面跳动过大	卸下叶轮后，用铁锤矫正，或将叶轮平放，压轮盘某侧边缘
机壳过热	在阀门关闭的情况下，风机运转时间过长	设备停车，待冷却后再启动
密封圈磨损或损坏	密封圈与轴套不同轴，在正常运转中被磨损	调整同轴度，更换密封圈
	机壳变形，使密封圈一侧磨损	更换机壳
	转子振动过大，其径向振幅之半大于密封径向间隙	处理转子振动大的缺陷
	密封齿内进入硬质杂物，如金属、焊渣等	清除杂物，更换密封圈
	推力轴衬溶化，使密封圈与密封齿因接触而磨损	更换推力轴衬，重新调整和找正密封圈的位置
带滑下或带跳动	两带轮位置没有找正，彼此不在同一条中心线上	重新找正带轮
	两带轮距离较近或带过长	调整带的松紧度或者调整两带轮的间距、更换适合的皮带

第五章 石灰石浆液制备系统维护与检修

石灰石浆液制备系统的主要功能是制备合格浓度的吸收剂浆液，并根据吸收塔系统的需要由石灰石浆液泵直接打入吸收塔内或打到循环泵入口管道中，塔内浆液经喷嘴充分雾化而吸收烟气中的 SO_2，达到脱硫的目的。

通常要求石灰石纯度达到 90% 以上，直接采购石灰石粉要求细度为 250 或 325 目过筛率大于 90%，石灰石块则要求粒度小于或等于 20mm，制备成的浆液质量浓度要求达到 25%～30%，对应浆液密度为 1190～1250kg/m^3，过低的浆液浓度无法满足脱硫反应要求，导致脱硫效率下降；过高的浆液浓度则易导致吸收剂浪费。

石灰石浆液制备系统通常采用直接干粉制浆、干式磨机制粉后制浆及湿式磨机制浆三种方案，从工艺流程看，均依次存在输送、储存、制浆、供浆四个环节，主要区别在于入厂石灰石的形态不同（粉状、块状）、制粉方式不同（直接粉态、干磨制粉、湿磨合并制粉制浆），实际工艺设备既存在差异又有相同之处。

直接干粉浆液制备系统主要设备依次为石灰石粉进料管、石灰石粉仓、给料和计量装置、石灰石浆液箱、搅拌器、石灰石浆液输送泵等。

干式磨机制粉浆液制备系统主要设备依次为卸料斗、皮带输送机、电磁除铁器、斗式提升机或波纹挡边皮带机、石灰石料仓、称重给料机、石灰石立式辊磨、石灰石粉仓、石灰石浆液箱、石灰石浆液输送泵等。

湿磨制浆系统主要设备依次为卸料斗、振动给料机、除铁器、斗式提升机或波纹挡边皮带机、石灰石料仓、称重给料机、湿式球磨机、再循环箱、石灰石浆液再循环泵、石灰石旋流器、石灰石浆液箱、石灰石浆液输送泵等。

本章主要对用于储运的振动给料机、斗式提升机和波纹挡边皮带机、称重给料机，用于制粉的干式磨石机，用于制浆的湿式球磨机等设备的检修及维护工作进行重点介绍。

湿磨制浆系统及干粉制浆系统工艺流程及主要设备如图 5-1、图 5-2 所示。

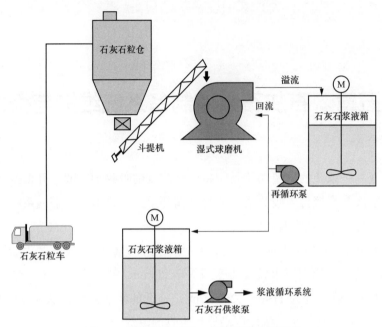

图 5-1　湿磨制浆系统工艺流程及主要设备

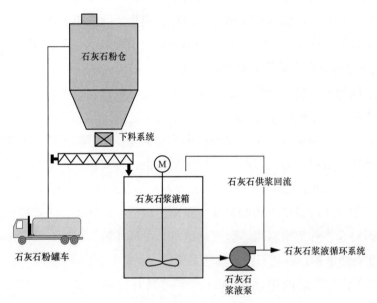

图 5-2　干粉制浆系统工艺流程及主要设备

第一节　振动给料机

振动给料机采用双偏心轴激振器的结构特点，保证设备能承受大块物料下落的冲击，给料能力大。在生产流程中可以把块状、颗粒状石灰石从储料仓中均匀、定时、连续地给到受料装置中，从而防止受料装置因进料不均而产生故障。

一、结构及工作原理

振动给料机主要由电动机、振动器、机体、料槽及弹簧组成。振动给料机结构图如图 5-3 所示。

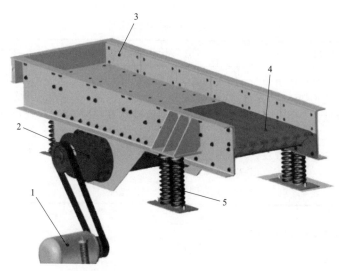

图 5-3 振动给料机结构图

1—电动机；2—振动器；3—机体；4—料槽；5—弹簧

振动器通过电动机驱动，使两偏心轴旋转，从而产生巨大合成的直线激振力，使机体在支撑弹簧上做强制运动，物料则以此震动为动力，在料槽上做滑动及抛掷运动，使物料前移，达到给料的目的。

二、日常维护

（1）吊挂装置、连接螺栓要保持齐全、坚固，电气开关、电动机接地线、安全设施保证安全可靠。

（2）定期清理振动给料机料槽底板积垢。

（3）定期紧固料槽各处螺栓，螺栓扭矩不小于 150N·m。

（4）每月检查地板磨损情况，必要时进行更换。

（5）每周紧固底板固定螺栓。

（6）每月检查振动弹簧是否异常，如果弹簧卡涩、损坏，需要立即停机处理，更换后才能重新开机。

（7）定期对振动电动机进行润滑。

（8）定期清理洒落的石灰石块。

（9）监视、检查各电动机的运转情况、温升是否超过规定值、声音是否正常、振动是否异常，紧固电动机地脚螺栓和接线盒盖连接螺栓。

（10）对所有电动机、操作箱要定期进行吹风、清扫，使电气设备保持清洁。

三、设备检修

（一）等级检修项目

振动给料机等级检修项目见表 5-1。

表 5-1　　　　　　　　　　　振动给料机等级检修项目

A 级检修项目	B 级检修项目	C 级检修项目
（1）检查、调整振动偏心轮角度。 （2）检查、修复或更换槽体。 （3）整定电磁铁铁芯与衔铁间气隙。 （4）检查整体机件的紧固程度，调整连接弹簧。 （5）清理机体积尘、污垢	（1）检查、调整振动偏心轮角度。 （2）检查、修复槽体。 （3）整定电磁铁铁芯与衔铁间气隙。 （4）检查整体机件的紧固程度，调整连接弹簧。 （5）清理机体积尘、污垢	（1）检查、紧固或更换各部件连接螺栓。 （2）检查、更换减振弹簧。 （3）清理机体积尘、污垢

（二）主要检修工艺要求和质量标准

1. 入口短节检查

（1）用手拉葫芦挂住入口短节，带紧链条，使用扳手松开并取下入口短节与插杆门连接螺栓，用撬棍将法兰连接部分撬开，缓慢将入口短节放下移至检修区（将密封条保存好）。

（2）检查入口短节是否磨损，磨损程度不足原厚度 1/3 的进行更换。

（3）检查密封条是否完好，否则进行更换。

2. 入口插杆门检查

（1）使用手拉葫芦挂住插杆门，带紧链条，用扳手松开入口插杆门与卸料仓的连接螺栓。

（2）检查插杆门插杆是否有锈死、裂纹、断裂现象。

（3）检查密封条完好，老化开裂的进行更换。

3. 给料机本体及附件检查

（1）用梅花扳手松开料槽衬板固定螺栓，取出料槽衬板。

（2）检查料槽衬板是否磨损，磨损程度不足原厚度 1/3 的进行更换。

（3）检查槽体磨损情况，检查料槽不存在泄漏现象。

（4）检查各紧固螺栓无松动。

（5）将槽体用液压千斤顶顶起，分别取出前后 4 个橡胶减振弹簧。

（6）橡胶弹簧表面平整、无裂纹，存在磨损、有裂纹现象的进行更换。

（7）检查出口料管磨损情况，磨损程度不足原厚度 1/3 的进行更换。

（8）将除铁器放置地面，检查除铁器吊环及钢丝绳。

（9）检查吊环磨损情况，吊环无磨损、变形，否则更换。

（10）检查钢丝绳磨损程度，测量各磨损部位钢丝绳直径，磨损的进行更换。

（11）检查钢丝绳断丝情况，如出现断丝则进行更换。

（12）检查钢丝绳锈蚀程度，表面和内部无锈蚀情况。

（13）检查钢丝绳润滑情况，检查钢丝绳润滑油脂流失情况，涂抹新的3号锂基脂。

4. 回装

（1）回装橡胶减振弹簧，缓慢松开2个千斤顶，将槽体落在减振弹簧上。

（2）将槽体内部清理干净，料槽衬板安装至槽体上，用17mm梅花扳手对连接螺栓进行紧固。

（3）将插杆门入口法兰与卸料仓出口法兰通过连接螺栓紧固（同步安装密封垫）。

（4）将短节入口法兰与插杆门出口法兰通过连接螺栓进行紧固（同步安装密封垫）。

（5）调整入口短节与槽体间隙（5mm），防止给料机振动时与入口短节进行摩擦。

四、常见故障原因及处理

振动给料机运行故障会导致给料中断，影响脱硫制浆系统的稳定运行，在运行中常见故障主要包括给料量小，振幅小、槽体开裂等，根据不同故障原因采取相应针对性处置措施，尽快恢复振动给料机的正常运行。

常见故障原因及处理方法见表5-2。

表5-2　　　　　　　　　　　常见故障原因及处理方法

故障	原因	处理方法
给料量小	振幅小	调大变频
	槽体粘料多	清除粘料
	异物或料物卡住，无下料	清除异物或石料
振幅小	激振力小	调大激振器频率
	弹簧变形失效	更换弹簧
	底部石料板结严重	清理底部板结石料
槽体开裂	筋板疲劳断裂	加固或者更换
	振幅太大	调小振幅
	焊缝开裂	重新焊接筋板

第二节　斗式提升机

斗式提升机具有输送量大，提升高度高，运行平稳、可靠，寿命长等显著优点，适于输送粒状及小块状的磨损性物料，由于提升机的牵引机构是环行链条，还被允许输送温度较高的材料（物料温度不超过 250℃），一般输送高度最高可达 40m。

一、结构及工作原理

斗式提升机由逆止器、机头部分、中部壳体、机尾部分等组成。运行部件由料斗和套筒滚子链条组成。驱动装置采用电动机、减速机组合驱动。驱动平台上装有检修架和栏杆。上部装置卸料口装有防回料橡胶板。下部装置装有涨紧装置，采取坠重箱涨紧。

斗式提升机结构如图 5-4 所示。

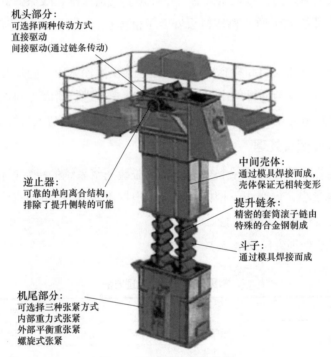

机头部分：
可选择两种传动方式
直接驱动
间接驱动(通过链条传动)

逆止器：
可靠的单向离合结构，
排除了提升侧转的可能

中间壳体：
通过模具焊接而成，
壳体保证无相转变形

提升链条：
精密的套筒滚子链由
特殊的合金钢制成

斗子：
通过模具焊接而成

机尾部分：
可选择三种张紧方式
内部重力式张紧
外部平衡重张紧
螺旋式张紧

图 5-4　斗式提升机结构图

通过振动给料机的流入式喂料，石灰石流入料斗内靠板链提升到顶端，在物料重力作用下自行卸料。

二、日常维护

斗式提升机运行平稳、磨损小、使用寿命长，检修和维护相对简单，但料斗、链条等属于易损件，因此注重料斗、链条的日常维护工作，重点要做好定期清洁、清理、润滑油的监视及更换、紧固件的维护和零部件的检查及更换等维护工作，并做好设备定期工作台账的记录和验收等事项。

（1）做好轴承润滑部位的检查和加油工作。

（2）每次送料前必须空转 5～10min，检查各部位运转是否正常、无异常响声，检查各安全装置、联锁装置、操作机构是否正常。

（3）严格执行巡回检查制，利用听、摸、查、看、闻等方法，随时注意设备运转情况。

（4）操作人员随时检查运行情况，发现设备不正常时，立即检查原因，及时处理。

（5）每次停车前，必须把物料送完，排空料斗。

（6）每周由维修工对料斗、链条、链轮等进行一次检查，并对牵引构件松紧进行一次调节。

（7）每15天各加油点进行一次加油。

（8）每月开盖检查各轴承工作状态，视情况处理缺陷。

（9）每月清理料斗、链条、齿轮上的积垢。

三、设备检修

（一）等级检修项目

斗式提升机等级检修项目见表5-3。

表5-3   斗式提升机等级检修项目

A级检修项目	B级检修项目	C级检修项目
（1）检查修理减速机，更换润滑油。	（1）化验减速机润滑油油质。	（1）化验减速机润滑油油质。
（2）检查更换减速机（电动机）、链轮、链条。	（2）检查减速机（电机）链轮、链条。	（2）检查逆止器。
（3）检查更换止回器。	（3）检查更换逆止器。	（3）检查料斗及固定螺栓。
（4）更换溜槽衬板。	（4）检查更换溜槽衬板。	（4）检查料斗链条及开口销。
（5）检查更换驱动轮、从动轮，调整轴平行度。	（5）检查驱动轮、从动轮，调整轴平行度。	（5）检查、调整张紧装置
（6）检查更换链条、导轨。	（6）检查链条、导轨。	
（7）检查更换驱动轮、从动轮轴承。	（7）检查料斗及固定螺栓。	
（8）检查料斗及固定螺栓。	（8）检查落料口。	
（9）检查落料口。	（9）检查、调整张紧装置	
（10）检查、调整张紧装置		

（二）主要部件检修工艺要求及质量标准

1. 本体解体检查

（1）用扳手拆除对轮防护罩。

（2）测量并记录泵联轴器间隙，对靠背轮做好标记，拆卸对轮螺栓，拆下联轴器柱销。

（3）使用扳手松开减速机与电动机地脚螺栓，将电动机及减速机吊运至检修区域。

（4）测量键与联轴器、键与轴配合公差。用钢质扁铲从斜45°角方向将对轮键从轴上拆下，用清洗剂清洗干净，检查键与轴配合公差为0.02~0.04mm，检查轴与对轮配合公差为0.02~0.04mm，将合格的键放置在备品配件放置区。

（5）测量联轴器（链轮）内孔与轴的配合公差。用（内径千分尺、外径千分尺）测量拆卸下来的联轴器（链轮）内孔与轴的配合公差，联轴器内孔与轴的配合公差为过盈配合 0.05～0.07mm。

（6）链条、料斗拆卸及检查。

1）使用扳手拆掉斗提机头部壳体，拆掉传动链轮罩、传动链轮，将链条吊至检修区域。传动链条、链轮、齿轮无裂纹，磨损不大；料斗无变形及螺栓松动现象。链节与齿侧面有接触磨损的进行修正，磨损严重的予以更换。

2）链条孔径小于 19mm，厚度小于 7mm，中心孔距小于 126mm（根据设备厂家参数）。

3）链轮、齿轮无裂纹，齿轮齿厚磨损达到 2mm 以上时予以更换，链轮齿距要求小于 5mm。

（7）拆卸斗提机传动轴及轴承。

1）用开口扳手、梅花扳手、套筒扳手依次拆下轴承座端盖。

2）将轴从轴承座中取出。

3）用轴承拉拔器拆除轴两端轴承。

4）用清洗剂清洗轴承和轴承室，检查滚道、圆柱体、保持架无蚀斑、麻点、磨损、划痕。

5）用 50～150mm 外径千分尺检查轴承装配处圆度误差是否小于 0.02mm。

6）用砂布、平口刮刀、油石打磨处理泵轴、轴套、机械密封箱、联轴器各部件密封结合面的锈垢，要求各结合面光洁、平整，止口无毛刺。

7）用清洗剂清洗各打磨好的零部件，再用面团粘接干净（注意：油位镜或油瓶要清理到位），要求清洗后的零部件见本色。

8）用 50～150mm 外径千分尺测量轴颈，用 50～150mm 内径千分尺测量轴承内径尺寸，轴与轴承内孔间配合为过盈配合，过盈值为 0.01～0.03mm。

（8）安装轴承。

1）用轴承加热器加热轴承，加热温度控制在 90～100℃。

2）将加热好的轴承快速套在轴肩上，注意保持轴承内孔与轴平行，然后将轴承回装套筒靠紧轴承内环端面，快速用铜棒锤击轴承内圈将轴承回装到位，回装后轴承内环与轴肩的间隙小于 0.05mm。

3）将轴缓慢放进轴承座内。

4）安装轴承座两侧端盖，将端盖螺栓上紧，螺栓扭矩为 376N·m。

2. 减速机的检修

（1）解体。

1）用开口扳手和梅花扳手、套筒扳手、活扳手拆除减速机轴头轴承压盖螺栓，拆除减速机上壳体与下壳体连接螺栓，将拆下的螺栓用清洗剂清洗后涂抹 3 号锂基脂放置在零部件放置区，并用塑料布包裹。

2）用平头敲击螺丝旋具、撬棍、2P（磅）手锤、钢质尖铲拆下高速轴、低速轴轴承压盖内骨架油封。

（2）检查清洗减速机各部件。

1）用平头刮刀清理减速机接合面，用清洗剂、毛刷、纯棉抹布、面团清理传动轴、齿轮、轴承、箱体、端盖进行清理，使用压缩空吹扫油道。

2）检查齿轮、传动轴，无油蚀、无裂纹、无砂眼、无毛刺。

（3）减速机零部件数据测量及回装。

1）依次安装高速轴、低速轴轴承压盖内骨架油封。

2）用压铅丝法测量各齿轮的啮合间隙，要求：顶部间隙为（0.25× 齿轮模数）mm，两端测量之差小于 0.10mm；齿轮背部间隙为 0.3～1mm，两端测量之差小于 0.15mm。

3）安装轴承压盖并使用螺栓紧固（紧固前在轴承压盖或箱体轴承压盖位置均匀涂抹耐油密封胶）。

4）用塞尺或压铅丝法测量滚动轴承的轴向间隙。推力侧轴承轴向间隙为 0.05mm。

5）用压铅丝法测量各轴承的径向膨胀间隙，以确定结合面垫子的厚度，如个别轴承径向间隙不符合规定，可以在轴承上部垫铜皮。径向间隙为 0.03～0.08mm。

6）将减速机上盖固定，用铜棒、4P（磅）手锤装定位销，校正上盖位置，上盖结合面均匀涂抹耐油密封胶，对称将减速机上壳体与下壳体连接螺栓紧固。

7）用手动油桶泵、加油桶为减速机添加适量润滑油（参照设备说明书）。

3. 整体回装

（1）用 2 号氧气、乙炔烤把，安装好氧气、乙炔气管（氧气乙炔表完好，回火器功能正常），均匀加热联轴器，用行车手拉葫芦分别安装减速机联轴器、链轮及斗提机传动轴链轮。

（2）由起重人员使用 50t 吊车将链条吊至斗提机筒体。

（3）找中心。

1）对减速机与电动机联轴器找中心。用纯棉抹布、平头刮刀、清洗剂、毛刷清理联轴器表面；用塞尺检查减速机及电动机地脚平整，无虚脚；如果有虚脚，用塞尺测出数值并记录，用相应铜皮垫实。

2）用直角尺平面初步找正，主要为左右径向（相差太大可能造成百分表无法读书或读错数据）。

3）分别在联轴器径向、轴向安装百分表（装百分表时要固定牢，但需保证测量杆活动自如），测量径向的百分表要垂直于轴线，并与轴心处在同一直线上，装好后试转一周，表必须回到原来位置，测量径向的百分表必须复原，将 2 块百分表指针调整归零。

4）慢慢转动转子，每隔 90º 测量一组数据并做好记录，一周后到原来位置径向表应该为 0，轴向表数据相同。测得数值 $a_1+a_3=a_2+a_4$，上下张口 $=a_1-a_3$，正为上张口，负为下张口；左右张口 $=a_2-a_4$，正为 a_2 侧张口，负为 a_4 侧张口。上下径向偏差 $b=(b_1-b_3)/2$，正为电动机高，负为电动机低；左右径向偏差 $b=(b_2-b_4)/2$，正数为电动机偏右，负数为电动机偏左（轴向偏差：≤0.05mm；径向偏差：≤0.05mm；联轴器距离：≥8mm），百分表位置见图 3-8。

表 5-4　　　　　　　　　　找 中 心 测 量 数 据　　　　　　　　　　mm

项目名称	设计值
电动机—减速机对轮水平位置张口方向	左右张口
电动机—减速机对轮水平位置张口数值	≤0.05
电动机—减速机对轮垂直位置张口方向	上下张口
电动机—减速机对轮垂直位置张口数值	≤0.05
电动机—减速机对轮水平位置圆周方向	错口长度
电动机—减速机对轮水平位置圆周数值	≤0.05
电动机—减速机对轮垂直位置圆周方向	高低差
电动机—减速机对轮垂直位置圆周数值	≤±0.05

（4）按标记及编号，安装对轮联轴器螺栓。

（5）依次安装电动机与减速机、减速机与斗提机传动轴链轮联轴器防护罩。

（三）检修安全、健康、环保要求

1. 检修工作前

（1）根据斗式提升机输送的物品做好相关防护准备工作。

（2）准备好设备检修过程所使用的工器具，并做好检修过程中的风险预控工作。

（3）熟悉检修斗式提升机的检修步骤及重点检查项目。

（4）斗提机内部检查前需将运输物品输送干净。

2. 检修过程中

（1）检查斗提机框架是否完好、牢固。

（2）在进行斗提机底部结构检查时，在做好防窒息风险控制时，还需做好输送物品危险性的预防。

（3）在进行斗式提升机部件吊装作业时考虑吊装前的吊点的选择。

（4）在进行链条及刮板检查更换时做好防护，防止机械伤害。

（5）检修过程中禁止高低位置交叉作业。

（6）拆除的工器具及备件放置在指定位置。

3. 检修结束后

（1）工作结束，检查斗提机内部是否清理彻底。

（2）恢复斗提机及其附属部件。

（3）检查斗提机设备链条及刮板连接可靠。

（4）减速机回装前对减速机进行盘车。

四、常见故障原因及处理

斗式提升机运行异常直接对脱硫系统产生供浆不足的不利影响，在运行中常见故障主要包括倒料，堵料，牵引机构、料斗爬轮或刮壳，轴承损坏和链条打滑等，根据不同故障原因采取相应针对性处置措施，尽快恢复上料系统的正常运行。

斗式提升机常见故障原因及处理方法见表5-5。

表5-5　　　　　　　　　　斗式提升机常见故障原因及处理方法

故障	原因	处理方法
倒料	顶部下料管口堵塞	设备停运检查下料管口
	下料仓满	待料仓料位下降后再上料
堵料	进料口物料太多	减少进料或进料系统暂停
	料斗破损	修理、更换料斗
	下料管积垢	清理下料管积垢
牵引机构、料斗爬轮或刮壳	物料中有大块物、杂物混入	设备停运、清理杂物
	牵引构件、料斗螺栓松动	设备停运、拧紧螺栓
	牵引构件过松或过紧	调整丝杆
	加料过多	调整进料量
滚动轴承损坏	牵引构件调节不当	调节正确
	缺油	定期加油、换油
链条打滑	链条过长	调整链条
	张紧配重失效	调整配重

第三节　波纹挡边皮带机

波纹挡边皮带机又名边带式输送机，同样用于石灰石料的输送，与斗式提升机相比，一次投资和维修费更低，它是在平面输送带上安装硫化隔板并与两边能收缩的波纹状挡边粘接成一体，其断面如斗形，英文为FLexowell，意为柔性斗。当在转弯滚筒上转角时，挡边能伸开其波纹胶带边，而在直线运行时又回原状。

一、结构及工作原理

波纹挡边皮带机是在基带的两侧，加上波状挡边形成的，基带是平行带，带体比普通带具有更大的横向刚度。两侧挡边为波状，当输送带绕过滚筒或过渡段时，挡边上部可以自由伸展或压缩。两侧挡边之间的带体中部，可根据需要加上按一定间距布置的横隔板挡边与横隔板形成了输送物料的"匣"形容器，从而实现大倾角输送。波纹挡边皮带机结构示意图如图 5-5 所示。

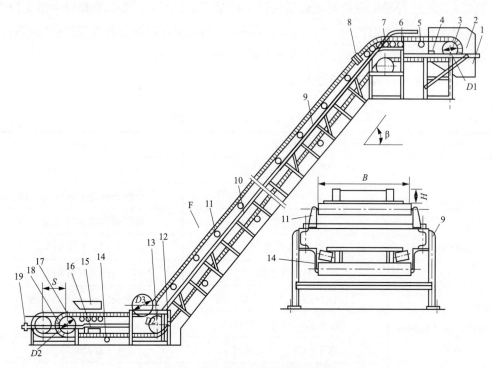

图 5-5　波纹挡边皮带机结构示意图

1—卸料漏斗；2—头部护罩；3—传动滚筒；4—拍打清扫器；5—挡边带；6—凸弧段机架；7—压带轮；8—挡辊；
9—中间机架；10—中间架支腿；11—上托辊；12—凹弧段机架；13—改向滚筒；14—下托程；15—导料槽；
16—空段清扫器；17—尾部滚筒；18—拉紧装置；19—尾架

二、日常维护

（1）观察减速器油面，定期添加、更换润滑油。

（2）定期更换损坏的或运转不灵活的托辊辊子，调整空段清扫器的橡胶板。

（3）定期调整驱动装置上的三角带，若有损坏及时更换。

（4）清理粘在滚筒和托辊表面上的物料和清理输送机两旁的洒落物料。

（5）定期清洗滚筒轴承座，更换润滑油，更换清扫器橡胶板。

（6）修补导料槽、漏斗，修补输送带，更换损坏的托辊组。

（7）轴向窜动量大于 2mm 的托辊辊子，换下的辊子只有在经过维修后才能继续使用。

（8）定期检查输送带表面的剥落情况，及时修补。

三、设备检修

（一）等级检修项目

波纹挡边皮带机等级检修项目见表 5-6。

表 5-6　　　　　　　　　　波纹挡边皮带机等级检修项目

A 级检修项目	B 级检修项目	C 级检修项目
（1）检查修理减速机，更换润滑油。 （2）更换滚筒轴承。 （3）检查、修复驱动滚筒包胶磨损和开裂部分，必要时重新包胶。 （4）检查落料口、漏斗。 （5）检查修理导轮。 （6）检查修理托辊。 （7）更换提升带。 （8）调整提升带跑偏及张紧装置。 （9）检查机架变形情况，焊缝无裂纹，并根据情况进行整形修复。 （10）检查各结合部密封	（1）化验减速机润滑油油质。 （2）更换滚筒轴承。 （3）检查、修复驱动滚筒包胶磨损和开裂部分，必要时重新包胶。 （4）检查提升带接头。 （5）检查落料口、漏斗。 （6）检查修理导轮。 （7）检查修理托辊。 （8）调整提升带跑偏及张紧装置。 （9）检查各结合部密封	（1）化验减速机润滑油油质。 （2）检查更换滚筒轴承。 （3）检查提升带接头。 （4）检查托辊。 （5）调整提升带跑偏及张紧装置

（二）主要部件检修工艺要求及质量标准

1. 构架解体检修

检查标准如下。

（1）中心线偏差小于或等于 0.05%。

（2）每段构架长度标高偏差为 ±10mm，水平度偏差横向小于或等于 0.2% 构架长度（宽），全长小于或等于 10mm。

2. 滚筒检修

（1）检查标准：纵横中心线偏差小于或等于 5mm，轴中心标高偏差为 ±10mm，水平度偏差小于或等于 0.5mm。

（2）滚筒轴中心线检查：滚筒轴中心线与皮带机长度中心线角度保持垂直。

3. 拉紧装置检修

（1）尾部拉紧装置解体检查，要求轴承滑移面平直，光洁、无毛刺；丝杆无弯曲，调节灵活。

（2）中部垂直拉紧装置解体检查，要求构架安装牢固，滑道无弯曲，滑道表面平行；滚筒轴承与滑道无卡涩，滑动升降灵活。

4. 托辊检修

主要是配重框架及配重块安装，工艺标准如下：

（1）配重框架固定牢靠。

（2）中心间距偏差为 ±20mm。

（3）上下托辊水平度偏差小于或等于 0.5mm。

（4）相邻托辊工作面高度偏差小于或等于 2mm。

（5）托辊架与皮带构架连接螺栓在长孔中间，并有斜垫和防松垫。

5. 落料斗、导料槽检修

部件外观各部件平整、光滑，无漏焊、变形；支吊架安装后重量不在导料槽上；导料槽安装后导料槽与皮带中心吻合、平行。两侧匀称，密封胶板与皮带接触紧密。

6. 法兰连接检查

法兰垫料严密，螺栓紧固，螺栓露出螺母丝扣适量。

7. 清扫器检修

清扫器与皮带接触严密、安装牢固。

8. 止回器检修

安装牢固，动作灵活、可靠；过桥爬梯，安全围栏检查，美观牢靠、符合图纸规定。

9. 减速机检修

外观清洁，无铸砂、裂纹、毛刺，齿面平滑、光洁，啮合齿宽接触面大于或等于 60%，啮合齿高接触面大于或等于 50%，联轴器中心找正各向偏差小于 0.05mm。

10. 胶带铺设标准

（1）胶带截面长度要求皮带胶接后拉紧装置的拉紧行程大于或等于 3/4。

（2）胶带工作面要求选覆盖胶层较厚的面。

（3）胶带接口设置。

1）胶接接口的工作面顺着皮带的前进方向，两个接头间的皮带长度大于或等于 6 倍滚筒直径。

2）胶接头齿与齿间隙为 30mm，两条皮带重合长度不低于 960mm。

3）接头中心线偏离接头范围不超过 2mm。

（4）胶接头外观检查：厚度均匀，无气孔、凸起和裂纹，接头表面接缝处覆盖一层涂胶细帆布。

四、常见故障原因及处理

波纹挡边皮带机运行故障会导致制浆系统出力受限，影响脱硫系统正常运行等，在运行中常见故障主要包括电动机不能启动或启动后就立即慢下来、电动机过热、液力耦合器漏油、打滑、过热、电动机转动联轴器不转等，根据不同故障原因采取相应针对性处置措施。

常见故障原因及处理方法见表 5-7。

表 5-7　　　　　　　　　　　常见故障原因及处理方法

故障	原因	处理方法
电动机不能启动或启动后就立即慢下来	线路故障	检查线路
	保护电动控制系统闭锁	检查跑偏、限位等保护，事故处理完毕，使其复位
	速度（断带）保护安装调节不当	检查测速装置
	电压下降	检查电压
	接触器故障	检查过负荷继电器
电动机过热	由于超载、超长度或输送带受卡阻，使运行超负荷运行	测量电动机功率，找出超负荷运行原因，对症处理
	由于传动系统润滑条件不良，致使电动机功率增加	各传动部位及时补充润滑
	在电动机风扇进风口或径向散热片中堆积煤尘，使散热条件恶化	清除粉尘
	由于电动机特性曲线不一或滚筒直径差异，使轴功率分配不匀	采用等功率电动机，使特性曲线趋向一致，通过调整耦合器充油量，使两电动机功率合理分配
	频繁操作	减少操作次数
液力耦合器漏油	易熔未拧紧	拧紧易熔塞
	注油塞未拧紧	更换 O 形密封圈
	O 形密封圈损坏	拧紧连接螺栓
	连接螺栓未拧紧	更换密封圈和垫圈
	轴套端密封圈或垫圈损坏	
打滑	液力耦合器内注油量不足	用扳手拧开注油塞，按规定补充油量
	皮带机超载	停止皮带机运转，清除超载石灰石颗粒
	皮带机被卡住	停止皮带机，处理被卡住故障
过热	通风散热不良	清理通风网眼，清除堆积压在外罩上的粉尘
电动机转动联轴器不转	液力联轴器内无油或油量过少	拧开注油塞，按规定加油或补充油量
	易熔塞喷油	拧下易熔塞，重新加油或更换易熔合金塞，严禁用木塞或其他物质代替易熔塞
	电压降超过电压允许值的范围	改善供电质量
启动或停车有冲击声	液力联轴器上的弹性联轴器材料过度磨损	拆去连接螺栓，更换弹性材料

故障	原因	处理方法
减速器过热	减速器中油量过多或过少	按规定时间注油
	油使用时间过长	清洗内部，及时换油
	润滑条件恶化，使轴承损坏	清洗内部，及时换油修理或更换轴承，改善润滑条件
	冷却装置未使用	接上水管，利用循环水降低油温
减速器漏油	结合面螺栓松动	均匀紧螺栓
	密封件失效	更换密封件
	油量过多	按规定量注油
减速器轴断	高速轴设计强度不够	立即更换减速器或修改减速器的设计
	高速轴不同心	调整其位置，保证两轴的同心度
老式化、开裂、起毛边	胶带与机架摩擦，产生带拉边拉毛，开裂	及时调整，避免胶带长期跑偏
	胶带与固定硬物干涉产生撕裂	防止胶带挂到固定构件上或胶带中掉进金属构件
	保管不善张紧力过大；铺设过短产生挠曲次数超过限值，产生提前老化	按输送带保管要求储存，尽量避免短距离铺设使用
胶带	胶带材质不适应，遇水、遇冷变硬脆	选用机械物理性能稳定的材质制作带芯
	输送带长期使用，强度变差	及时更换破损或老化的输送带
	胶带接头质量不佳，局部开裂未及时修复	经常观察接头，发现问题及时处理
打滑	胶带张紧力不足，负载过大	重新调整张紧力或者减少运输量
	由于淋水使传动滚筒与胶带之间摩擦系数降低	消除淋水，增大张紧力，采用花纹胶面滚筒
	超出适用范围，倾斜向下运输	订货时向供方说明使用条件，提出特殊要求
撒料	严重过载，胶带挡料橡胶裙板磨损，导料槽钢板过窄，橡胶裙板较长	控制输送能力，加强维护、保养
	凹弧段曲率半径较小时，使输送带产生悬空，槽形变小	设计时，尽可能采用较大的凹弧段曲率半径；长度不允许，可在凹弧段加装若干组压带轮
	跑偏时的撒料	通过调整输送带跑偏
	设计不合理造成的撒料	按其中堆积密度最小的物料来确定
托辊不转	托辊与胶带不接触	垫高托辊位置，使之与胶带接触
	托辊外壳被物料卡阻或托辊端面与托辊支座干涉接触	清除物料，干涉部位加垫圈或校正托辊支座，使端面脱离接触

故障	原因	处理方法
托辊不转	托辊密封不住，使粉尘进入轴承，引起卡阻	拆开托辊，清洗或更换轴承，重新组装
	托辊轴承润滑不良	定期加合适标号的润滑脂
改向滚筒与传动滚筒的异常噪声	轴承磨坏	及时更换轴承
联轴器噪声	两轴不同心	及时调整电动机和减速机轴的同心度
托辊严重偏心时的噪声	制造托辊的无缝钢管壁厚不均匀，断面跳动过大	更换托辊
	加工时两端轴承孔中心与外圆圆心偏差较大	更换托辊

第四节　埋刮板式输送机

埋刮板式输送机是借助于在封闭的壳体内运动着的刮板链条而使散体物料按预定目标输送的运输设备。埋刮板式输送机工作时，与链条固接的刮板全埋在物料之中，刮板链条可沿封闭的机槽运动，以充满机槽整个断面或大部分断面的连续物料流形式进行密闭输送，因此显著改善了工人的劳动条件，防止了环境污染。

1. 埋刮板式输送机的主要优点

（1）应用范围广，可输送多种物料，如粉末状（水泥、面粉）、颗粒状（谷物、砂）、小块状（煤、碎石）以及有毒、腐蚀性强、高温（300～400℃）、易飞扬、易燃、易爆等各种物料。

（2）工艺布置灵活，可水平、垂直、倾斜布置。

（3）设备简单，体积小、占地面积小、质量轻，可多点装、卸料。

（4）实现密封输送，特别适用于输送扬灰的、有毒的、易爆的物料，改善劳动条件，防止污染环境。

（5）可沿两个分支，按相反方向输送物料。

（6）安装方便，维修费用低。

2. 埋刮板式输送机的主要缺点

（1）料槽易磨损，链条磨损严重。

（2）输送速度较低，为0.08～0.8m/s，输送量小。

（3）能耗大。

（4）不宜输送黏性、易结块的物料。

一、结构及工作原理

埋刮板式输送机包括尾部、加料口、中间段、过滤段、传动链条、驱动装置架、刮板链条、减速机电动机等。刮板链在驱动机构带动下拖动刮板沿着溜槽进行运动，石灰石通过加料口进入溜槽后，刮板将输送石灰石至出料口，完成输送。

埋刮板式输送机结构图如图 5-6 所示。

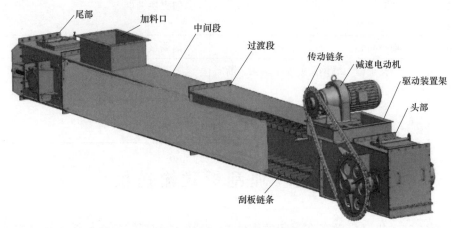

图 5-6 埋刮板式输送机结构图

埋刮板式输送机原理是依赖于物料所具有的势能、动能和壳体给物料的侧压力；在输送物料过程中，刮板链条运动方向的压力以及在不断给料时下部物料对上部物料的推移力。这些作用力的合成足以克服物料在机槽中被输送时与壳体之间产生的摩擦阻力和物料自身的质量，使物料无论在水平输送、倾斜输送和垂直输送时都能形成连续的料流向前移动。

二、日常维护

（1）检查溜槽、刮板链、链轮及导向轨道无损坏。

（2）弯曲的刮板必须更换，如果连接的螺栓已经松动必须拧紧，及时更换损坏的连接螺栓。

（3）检查埋刮板式输送机电动机的供电电缆无损坏。

（4）清扫机头、机尾传动部分的溢料。

（5）检查减速器的振动、温度是否达标。

（6）检查链条的张力，如果机头链轮下面下垂超过两个链环时，必须重新张紧链条。

（7）检查链条能否顺利通过链轮、拔链器的功能是否良好。

（8）检查传动装置是否安全无损伤，检查各紧固件，松动的要拧紧。

（9）检查减速机内的润滑油是否充足、无漏损，油质是否合格。

（10）检查两条链条伸长量是否一致，如果伸长量达到或超过原始长度的 2.5％时需更换，注意更换时要成对更换。

三、设备检修

（一）等级检修项目

埋刮板式输送机等级检修项目见表 5-8。

表 5-8　　　　　　　　　　埋刮板式输送机等级检修项目

A 级检修项目	B 级检修项目	C 级检修项目
（1）机头、机尾传动部分检修更换（过渡槽、过桥架、机头轴、机尾轴）。 （2）机械传动装置检修更换（机壳各轴、轴承、减速器）。 （3）链轮、舌板、分链器检修更换。 （4）机身检查、修复（刮板、链条）	（1）机头、机尾传动部分检查（过渡槽、过桥架、机头轴、机尾轴）。 （2）机械传动装置检查（机壳各轴、轴承、减速器）。 （3）链轮、舌板、分链器检查。 （4）机身检查（刮板、链条）	（1）机头、机尾传动部分检查（过渡槽、过桥架、机头轴、机尾轴）。 （2）链轮、舌板、分链器检查。 （3）机身检查（刮板、链条）

（二）主要部件检修工艺要求及质量标准

1. 解体

（1）拆除电动机地脚螺栓，将电动机移开。

（2）用梅花扳手或套筒扳手打开埋刮板式输送机上盖。

（3）测定其总的直线度，若直线度超过下述要求，须进行校正。

1）输送机总长度在 30m 以下时直线度小于或等于 5mm。

2）直线度的测量方法如图 5-7 所示。

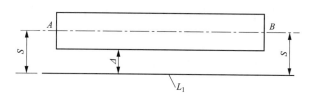

图 5-7　直线度的测量方法

3）找出头部和尾部对称中心 A、B 两点，在输送机一侧拉细钢丝 L_1，L_1 可作铅垂方向的平动。

4）使 L_1 距 A、B 两点连线的距离为 S，S 为 1/2 槽宽 +80mm。

5）检查 L_1 距机槽外侧的垂直距离 $\Delta_{\max}$ 和 $\Delta_{\min}$。

6）测定结果计算。直线度 Δ 为

$$\Delta = \Delta_{\max} - \Delta_{\min}$$

式中　$\Delta_{\max}$——测量点距机槽外侧的最大值，mm；

　　　$\Delta_{\min}$——测量点距机槽外侧的最小值，mm。

7）机架两侧对中板的垂直度允差小于 2mm。

2. 本体检查

（1）头部必须牢固地安装在地基或支架上，以保证运行平稳，中间段及尾部一般用压块固定，以防止机身运行时产生摇摆现象。

（2）头部和尾部必须对中，两轮轴保持平行，以免刮板链条在运行中跑偏。一般头轮轴已在出厂时调整好，安装时不需拆开，尾轮轴是可以调整的。刮板链条起拱，链条过松；刮板链条贴近导轨时，打开输送机中部的中间段盖板，用手提刮板链条，若能提起50～100mm，紧度合适。

（3）检查刮板链条的关节是否灵活，若转动不灵活，拆下，用砂纸打磨销轴和链杆孔，不得涂抹润滑油脂，确保转动灵活后方可安装。

（4）机头、机尾检查。

1）机头、机尾、过渡槽不得有开焊。

2）机架两侧对中板的垂直度允差小于 2mm。

（5）机头架、机尾架与过渡槽的连接严密性检查。机头架、机尾架与过渡槽的连接要严密，上下、左右交错小于 3mm。

（6）压链器磨损检查。压链器连接牢固，磨损厚度小于 6mm。

（7）链轮、护板、分链器检修。

1）链轮承托水平圆环链磨损检查。链轮齿面无裂纹或严重磨损，链轮承托水平圆环链的平面的最大磨损量小于 10mm。

2）抱轴板检查。

a. 链轮与机架两侧间隙符合设计要求，一般小于 5mm，链轮不得有轴向窜动。

b. 护板、分链器无变形，运转时无卡碰现象。

c. 抱轴板不得有裂纹，最大磨损不得超过原厚度的 20%，链轮运转灵活、无卡阻，润滑、无泄漏。

（8）溜槽检修。

1）底板厚度检查。底板厚度不得低于原板厚度的 2/3。

2）齿条固定板厚度检查。齿条固定板厚度的磨损不得超过其原厚度的 1/4。齿条轨道磨损需用耐磨焊条进行补焊，并打磨平整，齿轨链无卡阻现象。

3）槽帮上下边缘宽度磨损检查。槽帮上下边缘宽度磨损小于 5mm。

4）中部槽中板变形量检查。整体弯曲量应小于 4mm，槽中板焊接时，坡口不应贯通，焊接过程不应出现漏焊、咬边等现象。

5）连接孔磨损检查。溜槽连接头不得开焊、断裂；连接孔磨损小于原设计的 10%；连接端头断损 1/2 以上不得使用。

6）中部槽间的水平方向与垂直方向错口量检查。中部槽间的水平方向与垂直方向错口量小于 3mm。

7）齿条与固定板的间隙检查。齿条与固定板的间隙大于 2mm 必须拆卸修复。

8）刮板链、牵引链。

a. 工艺要求。

a）刮板的磨损检查。

b）圆环链伸长变形量检查。

b. 质量标准。

a）刮板的磨损极限：刮板的正面磨损厚度小于 5mm，刮板长度磨损小于 15mm。

b）圆环链伸长变形量不得超过设计长度的 2%。链环直径磨损量小于 1~2mm。

c）修复、组装旧链条时，把磨损程度相同的链条组装在一起，以保证链条的长度一致。

d）链段之间用连接环连接，连接环的双头螺栓两端均不得露出连接环。

3. 减速机解体检查

（1）用扳手，从输出轴端开始拆，去掉油封、端盖，把机座卸下，依次拿出摆片、偏心轴承、针壳。

（2）检查两片摆线轮是不是一对。一对的概念是两片摆线轮能完全重合（即有钢印字的一面同时向上重叠放置时），包括轴承孔、十孔（轴销孔）和外齿型同时完全重合。

（3）用平头刮刀清理减速机接合面。

（4）用清洗剂、毛刷、纯棉抹布、面团对传动轴、齿轮、轴承、箱体、端盖进行清理，用压缩空气吹扫油道。

（5）检查齿轮、传动轴，无油蚀、无裂纹、无砂眼、无毛刺。

4. 减速机回装

（1）单齿差的摆线轮将摆线轮的其中一片旋转 180°（双齿差的则不用转 180°），即当中间轴承孔和十孔完全重合时，外齿型正好错位，上片的齿跟位置正好是下片的齿顶位置。

（2）将一片摆线轮放入针齿壳，先用手转动看是否流畅，是否摆动。

（3）放入偏心轴承。

（4）放入间隔环。

（5）放入另一片摆线轮。上一个摆线轮的钢印的字和底下那个摆线轮的字一样都要朝上，上下两个摆线轮的钢印字正好是错开 180°。

（6）在摆线轮的孔里对应安装轴套，检查安装是否正确，如果盘车平稳转动就可以安装机座部分，合成完整的摆线针轮减速机。

5. 本体回装

（1）将电动机抬至与减速机输入轴平齐位置，缓慢将电动机的轴插入减速机轴套，用开口扳手和梅花扳手紧固连接螺栓。

（2）用加油桶加注润滑油，检查油位在油镜 2/3 处。

（3）用开口扳手和梅花扳手依次安装电动机与减速机联轴器防护罩。

四、常见故障原因及处理

埋刮板式输送机运行故障会导致制浆系统出力受限，影响脱硫系统正常运行等，在运行中常见故障主要包括：电动机启动超电流、电动机过热、液力耦合器打滑、液力耦合器漏油、减速器异声、减速器漏油等，根据不同故障原因采取相应针对性处置措施。埋刮板式输送机常见故障原因及处理方法见表 5-9。

表 5-9　　　　　　　　　　埋刮板式输送机常见故障原因及处理方法

故障	原因	处理方法
电动机启动超电流	负载过大	减轻负荷，将上料槽石灰石去掉一部分
		更换损坏零件
		检查线路
电动机发热	超负荷工作时间长	减轻负荷
		缩短超负荷时间
	通风散热情况不好	清除电动机周围浮灰和杂物
液力耦合器打滑	液力耦合器油量不足	补充油量
	溜槽里积料过多	将溜槽里的石灰石去掉一部分
	刮板链卡涩	清理卡涩物
液力耦合器漏油	注油塞或易熔塞松动	紧固注油塞或易熔塞
	密封圈及垫圈损坏	更换密封圈及垫圈
减速器异声	齿轮啮合不好	重新调整齿轮啮合
	轴承、齿轮磨损或损坏	修理、更换轴承或齿轮
	减速器润滑油有金属杂物	更换减速器润滑油
	轴承窜量大	调整轴承的轴向间隙
减速器漏油	油封损坏	更换损坏的密封圈
	减速箱体结合面不严，各轴承盖螺栓松动	紧固减速箱体结合面各轴承盖螺栓

第五节　皮带称重给料机

皮带称重给料机是一种对粉状、散粒状、块状物料连续输送的称量式给料设备。它适用于物料实施动态称重和给料控制的场合，皮带给料机广泛应用于水泥建材、化工、冶金、电力等行业。

石灰石皮带称重给料机的目的是调节石灰石的输送量，从而保证以恒定的石灰石量连续不断地输送至制浆设备，给料过程中能自动显示瞬时流量值和累计输送的石灰石总重量值。

皮带称重给料机结构有普通式、带面密封式和全密封式三种，燃煤电厂湿法脱硫系统中以全密封式应用为主。

一、结构及工作原理

皮带称重给料机主要包括支撑、称重传感器、主滑轮、尾滑轮、螺杆调整、刮刀、侧壁、出口、剪切门、入口、皮带等组成。

皮带称重给料机结构如图5-8所示。

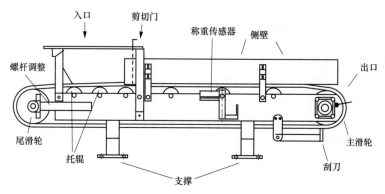

图5-8 皮带称重给料机结构图

皮带称重给料机将经过输送带上的石子，通过称重秤架下的称重传感器进行重量检测，以确定皮带上的石子重量；装在尾部滚筒上的数字式测速传感器，连续测量给料速度，该速度传感器的脉冲输出正比于皮带速度；速度信号与重量信号一起送入皮带给料机控制器，产生并显示累计量/瞬时流量。给料控制器将该流量与设定流量进行比较，由控制器输出信号控制变频器调速，实现定量给料的要求。

皮带称重给料机主支撑架两侧设置皮带防跑偏开关，以防皮带跑偏。为防止跑偏，从动滚筒采用胶面人字形，具有纠偏功能。从动滚筒设有螺旋张紧装置。裙边胶带，可防止物料向两侧溢出，同时避免物料在头部和尾部滚筒处累积，使称重达到最佳状态。进料口装有料流整形料门，以调节料层厚度。出料口处皮带下部设有刮板，以清除皮带上的附着物，提高石灰石称重精度。

二、日常维护

皮带称重给料机的日常维护工作主要包括定期检查清理工作、润滑油的监视及更换、日常设备参数监督等。

（一）定期检查清理工作

（1）每天检查清理设备周围积油、积浆及杂物。

（2）每天检查设备无漏料、堆料现象。

（3）每天检查皮带跑偏情况。

（4）每天检查滚筒和托辊的光滑性。

（5）每周对设备基础螺栓等紧固件及防护罩进行检查。

（6）每周检查清理皮带机积料。

（二）润滑油的监视及更换

（1）每天对减速机油位进行检查。

（2）及时对轴承补充润滑脂。

（3）根据设备厂家要求运行周期进行润滑油更换。

（4）选择符合设备厂家性能指标要求的润滑油。

（三）日常设备参数监督

每天对设备的振动、温度、电流等参数进行检测，了解设备运行状态。

三、设备检修

（一）等级检修项目

皮带称重给料机等级检修项目见表 5-10。

表 5-10　　　　　　　　　　　　　皮带称重给料机等级检修项目

A 级检修项目	B 级检修项目	C 级检修项目
（1）检查修理减速机。 （2）检查滚筒，必要时更换轴承，重新包胶。 （3）检查更换托辊。 （4）检查修理拉紧装置。 （5）检查密封圈，进行整形、修复。 （6）修复或更换输送带。 （7）检查更换清扫器刮板。 （8）调整皮带跑偏。 （9）校准皮带秤	（1）化验减速机润滑油油质。 （2）检查滚筒，必要时更换轴承，重新包胶。 （3）检查托辊，必要时更换。 （4）检查修理拉紧装置。 （5）修复或更换输送带。 （6）检查修理清扫器刮板。 （7）调整皮带跑偏。 （8）校准皮带秤	（1）减速机润滑油油脂化验。 （2）检查托辊，必要时更换。 （3）检查修理拉紧装置。 （4）检查清扫链条及刮板。 （5）检查、修复输送带。 （6）调整皮带跑偏。 （7）校准皮带秤

（二）主要部件检修工艺要求及质量标准

1. 本体解体检修

为了处理皮带称重给料机本体缺陷或者执行周期性定检计划时，在皮带称重给料机停运的情况下，可对皮带称重给料机机本体进行解体检修。

（1）工艺要求。

1）松开皮带，清扫链条调整丝杠，使皮带、清扫链张紧力完全松弛；拆除皮带头部和内部清扫器。

2）皮带驱动减速机、清扫链减速机分别与驱动滚筒、驱动齿轴分离，并吊运至备品配件放置区。

3）拆除驱动、从动轴承座固定螺栓，将滚筒和链条齿轴连同轴承座一并抽出，吊至检修区。

4）拆除石子受料区滚筒及滚筒支架。

5）托辊检查。

6）称重皮带、清扫链检查。

7）刮板、齿板检查。

8）轴承检查。

9）框架检查。

10）附属紧固螺栓检查。

（2）质量标准。

1）滚筒检查无磨损，转动灵活、无卡涩。

2）皮带受料面耐磨层检查无磨损、剥落，无皮带挡料裙边断裂、脱落。

3）刮板检查无断裂、变形，与链条连接销轴固定牢固。

4）链条齿板检查磨损均匀，无断齿。

5）连接紧固螺栓检查无松动、缺损，铰接处转动灵活。

6）橡胶刮板与皮带接触长度不小于受料区带宽，导料板无磨损、漏料，橡胶刮板与皮带接触长度不小于带宽的85%，刮层有效高度不小于4mm，偏斜和即将露铁的及时更换。

7）进行轴承检测并做好记录，宏观检查轴承滚动体、滚道、隔离架及内外套的磨损情况，对损坏或磨损严重的轴承进行更换。用塞尺测量轴承的径向游隙（标准值为0.10~0.15mm），用内径百分表测量轴承的内径尺寸，用游标卡尺测量轴承外套尺寸及宽度。

8）台板无裂纹，螺栓紧固完好。

9）主、从动轴无损伤，无裂纹，螺纹完整。

10）主轴承润滑油加注符合要求，加注润滑油至油位镜1/2~2/3。

（三）减速机解体检修

为了处理皮带称重给料机减速机缺陷或者执行周期性定检计划时，可对减速机本体进行解体检修。依次对减速机本体、轴承、轴、齿轮、密封系统等部件进行解体检查。

（1）工艺要求。

1）拆除电动机与减速机连接螺栓。

2）拆除减速机本体与基座连接螺栓，将减速机从皮带机主动轴取出。

3）打开减速机上部检查孔，拆除减速机上盖、轴承端盖连接螺栓，用顶丝缓慢顶出减速机上盖。

4）用钢质尖铲拆下轴承压盖内骨架油封，将拆下的骨架油封放置在废旧物资放置区。

5）取出减速机轴并做好标记。

6）减速机轴承检查。

7）轴齿轮检查。

8）减速机接合面检查。

9）做好数据测量。

（2）质量标准。

1）本体框架无裂纹，螺栓紧固完好。

2）传动轴检查无油蚀、无裂纹、无砂眼、无毛刺。

3）齿轮箱内表面检查无沟痕和裂纹，使用面团清理传动轴、齿轮、轴承、箱体、端盖。

4）齿轮检查无油蚀、无裂纹、无砂眼、无毛刺。

5）安装过程中按照设备出厂参数调整齿轮的啮合间隙、轴承的轴向间隙。

6）润滑油加注符合设备出厂要求。

7）主轴无损伤、无裂纹，螺纹完整，键槽完整、无损伤。用外径千分尺测量主轴各部径向尺寸，用游标卡尺测量键槽尺寸。

8）台板无裂纹，螺栓紧固完好。

9）主轴承润滑油加注符合要求。

四、常见故障原因及处理

皮带称重给料机运行故障会导致上料重量无法评估，制浆系统出现断浆现象，在运行中常见故障主要包括胶带跑偏、经常性跑偏，胶带打滑不转，驱动装置无法调速，驱动装置、减速机发热，托辊损坏不转，滚筒打滑，电动机烧坏、电动机频繁烧毁、胶带跑偏筋脱落等，根据不同故障原因采取相应针对性处置措施，尽快恢复称重给料机的正常运行。

皮带称重给料机常见故障原因及处理方法见表 5-11。

表 5-11　　　　　皮带称重给料机常见故障原因及处理方法

故障	原因	处理方法
胶带跑偏、经常性跑偏	托辊轴承座螺栓使用过程中松动	紧固螺栓
	两滚筒轴线不平行	使之平行
	滚筒处有黏附物	清除黏附物
	皮带变形	重新调试
胶带打滑不转	胶带松或者是胶带内有物料、粉泥	清除黏附物
	石灰石中含水量大	调整滚筒及托辊的筋槽，使之在同一条直线上
	皮带上有水，摩擦力减小	做好石灰石防雨苦盖

故障	原因	处理方法
驱动装置无法调速	轴承缺油抱死	更换轴承
	减速器坏	检修减速器
	变频器故障	检修变频器
驱动装置、减速机发热	润滑油更换不及时	及时更换润滑油
	环境不通风，温度高	加装通风设备，改善环境温度
	油位不正常或型号不正确	测量油位及核对型号
	长期过载运行	避免过载运行
托辊损坏不转	轴承进水	避免现场的脏物或水等进入轴承
	下料时物料落差太大，直接冲击给料机输送部件	增加缓冲装置
	托辊缓冲效果不良	更换耐冲击托辊
滚筒打滑	胶带与滚筒之间有油污	清除胶带油污
	胶带未张紧	张紧胶带
电动机烧坏	环境温度过高	改善环境
	电动机进水	保持适度的干燥
	接线不良	排除接线不良的问题
	电源缺相	配套使用短路保护器
	减速器缺油轴承损坏卡死，造成电动机过载烧坏	定期检查油位、油质，定期换油
电动机频繁烧毁	经常超载运行	核对给料机，避免超载运行
	现场电源电压不正常	避免大物卡死，造成过载现象
	频繁启动	建议安装短路保护器
胶带跑偏筋脱落	使用时间过长，疲劳所致	更换胶带
	托辊两端不平衡或是皮带跑偏造成的	调整滚筒及托辊的筋槽，使其在同一条直线上

第六节 湿式球磨机

　　湿式球磨机是石灰石浆液制备系统中的关键设备，用于制备合格的石灰石浆液。具有工艺相对简单、设备投资较低以及后期维护工作简单的特点，但也存在能耗高、出力及浆液品质不稳定等问题，影响石灰石浆液品质和供给的稳定性。

　　湿式石灰石球磨机制备浆液不易受到外界杂质条件的影响，操作简单、便于维护和维修，其内部衬板选用非铁材质，常用的衬板材质为氧化铝和各种陶瓷材质，筒体内壁的抗冲击和抗磨损能力强，无键连接，检修方便，经济可靠。

两台机组合用一套石灰石浆液制备系统时，每套系统宜设置两台湿式球磨机，单台设备出力按不低于设计工况下石灰石消耗量的 75% 选择，且不小于 50% 校核工况下的石灰石消耗量。

一、结构及工作原理

湿式球磨机结构如图 5-9 所示。

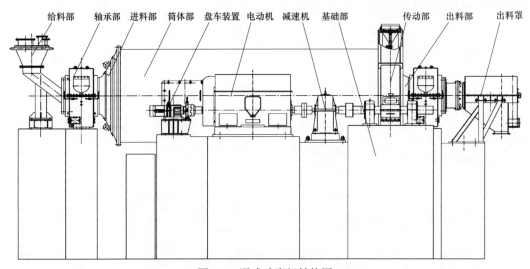

图 5-9　湿式球磨机结构图

湿式球磨机主要由给料部、轴承部、进料部、筒体部、盘车装置、电动机、减速器、传动部、出料部、出料罩等组成。另外，还包含有高低压润滑油站、润滑油喷射装置等辅助设备。

湿式球磨机由异步电动机、减速器与小牙轮连接，直接带动周边大牙轮减速传动，驱动回转部旋转，筒体内部装有按一定比例装填的钢球，钢球在离心力和摩擦力的作用下，被提升到一定的高度，呈抛落状态落下，欲磨制的石灰石连同工艺水由给料管连续地进入筒体内部，被运动着的钢球粉碎。制完的浆液进入旋流站进行分选，粒度大于设定的浆液从旋流器底流口排入湿式球磨机重新磨制，合格浆液从旋流器上部溢流进入石灰石浆液箱。

二、日常维护

（1）设备地脚螺栓紧固，弹簧垫片在压平状态，无松动。

（2）联轴器棱角分明，无磨损。

（3）慢传离合器咬合、脱开正常。

（4）联轴器柱销无磨损碎屑，无异声。

（5）大牙轮羊毛毡紧贴大牙轮侧面，磨损量小于或等于 2mm。

（6）喷射油站滤网清洁，无堵塞；空气压缩机传动皮带无磨损、开裂现象；气管接头密封正常，无漏气现象；油管接头密封正常，无漏油现象；油气分离器无积水。

（7）稀油站滤网清洁，无堵塞；板式冷油器无渗漏现象；油管接头密封正常，无漏油现象。

（8）排渣管通畅，无杂物堵塞。

（9）前后轴瓦油室密封羊毛毡紧贴大齿轮侧面，磨损量小于或等于2mm；羊毛毡密封良好，无漏油现象；螺栓紧固，无松动。

（10）筒体部分人孔门螺栓、筒体螺栓密封完好，无漏浆；螺栓紧固，无松动。

（11）润滑油机械杂质小于或等于0.005%；运动黏度（40℃）为198～242mm^2/s；黏度指数为93。

三、设备检修

（一）等级检修项目

湿式球磨机等级检修项目见表5-12。

表 5-12   湿式球磨机等级检修项目

A级检修项目	B级检修项目	C级检修项目
（1）检查修理减速机及盘车装置。 （2）更换球磨机筒体衬板。 （3）检查更换出、入口螺旋管，更换出口滚筒滤网。 （4）检查更换入口下料管及入口密封。 （5）检查修理球磨机进、出口轴瓦。 （6）检查大、小齿轮，测量调整间隙。 （7）检查更换小齿轮轴承。 （8）检查润滑油系统、喷射油系统、冷却水系统。 （9）检查大齿轮防护罩，必要时更换密封。 （10）检查台板、垫铁、地脚螺栓。 （11）筛选、补充、更换钢球。 （12）检查工艺水管道，更换磨损的阀门	（1）化验减速机润滑油油质。 （2）检查更换球磨机筒体衬板，检查紧固筒体螺栓。 （3）检查清理出、入口螺旋管，出口滚筒滤网。 （4）检查更换入口下料管及入口密封。 （5）检查大、小齿轮，测量间隙。 （6）检查润滑油系统、喷射油系统、冷却水系统。 （7）检查台板、垫铁、地脚螺栓	（1）检查、清理出口滚筒滤网。 （2）检查润滑油系统、喷射油系统、冷却水系统。 （3）检查台板、垫铁、地脚螺栓

（二）主要部件检修工艺要求及质量标准

1. 筒体解体检查

（1）拆除筒体入料三通并放置于检修区。

（2）在筒体入料处安装500mm直径排风扇通风；在湿式球磨机筒体内设置12V行灯。

（3）将140mm×100mm加厚槽钢支撑在筒体前端盖处，防止筒体惯性转动。

（4）检查衬板破损、磨损等情况（衬板剩余厚度小于 15mm 时更换）。

（5）检查提升条螺栓是否有裂纹或脱落现象。

（6）检查钢球破裂情况，筒体中直径为 15～20mm 的钢球不超过 3t，直径在 15mm 以下需更换。

2. 本体解体检查

（1）将主轴承润滑油管拆除，用 200mm 平嘴手钳将纯棉抹布和 10 号铁丝固定封口。

（2）拆除轴瓦密封圈、压盘，放置在零部件放置区并用塑料布遮盖。

（3）提前喷涂螺栓松动剂，拆下两端主轴承上盖，用行车将两端主轴承上盖吊运至零部件放置区并用枕木垫好，用平刮刀清理残留密封胶，用清洗剂、毛刷清洗油渍、污渍，用纯棉抹布擦拭，用面团粘净油渍，用塑料布严密封盖两端主轴承裸露部分及拆下的两端主轴承上盖。

（4）主轴承连接螺栓部位喷涂螺栓松动剂，用手拉葫芦固定连接短轴，做好标记，拆下连接短轴，吊运至零部件放置区并垫好枕木。

（5）用手拉葫芦将筒体托架分别移至筒体两端下方平台。

（6）将 4 个千斤顶安置在 400mm×400mm×20mm 钢板上部，并在千斤上部垫 120mm×80mm×20mm 垫铁和枕木，水平安放。

（7）由专人指挥，4 台千斤顶同时顶升，每 3mm 使用 90mm×150mm 直角尺测量，保证 4 台千斤顶水平同步顶升，最终顶升距离为 100mm。

（8）垫好枕木，打好楔子，轻轻落下千斤顶，使枕木承力稳固。

（9）用记号笔给轴瓦做好标记，将轴瓦用 2 个 2t 吊环固定，用手拉葫芦沿主轴承轴颈将轴瓦翻转，将轴瓦移至零部件放置区垫好枕木，用干净塑料布包裹。

（10）用清洗剂、纯棉抹布、毛刷、面团清洗干净轴瓦，检查瓦面无裂纹、起皮、划痕、过热现象，用塑料布严密包裹。

（11）用清洗剂、纯棉抹布、毛刷、面团清洗干净主轴承轴颈，检查轴颈无裂纹、起皮、划痕、过热现象，如有划痕用 1200 号油石、5 号砂纸打磨，用塑料布严密包裹。

（12）检查轴瓦接触点，记录每 25mm×25mm 内的接触点位置（每 25mm×25mm 内有不少于 4 个接触点）。

（13）用记号笔沿瓦面中心线两侧等分画出接触角度的位置线。

（14）用清洗剂、纯棉抹布、毛刷、面团清洗擦净主轴承轴颈和瓦面，在轴颈上涂上一层薄薄的红丹粉。

（15）将大瓦平稳吊起扣在主轴承轴颈上，相互研磨，将大瓦吊起，在接触角 35°～50° 区域内检查其接触印痕是否符合每 25mm×25mm 内有不少于 4 个接触点质量要求。

（16）大瓦中间顶轴油槽面禁止刮削。

（17）根据研磨情况用 300mm 三棱刮刀、360mm 细齿半圆锉、200mm 油光锉、310mm

平锉刮削轴瓦（刮削是针对瓦面上的亮点、黑点及红点），无显示剂处无需刮研，对亮点下刀要重而不僵，刮下的乌金厚呈片状；对黑点下刀要轻，刮下的乌金片薄且细长；对红点则轻轻刮挑，挑下的乌金薄且小。刮刀的刀痕下一遍要与上一遍呈交叉状态，形成网状，使轴瓦运行时润滑油流动不倾向一方，这就完成了轴瓦的一次刮削，这样重复刮研数次，直至符合标准。

（18）瓦口侧面间隙的刮研。沿接触角度区域的边缘开始向瓦口刮削，并使轴瓦与主轴承轴颈的间隙逐渐均匀扩大。刮削两边瓦口要形成楔形间隙，用塞尺测量数据。瓦口楔形间隙标准见表 5-13，轴瓦接触点测量数据见表 5-14。

表 5-13　　　　　　　　　　瓦口楔形间隙标准　　　　　　　　　　　　mm

塞尺厚度	塞入深度
0.15	350
0.5	250
0.75	180
1	120
1.5	80

表 5-14　　　　　　　　　　轴瓦接触点测量数据　　　　　　　　　　　　个

项目	25mm × 25mm 内
进料端轴瓦接触点	≤4
出料端轴瓦接触点	≤4
接触角	35°～50°

（19）轴瓦下壳体检查。壳体无泄漏、腐蚀现象。

（20）油管路检查、清理。用压缩空气吹扫油管路、喷嘴，保证油道、喷嘴畅通。

3. 本体回装

（1）将轴瓦、空心轴等清理干净，在轴和瓦上涂润滑油，用手拉葫芦吊住轴瓦，将轴瓦沿主轴承轴颈缓慢翻下，按原标记位置固定回装。

（2）制动螺栓（或制动块）和轴瓦之间有 3～4mm 的间隙，制动螺栓（或制动块）与轴瓦的接触是点接触。

（3）由专人指挥，4 台千斤顶同时顶升，保证 4 台千斤顶水平同步顶升，分别取出楔子、枕木，同步降落千斤顶，将主轴承缓慢放置在轴瓦上。

（4）轴瓦调整。

1）用塞尺测量调整轴瓦瓦口间隙小于 0.45mm。

2）用塞尺测量调整轴瓦轴向间隙符合：

a. 推力端：轴瓦两侧各为 0.5mm，两边之差不超过 0.05mm。

b. 自由端：自由侧不小于 25mm，两边之差不超过 0.05mm。

3）轴瓦与支座自调心结构活动灵活、无卡涩。

4）安装限位压板（要求一侧压板无间隙，另一侧压板与轴瓦有 2～8mm 间隙）。轴瓦回装数据见表 5-15。

表 5-15　　　　　　　　　　　　　　　轴 瓦 回 装 数 据　　　　　　　　　　　　　mm

项目	设计值
进料端瓦口间隙	≤0.45
出料端瓦口间隙	≤0.45
推力端轴瓦轴向间隙（左）	≤0.5
推力端轴瓦轴向间隙（右）	≤0.5
自由端轴瓦轴向间隙（左）	≤0.5
自由端轴瓦轴向间隙（右）	≤0.5
自由端限位压板与轴瓦间隙	2～8

（5）回装主轴承上盖。

1）用平嘴手钳将 10 号绑扎铁丝拆除，将两端主轴承覆盖塑料布收起，将两端主轴承上盖吊运回装。

2）将轴承两侧的密封毛毡圈装上，在安装密封毛毡圈时，不要将毛毡圈过紧地压在中空轴轴颈上，压得过紧容易使中空轴轴颈因摩擦而发热。

3）用扳手、撬棍、铜棒、十字敲击螺丝旋具相互配合紧固两端主轴承上盖接合面螺栓。

（6）轴瓦加注润滑油。

（7）在两端主轴承轴颈正下方垂直固定 0～10mm 百分表各 1 套，将 0～10mm 百分表调整归零，做好记录，启动润滑油泵，检查润滑油系统无泄漏，读取百分表读数并记录。

拆除在两端主轴承轴颈正下方垂直固定的 0～10mm 百分表。顶罐调试数据见表 5-16。

表 5-16　　　　　　　　　　　　　　　顶 罐 调 试 数 据　　　　　　　　　　　　　mm

项目	设计值
进料端顶罐记录	≥0.2
出料端顶罐记录	≥0.2

（8）回装轴瓦密封圈。

1）回装轴瓦双 V 形密封圈、压盘。

2）两端轴瓦挡圈储脂罐分别加入锂基脂。

（9）回装连接短轴。

1）将连接短轴吊装至主轴承连接处，用手拉葫芦固定连接短轴至原标记处。

2）安装连接短轴。

（10）提升条、衬板拆卸。

1）拆除湿式球磨机筒体提升条螺栓，放置在废旧物资放置区。

2）拆除衬板和底层胶皮。

3）用工艺水将筒体内部冲洗干净。

4）清理筒体内部垢块。

5）清理筒体提升条螺栓孔内的异物，用100角磨机、内磨机将螺栓孔部分打磨平滑，清理干净。

6）用棕扫帚和平头铁锹将筒体内部清理干净。

7）检查筒体无裂纹、磨损现象。

（11）衬板、提升条回装。按照提升条和衬板的组合顺序进行安装，并依次安装橡胶密封垫、密封碗、平垫、弹垫（螺栓扭力为140N·m），提升条和衬板安装顺序如下：

1）湿式球磨机筒体提升条安装尺寸核对；

2）人孔门的衬板尺寸核对；

3）磨机筒体衬板安装尺寸核对。

（12）安装筒体人孔门：用行车固定人孔门的门把，吊装到位后，紧固连接螺栓。

（13）安装进料三通管。

1）用行车将筒体入料三通吊装至筒体入料端固定。

2）安装固定筒体入料三通在相应的法兰上。

3）筒体入料三通下方支撑焊接点。

4. 减速机解体

（1）拆卸减速机附件。

1）拆卸对轮防护罩至零部件放置区。

2）用记号笔在两侧对轮上做标记。

3）用柱销拆卸器拆除对轮连接柱销，放置在零部件放置区。

4）用接油盘、油桶排净减速机润滑油。

（2）拆卸慢传装置。

1）将慢传电动机、减速机固定，拆除慢传装置与减速机壳体连接螺栓。

2）用行车将慢传装置从减速机水平抽出（在抽出100mm位置用透明胶带将单向锁齿向内扳平缠绕固定），放置在零部件放置区，垫好枕木。

（3）拆卸连接短轴。

1）固定连接短轴，做好标记。

2）拆下连接短轴。

（4）减速机拆解。

1）使用手拉葫芦、吊装带将减速机上盖固定。

2）拆除减速机轴头轴承压盖螺栓，拆除减速机上壳体与下壳体连接螺栓。

3）用行车依次将减速机 4 级传动轴吊至检修区，垫好枕木。

4）将液压拉马安装在高速轴对轮上，用 2 号氧气乙炔烤把，对高速轴对轮进行均匀加热，拔下对轮。

5）拆下高速轴、低速轴轴承压盖内骨架油封。

（5）减速机输入（出）轴与对轮配合测量。

1）用 400～500mm、0.01 外径千分尺测量轴对轮处直径及对轮外径。

2）用 50～600mm、0.01 内径千分尺测量对轮内径，做好记录（轴与对轮过盈配合要求为 0.02～0.04mm）。

（6）减速机零件检查清洗。

1）用平头刮刀清理减速机接合面。

2）用清洗剂、毛刷、纯棉抹布、面团对传动轴、齿轮、轴承、箱体、端盖进行清理，用压缩空气吹扫油道。

3）检查齿轮、传动轴无油蚀、无裂纹、无砂眼、无毛刺。

（7）减速机轴回装。

1）依次安装高速轴、低速轴轴承压盖内骨架油封。

2）安装好氧气乙炔，均匀加热高、低速轴对轮，分别安装高速轴、低速轴对轮。

3）依次将减速机 4 级传动轴回装。

4）用压铅丝法测量各齿轮的啮合间隙。齿轮啮合间隙参考标准见表 5-17。

表 5-17　　　　　　　　　　　　　　齿轮啮合间隙参考标准　　　　　　　　　　　　　　　　mm

项目	设计值
一级齿轮啮合顶部间隙	0.25×齿轮模数
二级齿轮啮合顶部间隙	0.25×齿轮模数

（8）减速机轴承回装。

1）在轴承压盖或箱体轴承压盖位置均匀涂抹耐油密封胶。

2）安装紧固轴承压盖和螺栓。

3）用塞尺或压铅丝法测量滚动轴承的轴向间隙。

4）用压铅丝法测量各轴承的自由膨胀间隙。

5）通过加垫或车削轴承压盖挡环厚度调整间隙至规定值。

（9）减速器壳体回装。

1）将减速机上盖固定回装。

2）装定位销，校正上盖位置。

3）上盖结合面均匀涂抹耐油密封胶，用 50～200、460～1500N·m 扭矩扳手对称将减速机上壳体与下壳体连接螺栓分别紧固至 150、1200N·m。

（10）传动大、小齿轮翻面及啮合调整。

1）拆卸传动轴小齿轮对轮防护罩，放置到零部件放置区；在两对轮的连接部位打上对正记号。

2）用铜棒拆除联轴器棒销。

3）拆除大齿轮外罩，检查大、小齿轮磨损及咬合情况，齿轮要求无明显磨损、缺损，大、小齿轮齿侧间隙在 1.02～2.04mm，大、小齿轮接触斑点沿齿高大于 45%，沿齿长方向大于 60%，拆除大齿轮与筒体连接螺栓和分半法兰螺栓、定位销，将大齿轮分半吊出。

4）拆卸驱动轮轴承座上盖螺栓、端盖螺栓，拆卸传动轮齿轮罩。

5）拆开小齿轮联轴器，做好对轮中心原始测量记录。

6）检查小齿轮轴承滚珠、保持器及内外圈无锈蚀、裂纹、起皮现象，轴承内圈与轴配合良好；用清洗剂、毛刷清洗传动轮轴承、轮齿和轴颈，清洗轴承上盖、轴承端盖上的油泥、污垢后测量轴承轴向间隙，推力侧为 0.05mm，支力侧为 0.3～0.5mm；轴承外圈径向间隙为 0.03～0.08mm。

7）按拆卸时在大齿轮法兰结合面上做的记号，方便翻面和对应回装。

8）大齿轮经翻面后，回装质量满足以下要求。

a. 对大齿轮和筒体法兰进行彻底清洗。

b. 大齿轮的法兰端面与筒体的法兰端面贴合紧密，如有间隙，小于 0.15mm。

c. 对合大齿轮在对接法兰处的间隙大于 0.1mm，此处的节距偏差应小于 0.005 倍齿轮模数。

d. 大齿轮在筒体上以后，将大齿轮的分度圆分为 12 等分，测量大齿轮的端面圆跳动和径向圆跳动的公差，齿顶圆对两端中空轴的径向圆跳动公差在 200～400μm，端面圆跳动公差在 60～120μm。

e. 装配后大齿轮的齿侧间隙满足 1.40～2.18mm。

f. 大、小齿轮啮合的接触斑点沿齿高大于 40%，沿齿长小于 80%，居于齿宽的中部。大、小齿轮间隙调整设计值见表 5-18。

表 5-18　　　　　　　　　　　大、小齿轮间隙调整设计值　　　　　　　　　　　mm

项目	设计值
齿侧间隙	1.40～2.18
大小齿轮接触斑点沿齿高	不小于 45%
沿齿长方向接触点	不小于 60%

（11）传动小齿轮轴承更换。

1）轴承用加热器加热到 90～100℃时安装，装配前清理干净安装面并抹上润滑油，一次安装到位。

2）待轴承安装完成后，传动小齿轮整体进行回装，安装到位。

3）在安装好的轴承上加上 3 号锂基脂后，回装轴承上盖并用 55mm 敲击扳手紧固固定螺栓。小齿轮轴承间隙设计值见表 5-19。

表 5-19　　　　　　　　　　　　小齿轮轴承间隙设计值　　　　　　　　　　　　mm

项目	设计值
轴向间隙推力侧	0.05
轴向间隙支力侧	0.3～0.5
轴承外圈径向间隙	0.03～0.08

（12）找中心。

1）用纯棉抹布、平头刮刀、清洗剂、毛刷清理对轮表面；用塞尺检查减速机及电动机地脚是否平整、无虚脚，如果有虚脚，用塞尺测出数值并记录，用相应铜皮垫实。

2）用 0～10mm 塞尺测量减速机与电动机对轮间隙（要求≥8mm）并记录，用 300mm×0.02 深度尺测量尼龙柱销孔深度，用 50～600mm、0.01 级内径千分尺测量对轮尼龙柱销孔径（对轮尼龙柱销孔径与尼龙柱销配合间隙为 0～0.03mm），用 0～500mm 游标卡尺测量尼龙柱销直径及长度。

3）用直角尺平面进行初步找正，用百分表进行最终找正。按照对轮标记位置用铜棒、2P 磅手锤按标记顺序安装尼龙柱销。

注意：盘动转子专人指挥，测量数据准确、完整，中心调整符合要求。

对轮偏差见表 5-20。

表 5-20　　　　　　　　　　　　对 轮 偏 差　　　　　　　　　　　　mm

测量项目	设计值
电动机—减速机对轮水平位置张口方向	左右张口
电动机—减速机对轮水平位置张口数值	≤0.05
电动机—减速机对轮垂直位置张口方向	上下张口
电动机—减速机对轮垂直位置张口数值	0.127±0.02
减速机－磨机对轮水平位置张口方向	左右张口
减速机—磨机对轮水平位置张口数值	≤0.05
减速机—磨机对轮垂直位置张口方向	上下张口
减速机—磨机对轮垂直位置张口数值	0.127±0.02
电动机—减速机对轮水平位置圆周方向	错口长度

续表

测量项目	设计值
电动机—减速机对轮水平位置圆周数值	≤0.05
电动机—减速机对轮垂直位置圆周方向	高低差
电动机—减速机对轮垂直位置圆周数值	≤0.05
减速机—磨机对轮水平位置圆周方向	错口长度
减速机—磨机对轮水平位置圆周数值	≤0.05
减速机—磨机对轮垂直位置圆周方向	高低差
减速机—磨机对轮垂直位置圆周数值	≤0.05

（13）联轴器柱销回装。

1）按照对轮标记位置，用铜棒、2P（磅）手锤按顺序安装尼龙柱销。

2）按标记安装对轮防护罩。

5. 润滑油站检查清理

（1）用滤油机排空油站润滑油，对润滑油进行过滤。

（2）拆卸油站人孔门，排气通风。

（3）清理油站内部；箱内部清理干净，无油污、铁锈、杂质、抹布绒毛及其硬质颗粒。

（4）检查出、入口滤网并清洗滤网，检查高、低压油泵及管道无裂纹或堵塞现象。

（5）人孔门封闭严密后，用滤油机将过滤后的润滑油注入油站内部，油位不足时进行补油。

6. 喷射油站检查

（1）拧紧喷射油站本体螺栓，清洗油箱内部。

（2）检查喷射油站喷嘴无堵塞，用压缩空气对喷射油管及喷嘴进行疏通。

（3）检查空气压缩机皮带、入口滤网有破损、堵塞。

（4）对空气压缩机储气罐、压缩空气管道集水器进行排水、排污。

（5）检查油泵无卡涩，喷射油管道无渗漏，喷嘴雾化效果满足正常使用要求。

（6）整体检查、清洗、疏通无异常后依次回装设备；紧固连接螺栓，管道、油箱本体不漏油、漏气。

（三）检修安全、健康、环保要求

1. 检修工作前

（1）排净湿式球磨机内的余料。

（2）检查照明设备、各种工具、器具齐全，符合安全规定。

（3）检查检修所用的材料、备品齐全，且规格质量符合要求，对千斤顶等顶升装置做好检查。

2. 检修过程中

（1）排净湿式球磨机内的钢球时注意做好防护，防止钢球砸伤人。

（2）在进行湿式球磨机顶升罐体时，做好千斤顶的同步配合。

（3）在进行大瓦检查前，确保罐体垫板固定牢固。

（4）动火作业时，做好防火措施，检查乙炔瓶是否安装回火阀。

（5）在设备检修检查过程中注意工器具的使用，防止机械伤害及坠落伤害。

（6）拆除的工器具及备件放置在指定位置。

（7）轴瓦回装前清理润滑瓦面，避免杂物落入轴瓦表面。

3. 检修结束后

（1）检查、恢复设备表面附属防护设施。

（2）清理现场废弃物品，整理工器具。

（3）检查确认罐体内无遗留杂物。

（4）设备检修完毕后，检查各固定螺栓牢固、可靠。

四、常见故障原因及处理

　　湿式球磨机运行故障会导致制浆系统运行故障，在运行中常见故障主要包括出力降低、减速机振动大、减速机温度高、轴瓦温度高等，根据不同故障原因采取相应针对性处置措施，尽快恢复湿式球磨机的正常运行。湿式球磨机常见故障原因及处理方法见表 5-21。

表 5-21　　　　　　　　　　　　湿式球磨机常见故障原因及处理方法

故障	原因	处理方法
出力降低	出、入口堵塞	清理湿式球磨机出、入口
	钢球量不足	补充钢球
	石料粒径过大	检查石灰石
	衬板磨损	检查提升条高度
	旋流器沉沙嘴磨损	检查、更换沉沙嘴
	称重给料机计量有误	重新校验给料机
减速机振动大	小齿轮磨损	检查小齿轮
	电动机与减速机中心偏差大	重新找中心
	电动机或者减速机地脚螺栓松动	紧固地脚螺栓
	减速机轴承损坏	检查减速机轴承
	减速机齿轮磨损	检查减速机齿轮
减速机温度高	减速机油位低	补充润滑油
	减速机轴承损坏	检查轴承

续表

故障	原因	处理方法
减速机温度高	湿式球磨机进料大、负载高	查看湿式球磨机进料情况
	减速机排气孔堵塞	检查、清理排气孔
	冷却水入口堵塞或回水不畅	检查冷却水系统
	润滑油油质差	化验油质
	冷却风扇损坏	检查冷却风扇叶片
轴瓦温度高	冷却水流量小或回水不畅	检查冷却水系统
	轴瓦磨损，油槽堵塞	刮瓦
	油质乳化、变质	化验、更换润滑油

第七节　浆液箱搅拌器

本节主要针对浆液箱搅拌器维护检修工作进行介绍，对于再循环箱、吸收塔地坑等顶进式搅拌器的维护检修工作也可参照进行。

一、结构及工作原理

浆液箱搅拌器属于顶进式搅拌器，一般由齿轮减速机、固定座、机架、长轴、电动机、叶轮、辅助机构和支撑等部分组成，如图 5-10 所示。

电动机输出端通过减速机带动桨叶转动，将浆液保持在流动状态，从而使其中的脱硫有效物、产物（$CaCO_3$、$CaSO_3$、$CaSO_4$ 等固体微粒）在浆液中始终保持均匀的悬浮状态。

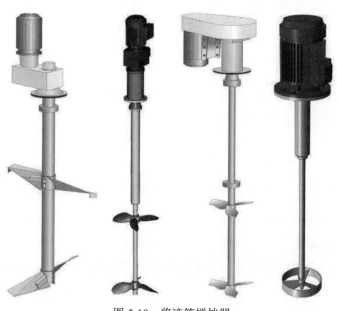

图 5-10　浆液箱搅拌器

二、日常维护

（1）设备周围清洁，无积油、积浆及其他杂物，照明充足，设备防护罩完整。

（2）定期补充搅拌器轴承润滑油脂。连续运行时根据设备指导意见，及时更换、补充油脂。

（3）定期检查设备本体无漏油现象。

（4）每天对设备的振动、温度、电流等参数进行检测，了解设备运行状态。

三、设备检修

（一）等级检修项目

浆液箱搅拌器等级检修项目如图 5-22 所示。

表 5-22　　　　　　　　　　　浆液箱搅拌器等级检修项目

A 级检修项目	B 级检修项目	C 级检修项目
（1）检查、修理减速机。 （2）检查支撑轴承及轴承座，必要时更换。 （3）检查、修理轴，更换叶轮	（1）化验减速机润滑油油质。 （2）检查支撑轴承及轴承座。 （3）检查轴、叶轮	（1）化验减速机润滑油油质。 （2）检查支撑轴承及轴承座

（二）主要部件检修工艺要求及质量标准

1. 电动机拆除

（1）松开电动机与电动机支座连接螺栓，将电动机放置在检修区域。

（2）松开电动机支座与减速机箱体连接螺栓，将电动机支座放置在零部件区域。

2. 搅拌器解体

（1）搅拌器搅拌轴拆卸。

1）固定搅拌器搅拌轴。

2）拆卸搅拌器低速联轴器 – 剖分式固定螺栓及止推板。

3）检查轴、叶片磨损及腐蚀情况。

（2）减速机拆卸。

1）固定减速机。

2）拆卸减速机与地坑顶部安装口法兰连接螺栓，将减速机放置在检修区域并垫好枕木。

3. 减速机解体检查、清洗

（1）拔下高速轴对轮。

（2）拆除减速机高速轴承压盖、机体防护罩、联轴器防护罩、机体驱动盖，将拆下的螺栓用清洗剂清洗。

（3）拆下高速轴承压盖、机体驱动盖内骨架油封。

（4）退出浆叶轴，拆除剖分式低速联轴器、低速轴承压盖。

（5）用起子刮刀清理减速机与安装口接合面。

（6）清理传动轴、齿轮、轴承、减速机箱体、轴承压盖。

（7）检查齿轮和传动轴无油蚀、无裂纹、无砂眼、无毛刺。

（8）减速机浆叶轴与对轮配合测量。

1）用0～300mm游标卡尺测量轴对轮处直径及对轮外径。

2）用0～300mm游标卡尺测量对轮内径，做好记录（轴与对轮过盈配合要求0.02～0.04mm）。

（9）用压铅丝法测量齿轮的啮合间隙，一级齿轮啮合顶隙为（0.25×齿轮模数）mm

4. 减速机回装

（1）将减速机低速轴、高速轴回装。

（2）安装高速轴、低速轴轴承压盖内骨架油封。

（3）在轴承压盖位置均匀涂抹耐油密封胶，安装紧固轴承压盖和螺栓。

（4）安装高速轴对轮。

（5）减速机轴承轴向间隙调整。

1）用塞尺或压铅丝法测量滚动轴承的轴向间隙。

2）用压铅丝法测量各轴承的自由膨胀间隙。

3）通过加垫或车削轴承压盖子扣厚度调整间隙至规定值（根据设备说明书）。

减速机轴承轴向间隙数据见表5-23。

表5-23 减速机轴承轴向间隙数据 mm

项目	设计值
一级轴推力间隙	设备说明书
一级轴自由间隙	设备说明书
二级轴推力间隙	0.25×齿轮模数
二级轴自由间隙	设备说明书

（6）安装减速机驱动盖内骨架油封。

（7）减速机驱动盖结合面均匀涂抹耐油密封胶，将驱动盖回装。

（8）将减速机吊至吸收塔地坑安装口处，依照标记位置对好螺栓孔，用30mm梅花扳手将减速机与安装口连接螺栓紧固。

（9）回装减速机浆叶轴与搅拌轴联轴器螺栓。

（10）回装电动机支座。

（11）回装电动机。

（12）用加油桶为减速机加注齿轮油，检查油位在油尺刻度上、下线之间。

（三）检修安全、健康、环保要求

1. 检修工作前

（1）重点做好吊装作业与有限空间作业。

（2）准备好浆液箱搅拌器检修需要的资料、工具等。

（3）准备好浆液箱搅拌器检修需要的材料、备件等。

2. 检修过程中

（1）检修区域铺设胶皮，拆除备件及工器具规范放置。

（2）检修现场要保持清洁，及时清理产生的废弃物品。

（3）在进行浆液箱搅拌器吊装作业时严格按照起吊安全作业要求进行，起吊前检查吊装点牢固、可靠，吊装带检验合格，吊装人员符合资质要求。

（4）在进行浆液箱搅拌器叶片检查时，根据箱体储存物品做好通风防护，并做好气体检测。

（5）在使用大锤进行作业时做好防砸措施。

（6）检查修复转动部位防护设施。

3. 检修结束后

（1）检查各紧固螺栓可靠。

（2）清理现场遗留杂物，清理搅拌器表面卫生。

（3）对设备进行盘车，转动灵活。

四、常见故障原因及处理

浆液箱搅拌器运行故障会导致浆液沉淀，容易引起输送泵过载，在运行中常见故障主要包括电动机跳闸或在正常负载下超电流、运转振动异常、运转声音异常等，根据不同故障原因采取相应针对性处置措施，尽快恢复浆液箱搅拌器的正常运行。

浆液箱搅拌器常见故障原因及处理方法见表5-24。

表 5-24　　　　　　　　　　浆液箱搅拌器常见故障原因及处理方法

故障	原因	处理方法
电动机跳闸或在正常负载下超电流	轴承损坏，转动卡涩	更换轴承
	叶片卡住异物	清理浆池内的卡涩异物
	浆池密度过高	调整浆池内的浆液密度，启动前盘车
	减速机内部齿轮断裂	更换断裂齿轮
运转振动异常	轴承损坏	更换轴承
	减速机齿轮变形、磨损	更换减速机损坏齿轮
	搅拌器主轴弯曲	更换弯曲主传动轴

续表

故障	原因	处理方法
运转振动异常	叶片断裂或磨损不平衡	更换断裂或磨损的叶片
	浆池内有异物阻碍设备运转	清理浆池内异物
	机座与基础接触不良，地脚螺栓松动	调整机座与基础间空隙，拧紧地脚螺栓
运转声音异常	轴承损坏	更换破损轴承
	减速机内部齿轮有破损	更换破损齿轮

第八节　立式辊磨机

立式辊磨机用于石灰石粉的加工，具有结构简单、制造和使用成本低的特点，主要包括机体、磨盘装置和传动装置，机体与磨盘装置之间设置有确定回转中心的定心结构，磨盘装置的底部固定设置有回转导轨，磨盘装置通过回转导轨可回转支撑在机体上，磨盘装置与传动装置传动连接。由于传动装置不承受磨盘的重量及碾磨压力等高轴向负荷，因此传动装置可采用通用减速机，从而具有结构配置紧凑、工作可靠的优点，可缩短停磨时间，降低设备的使用和维护成本。

一、结构及工作原理

立式辊磨机的主要组成部分包括出料口、分离装置、进料口、碾磨装置、传动臂、加压装置、限位装置、检修油缸、传动装置等，如图 5-11 所示。

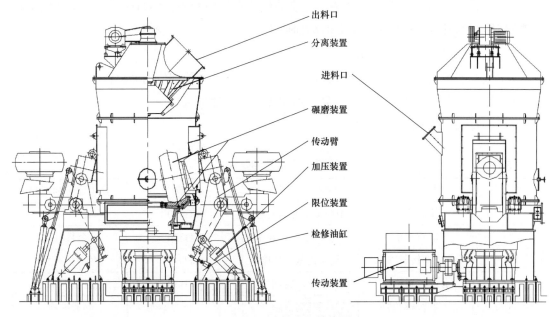

图 5-11　立式辊磨机结构图

立式辊磨机是利用料床粉碎原理进行粉磨物料的一种研磨机械，作为一种新型节能粉磨设备，其基本工作原理是电动机驱动减速机带动磨盘转动，需粉磨的物料由锁风喂料设备送入旋转的磨盘中心，在离心力作用下，物料向磨盘周边移动，进入粉磨辊道。在磨辊液压力的作用下，物料受到挤压、研磨和剪切作用而被粉碎。

热风从围绕磨盘的风环高速、均匀地向上喷出，粉磨后的物料被风环处的高速气流吹起，一方面把粒度较粗的物料吹回磨盘重新粉磨，另一方面对悬浮物料进行烘干，细粉则由热风带入分离器进行分级，合格的细粉随同气流出磨，由收尘设备收集下来即为产品，不合格的粗粉在分离器叶片作用下重新落至磨盘，与新喂入的物料一起重新粉磨，如此循环，完成粉磨作业全过程。

二、日常维护

对整个立式辊磨机进行常规检查，可避免由于维护不当造成的意外停机，通过定期检查，使易损件可以得到及时更换，保证设备的运转率。

（1）观察是否有不正常的噪声和振动，检查地脚螺栓无松动，立式辊磨机和减速机的油位是否在正常范围内。

（2）检查润滑站油泵的工作是否正常，油压、油温是否在规定范围，冷却水是否畅通。

（3）每日需对立式辊磨机分离器、锁风喂料机等设备的运行部件的润滑点进行检查，并按制定的润滑制度加油。

（4）检查所有主要设备的地脚螺栓及连接螺栓是否松动。

（5）检查立式辊磨机油缸拉杆的密封及液压站与稀油站的油位。

（6）检查所有密封，必要时调整、更换锁风喂料机橡胶板；停机时，进入立式辊磨机观察磨辊辊套和衬板磨损情况，必要时翻面使用。

（7）检查分离器叶片磨损情况。

（8）检查磨辊辊套、磨盘衬板、风环、分离器叶片及其他部位的磨损情况。

（9）设备润滑（标明润滑点、油品、加油周期、加油量）。

润滑点及润滑油要求见表5-25。

表5-25　　　　　　　　　　　润滑点及润滑油要求

序号	润滑点名称	润滑油名称	规格	换（加）油周期
1	主减速机	中负荷工业齿轮油	VG320	每年一次
2	磨辊轴承	中负荷工业齿轮油	VG320	6个月一次
3	分离器转子轴承	复合钙基润滑脂	ZFG-2	每月一次
4	分离器减速机	工业齿轮油	VG150	12个月一次
5	传动臂滑动轴承	钙基润滑脂	3号	每月一次
6	油缸两端关节轴承	钙基润滑脂	3号	每月一次

三、设备检修

（一）等级检修项目

立式辊磨机等级检修项目见表 5-26。

表 5-26 立式辊磨机等级检修项目

A 级检修项目	B 级检修项目	C 级检修项目
（1）检查、修理减速机。	（1）化验减速机润滑油油质。	（1）化验减速机润滑油油质。
（2）检查磨辊装置，必要时更换磨辊套。	（2）检查磨辊装置，必要时更换磨辊套。	（2）检查分离器。
（3）检查、修理分离器。	（3）检查、修理分离器。	（3）调整磨相与磨碗衬板间隙。
（4）更换磨碗衬板。	（4）检查、更换磨碗衬板。	（4）检查刮板装置。
（5）调整磨相与磨碗衬间隙。	（5）调整磨相与磨碗衬板间隙。	（5）检查润滑油系统。
（6）检查、更换刮板装置。	（6）检查、更换刮板装置。	（6）检查液压加载系统
（7）检查、修理润滑油系统。	（7）检查、修理润滑油系统。	
（8）检查、修理液压加载系统	（8）检查、修理液压加载系统	

（二）主要部件检修工艺要求及质量标准

1. 本体解体

（1）打开立式辊磨机本体人孔门。

（2）清理内部石灰石子（粉）。

（3）拆开磨辊大门上的密封空气管，将与液压缸连接的液压油管接头拆开。

（4）拆除限位螺栓上的锁固件，旋出磨辊限位螺栓，认真做好标记，放于指定位置。

（5）拆卸磨辊通孔盖连接螺栓，认真做好标记，放于指定位置。

（6）拆卸耳轴端盖与磨机本体连接螺栓，与磨辊通孔盖连接螺栓不拆。

（7）转动磨辊衬套，使磨辊锁紧螺母里的一个锁定螺钉朝上，并拆除。

（8）拆除余下的磨辊通孔盖 4 只连接螺栓，认真做好标记，放于指定位置。

（9）将磨辊通孔盖与磨辊装置分离并拆除，用磨辊通孔盖支架做好支撑。

（10）将磨辊装置从磨辊通孔盖上吊出。

2. 本体检查

（1）检查磨辊。

1）检查磨辊磨损情况，磨辊磨损超过 2/3 时更换。

2）检查螺栓的紧固情况，无松动现象。筒体无漏粉现象。

（2）拆磨辊套。

1）拆卸磨辊衬套锁紧螺母（右旋），拆除前做好标记。

2）将磨辊装置吊至垂直位置，将下磨辊座放在地面的胶皮上。

3）拆除磨辊套，不得重击磨辊衬套。

（3）检查磨辊衬套。

1）敲击拆除磨辊套。

2）用吊车放倒磨辊装置，拆卸零部件时轻拿轻放，做好标记。

3）位于离磨辊座圈约 100mm 处，磨辊衬套在半径方向磨损超过 40mm 需更换。

4）将新磨辊衬套立到地面上，修复磨辊衬套内孔存在的缺陷。

5）用修复下磨辊座接触面、螺纹存在的缺陷，修复锁紧螺母存在的缺陷，修复时做好标记，锁紧螺母可锁紧。

6）将磨辊装置装进磨辊衬套内。

7）装上磨辊衬套锁紧螺母，锁紧螺母时对角紧固螺栓。

8）拧紧锁紧螺母及紧固螺钉，把磨辊套锁紧在下辊座上。锁紧螺母时对角紧固螺栓。

（4）磨辊座及轴承组件检查。

1）拆除磨辊头锁紧螺母，吊出磨辊头及罩缘。

2）拆去磨辊座上、下法兰连接螺栓。

3）旋转顶紧螺钉，通过上磨辊座法兰上的螺孔把上、下磨辊座分开。

4）检查上、下轴承，如已损坏，需进行更换。

5）轴承内、外套光滑，无裂纹、麻点、锈斑、重皮等缺陷。

6）上轴承滚道间隙超过 0.30mm 时更换。

（5）磨辊轴承更换。

1）清理干净下磨辊座内部，安装好专用下轴承外套拉具，加热下磨辊座，将下轴承外圈拉出。

2）清理、修整下磨辊座的轴承座部位，重新装上下轴承外圈，使轴承外套落实，不得使用铁锤敲击。

3）拆除锁紧板、挡板与垫片，用烤把加热，拆除上、下轴承内圈及其滚柱组件。

4）拆除下轴承垫圈、轴套，将磨辊轴从上磨辊座中吊出，法兰面向上立起来，拆除上轴承压紧法兰及垫片组端盖，拆除前做好标记，拆除后做好记录。

5）将上磨辊座翻转过来，安装好专用上轴承压具，用烤把加热上磨辊座，用 30t 拉马将上轴承压出。

6）清理、修整上轴承座的轴承部位，加热上磨辊轴承座，将新上轴承外圈装上，注意外圈不能装反，用 40mm×400mm 铜棒轻轻敲击，使轴承外圈落实，装上内套及滚柱组件，装上轴承隔圈，再装另半部分轴承内圈及滚柱组件，装上轴承外圈，使轴承落实。

7）装上上轴承压紧法兰，用螺栓固定在上磨辊座中，沿圆周均分 3 或 4 处，用 0.05～1mm 塞尺测量上轴承与法兰之间间隙，记录读数并取平均值，将上法兰拆除，填以足够的垫片，垫片的厚度为所测间隙加上 0.15～0.20mm，将全部螺栓拧紧后测量法兰与轴承外套的间隙在 0.08～0.13mm 之间，否则重新调整垫片的厚度，将螺栓全部拆除下来，在螺纹上涂上螺纹锁固胶，拧紧螺栓。在磨辊轴上装上挡圈（倒角朝外），在装轴承的地方涂以二硫化钼油脂，用轴承加热器加热轴承内圈至 120℃，装上轴承内圈上挡圈，用 M24 六角螺栓紧固轴承，然后拆去六角头螺栓的挡板。用 0～300mm 深度千分尺测量下轴承内圈和滚柱间的间隙，间隙允许值为 0.13～0.20mm。装上垫片组，螺纹涂上螺纹锁固剂后拧紧螺栓。轴承外套的间隙在 0.08～0.13mm 之间。

8）检查处理磨辊轴上的毛刺等缺陷，将磨辊轴装入上磨辊座中，将轴套隔套套在轴上，检查下轴承垫圈无变形，检查合格后，装入垫圈（内倒角部位对轴肩）。安装中如有卡涩，重新打磨滚轴毛刺及凸起位置，禁止使用铁锤敲击。

9）在装下轴承的地方涂以二硫化钼，用轴承加热器将下轴承内圈及滚柱组件加热至 120℃，擦净轴承内圈，将轴承套在轴头上，装上挡板，用 M24 螺栓紧固。轴承内圈及滚柱组件加热不得超过 120℃，禁止使用铁锤敲击轴承。

10）待轴承冷却，拆下挡板，用 0～300mm 深度千分尺测量下轴承内圈和轴头的间隙，垫片厚度为所测间隙减去 0.13～0.20mm，装上垫片组、挡板及锁紧板，将 3 只螺栓螺纹涂上螺纹锁固剂后使用 24mm 扳手拧紧螺栓，贴着最靠近的平面弯曲锁紧板锁紧。推力轴向间隙为 0.80～1.5mm，支力膨胀间隙为 15～21mm。

（6）磨辊装置内部检查。

1）将磨辊轴及上磨辊座组件吊起，装入下磨辊座。

2）将下磨辊座均匀固定在下磨辊座上，不用锁紧垫圈，也不用把螺栓拧得过紧，用水平仪在两个方向测量水平度。

3）旋转磨辊轴，均匀地拧紧螺栓，锁紧螺母时对角紧固螺栓。

4）沿圆周，均分 3 或 4 处，用 0.01～1mm 塞尺检查上、下磨辊座法兰之间的间隙，记录读数并取平均值。

5）拆除螺栓，吊起上磨辊座。

6）在上、下磨辊座之间填以足够垫片。垫片的总厚度比所测的平均读数厚 0.10～0.13mm，以便运行中获得 0.05～0.10mm 间隙。

7）在上磨辊座一端的槽内装上 O 形密封圈，检查并更换骨架油封。

8）在螺纹上涂以螺纹锁固剂，使用 50～250N·m 拧紧螺栓。力矩为 220N·m。

9）将一根下端有螺纹的螺杆拧进上轴承座法兰的顶紧螺孔中，用螺母拧紧。

10）在轴端相隔 120° 的端面标记 1、2、3 号位置：

第一步骤：在位置"1"把百分表调到"0"，正反转动各 4 次，回到位置"1"；

第二步骤：吊起磨辊轴，当拉力等于起吊重量时，正反转动磨辊轴各 4 次，回复到第一个标记点的位置，并记录读数；

第三步骤：卸去吊紧力，正反转动 4 次，回到第一个标记点的位置。

在位置 2、3 重复以上 3 个步骤，测出其他两个标记点读数，平均 3 个记录读数如平均读数不在 0.05～0.10mm 之间，就应增减垫片，以达到要求，然后装上所有螺栓，并拧紧。

（7）耳轴检查。

1）将耳轴拉出。

2）去除耳轴轴头及耳轴轴上的斑点、锈迹，涂银粉回装。

3）耳轴间隙调整（耳轴端盖是个偏心的，旋转耳轴端盖，可改变耳轴中心位置，使整个磨辊位置也随之变化）。

4）泄放磨辊液压系统压力，泄放时缓慢进行。

5）松开磨辊限位螺栓的紧固螺钉，旋松磨辊限位螺栓，直到磨辊刚巧与磨环接触，磨辊不得紧压磨环接触。

6）从两耳轴端盖上拆下紧固螺栓，松开靠近耳轴两端的 4 只磨辊盖连接螺栓，使用专用套筒扳手按照铸造箭头所表示的方向，同时转动两耳轴端盖，使数字"4"与磨辊盖上的指示箭头对齐，重装并将耳轴端盖螺栓，然后在拧紧磨辊盖后，再拧紧端盖螺栓。

7）用手转动磨机一周，使磨辊不与磨环接触，然后调整磨辊和磨环间隙。

（8）磨辊头检查。

1）用红丹粉检查磨辊头与轴之间接触面积大于或等于 80%。如不合格，则要刮铲或砂磨。

2）检查轴肩到磨辊头端面的距离不能过小，要大于 0.5cm。

3）连接润滑油管，油管丝扣缠绕生料带，用手动油桶泵、加油桶向两端轴瓦各加注 VG320 润滑油。

4）在磨辊轴上涂上一层防黏剂，装上磨辊头，在槽销对准轴上的键槽时装上锁紧螺母，对好键条方向。

5）锁紧螺母时对角紧固螺栓。

6）装上止动螺钉检查磨辊头与磨辊轴无卡涩，如卡涩需调整间隙，磨辊头罩缘就位，将罩缘进行八等分。

7）测量磨辊头和罩缘法兰之间的间隙，记录并取平均值，间隙为 1mm ± 0.13mm，装上对开垫片，螺纹涂上螺纹锁固剂，装上 M30 螺栓。

（9）磨辊与磨碗间隙调整。

1）若是新装磨辊衬套，使耳轴端盖上的标记与磨辊盖上的指示箭头对齐，并利用限位螺栓调整磨辊套与磨碗衬板间隙。

2）若为使用的磨辊，磨辊在利用限位螺栓调整无效时，可打开蓄能器泄放阀；用 30mm 扳手拧松限位螺栓紧定螺钉，旋出限位螺栓，直到磨辊衬套刚好与磨碗衬板接触。

（10）磨碗衬板检查。

1）拆除磨辊装置，拆除前做好标记，拆除后做好记录。

2）拆除夹紧环的固定螺栓，拆出夹紧环，检查夹紧环磨损情况，磨损严重需更换，夹紧环磨损超过15mm或螺栓头部磨损10mm以上更换。

3）拆除旧的磨碗衬板，第一块可用气割，防止烫伤，穿戴好劳保用品。

4）拆完扇形衬板，清出磨碗内表面积粉。

5）检查修复磨碗内表面的棱角。

6）检查磨碗衬板卡入键无缺陷，修复或更换，衬板厚度低于15mm（衬板原厚度62mm）要更换。

7）检查延伸环磨损情况，磨损严重需更换，延伸环周向磨损不超过35mm。

（11）磨碗衬板回装。

1）按顺序号顺时针向两侧安装，安装时衬板紧密地贴在磨碗上，并保持其径向位置。

2）在衬板顶端和磨碗毂夹紧环导向凸肩之间推荐采用木块和斜楔顶紧衬板，上下支承保持水平，衬板最后间隙小于3.2mm。

3）在剩下最后两块衬板时用千斤顶胀紧，装进最后两块扇形衬板；上下支承保持水平；衬板最后间隙小于3.2mm。

4）将楔铁打入衬板缝隙之中，使扇型衬板之间隙小于3.2mm。

5）装上挡圈及夹紧环，把衬板撬向磨碗延伸环的同时，拧紧螺栓，用锤子重击夹紧环，反复数次拧紧。

（12）找中心。

1）用纯棉抹布、平头刮刀、清洗剂、毛刷清理对轮表面，用塞尺检查减速机及电动机地脚是否平整、无虚脚，如果有虚脚，用塞尺测出数值并记录，用相应铜皮垫实。

2）用0～10mm多功能组合式数显楔形塞尺测量减速机与电动机对轮间隙（要求≥8mm）并记录，用300mm×0.02深度尺测量尼龙柱销孔深度，用50～600mm、0.01级内径千分尺测量对轮尼龙柱销孔径（对轮尼龙柱销孔径与尼龙柱销配合间隙为0～0.05mm），用0～500mm游标卡尺测量尼龙柱销直径及长度。

a. 用直角尺平面初步找正。

b. 用百分表进行最终找正。

c. 按照对轮标记位置用铜棒、2P磅手锤按标记顺序安装尼龙柱销。

3）注意事项：盘动转子应由专人指挥，保证测量数据准确、完整，确保中心调整符合要求：对轮轴向及径向测量数据小于或等于0.05mm，减速机与电动机对轮间间隙为8mm。

（三）检修安全、健康、环保要求

1. 检修工作前

（1）认真学习和熟悉立式辊磨机检修方案以及检修中的风险预控措施。

（2）提前排净立式辊磨机内的余料。

（3）准备好立式辊磨机检修需要的物资、材料、备件等。

2. 检修过程中

（1）排空油系统管路内的积油。

（2）检修使用的废旧辅料要放入专用垃圾筒。

（3）在进行立式辊磨机吊装作业时严格按照起吊安全作业要求进行，起吊前检查吊装点牢固可靠，吊装带检验合格，吊装人员符合资质要求。

（4）各部件拆除时，注意拆装顺序，防止对部件的损坏。

（5）防止机械伤害及坠落伤害。

（6）在立式辊磨机内部检查时做好防尘措施。

3. 检修结束后

（1）工作结束后检查现场是否清理、干净，并将废弃物放置在指定位置。

（2）恢复设备的标识、保温及检修过程中拆除的各附属部件。

（3）检查设备内部是否有遗留物品。

（4）检查各检查孔封闭可靠，固定螺栓牢固。

四、常见故障原因及处理

立式辊磨机运行故障会导致制浆系统运行故障，在运行中常见故障主要包括立式辊磨机振动偏大、立式辊磨机差压急剧上升、立式辊磨机内吐渣料偏多、出立式辊磨机物料跑粗、立式辊磨机主电动机跳停等，根据不同故障原因采取相应针对性处置措施，尽快恢复干式球磨机的正常运行。

立式辊磨机常见故障原因及处理方法见表 5-27。

表 5-27 立式辊磨机常见故障原因及处理方法

故障	原因	处理方法
立式辊磨机振动偏大	测振元件误差	联系电气校正
	液压站欲加载压力不平衡	重新调整
	辊皮或衬板松动	停机处理
	喷口环堵塞严重	现场清理
	回转阀卡死	现场清理
	磨内有异物或大块	及时剔除
	三通阀频繁动作	检查金属探测器，检查三通阀是否有故障，控制废料仓放料速度
	废料仓放料不均	调整喂料
	喂料量过大、过小或不均	调整喂料量
	系统用风量过大或过小	调节相应挡板

续表

故障	原因	处理方法
立式辊磨机振动偏大	研磨压力过高或过低	重新设定研磨压力
	选粉机转速过高	根据细度要求调节
	出磨温度波动大	稳定出磨温度
立式辊磨机差压急剧上升	入磨物料易磨性差、粒度过大	调整喂料量，降低入磨粒度
	选粉机转速过高	调整转速
	喷口环堵塞	停机清理
	磨本体漏风大	加强密封
	喂料量过大	重新调整
	废料仓放料过快	缓慢放料
	系统通风量猛然上升	调整磨内通风
	研磨压力过低	重新设定
立式辊磨机内吐渣料偏多	喂料量过多	设定合适的喂料量
	系统通风不足	加强系统通风
	研磨压力过低	重新设定
	入磨物料易磨性差、粒度大	根据物料特性调整喂料量
	选粉机转速过高	调整转速
	喷口环磨损大	更换
	挡料环偏低	重新调整
	衬板、辊皮磨损严重	更换或调整
出立式辊磨机物料跑粗	研磨压力低	增加研磨压力
	喂料量不稳定	提高各配料秤下料
	入磨物料易磨性差	根据物料特性调整喂料、通风
	系统风量过大	调整系统通风
	选粉机转速底	合理设定选粉机转速
立式辊磨机主电动机跳停	磨出口温度高报警	通过调热风挡板、循环风机挡板，以及磨喷水量加以控制
	振动高报警	检查测振元件，失灵的需重新校正；检查液压站无压力太高和不平衡，调整好压力；检查磨内是否有大块铁件及异物，加强物料除铁工作，风料要平稳，设定合适的研磨压力，根据细度要求调整好选粉机转速，根据主电动机电流、料层高度及时调整
	密封风机跳停或压力低报警	通知现场检查密封风机及管道，并清洗过滤网
	液压站油温高报或低报警	若油温高，检查冷却水情况；若油温低，检查加热器工作情况

故障	原因	处理方法
立式辊磨机主电动机跳停	风机跳停，选粉机跳停	检修风机
	液压泵、润滑泵或减速机主电动机润滑油泵跳停	检修油泵和管路
	主电动机绕组温度高报警，减速机轴承温度高报警，主电动机轴承温度高报警	联系电气检查绕组及检查稀油站运行情况
	研磨压力低报警或高报警	检修风机和管路
	磨辊润滑油温高报警	检修冷油器

第九节　仓顶布袋除尘器

仓顶布袋除尘器是一种专门用于石灰石料仓仓顶的高效净化设备，其主要作用是减轻料仓的仓储压力，对粉尘进行收集，不让灰库中的灰尘外溢。仓顶布袋除尘器是高效除尘设备，净化后的气体排放浓度在 $30mg/m^3$ 以下，仓内无负压。

仓顶布袋除尘器具有气体处理能力大、净化效果好、结构简单、工作可靠、维修量小等优点。在结构设计上已考虑了其布置特点，由于产品密封性好，故可露天布置。

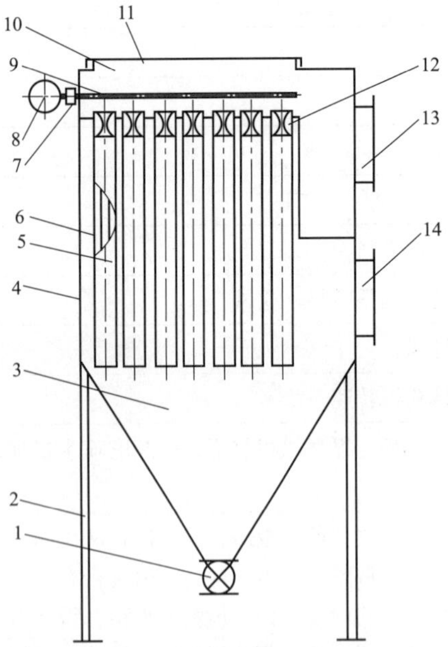

图 5-12　仓顶布袋除尘器结构图

1—卸灰阀；2—支架；3—灰斗；4—箱体；
5—滤袋；6—袋笼；7—电磁阀；8—储气罐；
9—喷管；10—清洁室；11—顶盖；12—环隙引射器；13—净化气体出口；14—含尘气体入口

一、结构及工作原理

仓顶布袋除尘器包括卸灰阀、支架、灰斗、箱体、滤袋、袋笼、电磁阀、储气罐、喷管、清洁室、顶盖、环隙引射器等部分组成，如图 5-12 所示。

含尘气流从下部孔板进入圆筒形滤袋内，在通过滤料的孔隙时，粉尘被捕集于滤料上，透过滤料的清洁气体由排出口排出。沉积在滤料上的粉尘，可在机械振动的作用下从滤料表面脱落，落入灰斗中。

二、日常维护

布袋除尘器的日常维护工作主要包括定期检查清理工作、日常设备参数监督等工作。

（一）定期检查清理工作

（1）每天检查清理设备周围积油、积粉及杂物。

（2）每天检查设备无漏料、堆料现象。

（3）每天检查除尘器布袋扬尘情况。

（4）每周检查、清理布袋除尘器底部积料。

（5）每周对设备基础螺栓等紧固件及防护罩进行检查。

（二）日常设备参数监督

每天对布袋除尘器的振动、温度、声音等参数进行检测，了解设备运行状态。

三、设备检修

（一）等级检修项目

仓顶布袋除尘器等级检修项目如图 5-28 所示。

表 5-28 仓顶布袋除尘器等级检修项目

A 级检修项目	B 级检修项目	C 级检修项目
（1）更换滤袋。 （2）检查、修理脉冲阀。 （3）检查、修理袋笼。 （4）清理箱体内部，消除漏风。 （5）检查吹扫、振打装置。 （6）检查修理风机	（1）清理滤袋，更换破损滤袋。 （2）检查、修理脉冲阀。 （3）检查吹扫、振打装置。 （4）检查修理风机	（1）检查脉冲阀。 （2）检查风机。 （3）检查吹扫、振打装置

（二）主要部件检修工艺要求及质量标准

（1）拆除隔声罩，用记号笔在大、中、小膜片压盖外侧进行标记。

（2）将小膜片压盖螺栓拆除，将小弹簧和膜片取出。

1）检查小膜片橡胶部分无开裂、破损现象。

2）检查小膜片中间铝合金加强部分无碎裂、破损现象。

3）检查小弹簧是否存在变形、断裂现象。

（3）将中膜片压盖螺栓拆除，将中弹簧和中膜片取出。

1）检查中膜片橡胶部分无开裂、破损现象。

2）检查中膜片中间铝合金加强部分无碎裂、破损现象。

3）检查中弹簧是否存在变形、断裂现象。

（4）将大膜片压盖螺栓拆除，3 人将大膜片压盖抬起放至旋转喷吹气罐平台上，并将大弹簧和大膜片取出。

1）检查大膜片橡胶部分无开裂、破损现象。

2）检查大膜片中间铝合金加强部分无碎裂、破损现象。

3）检查大弹簧是否存在变形、断裂现象。

4）检查喷吹气罐内部无异物、积灰。

（5）检查进气止回阀。

1）用记号笔在止回阀和两侧法兰做好标记。

2）拆卸止回阀两侧螺栓，并将螺栓、螺母整体放到螺栓收纳盒中。

3）检查止回阀阀轴是否断裂、阀板是否脱落。

4）将法兰结合面用扁铲清理干净。

（6）检查大、小齿轮。

1）检查大、小齿轮无断齿现象，不能连续断3个齿以上。

2）检查大、小齿轮是否在同一水平面，允许高度差在大齿轮厚度的1/3。

3）拆除大齿轮下面的聚四氟乙烯垫压盖螺栓，将压盖取下，检查聚四氟乙烯密封垫内圈磨损情况，与进气筒之间的间隙小于2mm，否则进行更换。

（7）净气室检查。

1）拆除净气室人孔门螺栓。

2）用强光手电对准布袋袋口，看布袋袋口处是否发黑或者袋口花板处无积灰，对袋口发黑的布袋进行标记，布袋全部目测检查完成后对标记的布袋进行抽出检查。

3）使用制作的专用钩子，拉住袋笼骨架，用力往上提袋笼，若布袋未出现涨笼现象，则袋笼会很轻松地提出来，直至将第一节袋笼完全抽出，同时第二节袋笼露出20cm高左右，用撬棍插到第二节袋笼骨架之间（防止拆除第一节和第二节袋笼连接所用的卡扣时，第二节和第三节袋笼掉落）；然后拆卸第一节和第二节袋笼连接卡扣，并将卡扣放置在收纳盒内，防止掉落至附近布袋内。

4）将第一节袋笼放置到附近铺好的彩条布上，用手抓住第二节袋笼后，将支撑用的撬棍抽出，继续往上提第二节袋笼，直至将第二节袋笼完全抽出，同时第三节袋笼露出20cm高左右，再用撬棍插到第三节袋笼骨架之间，避免第三节袋笼脱落；然后拆卸第二节和第三节袋笼连接卡扣，并将卡扣放置在收纳盒内。

5）用手使劲抓住袋口，往内侧挤压，同时前、后、左、右摆动，将袋口与花板分离，抽出布袋。

6）对抽出的袋笼进行外观检查，检查是否有变形、局部加强筋断裂、底部端板脱落、损坏的现象，若有此类现象该袋笼需进行报废处理。

（8）检查花板及通气管。

1）查看净气室内部的花板是否存在变形、脱焊开焊、破损的现象。

2）测量净气室内部花板的厚度并记录数据，并与花板原始厚度进行对比。

3）测量净气室侧壁板3个点（人孔门、中间壁板、出口挡板门附近）的厚度并记录数据，并与侧壁板原始厚度进行对比。

4）检查通气管连接拉紧螺杆是否有松动、脱落现象。

5）检查通气管4个支管喷嘴是否有脱落现象，并用直尺测量喷嘴与花板的间距，在

150mm ± 5mm 之间为合格。

测量数据原始值见表 5-29。

表 5-29　　　　　　　　　测 量 数 据 原 始 值　　　　　　　　mm

项目	原始值
人孔门处花板	6
中间处花板	6
出口挡板门处花板	6
人孔门处侧壁板	6
中间侧壁板	6
出口挡板门侧壁板	6
通气管支管 1	150
通气管支管 2	150
通气管支管 3	150
通气管支管 4	150

（9）布袋除尘器回装。

1）将布袋通过花板上的布袋口往下放，直至袋口与花板接触到，调整袋口压板与花板保持水平接触，不能有翘起的现象，否则容易出现漏灰现象。

2）将含底部端板的第三节袋笼顺着布袋往下放，直至放至露出的高度约为 20cm 左右，用撬棍插到袋笼骨架内，防止该袋笼掉落至布袋内；然后将中间第二节袋笼与第三节袋笼卡在一起，用 4 个卡扣进行固定（卡扣安装时先将其掰成约 30° 角，然后将卡扣上部先扣在袋笼骨架上，用手猛按卡扣下部，卡扣就会直接卡上，必要时使用小手锤进行敲击），安装时避免卡扣掉落至布袋内。

3）将中间第二节袋笼顺着布袋往下放，直至放至露出的高度约为 20cm 左右，用撬棍插到袋笼骨架内，然后将待外圈压环的第一节袋笼和中间第二节袋笼卡在一起，用 4 个卡扣进行固定。

4）第一节袋笼安装完成后需检查其与花板、布袋是否水平，没有倾斜、翘起的现象，用橡胶锤或者脚踩，使其稳定、牢固地压在花板上。

5）清理大膜片结合面后用干净的抹布进行擦拭，保证结合面清洁、无锈迹。

6）将大膜片平整地铺在结合面上，螺栓孔对应整齐，然后将大弹簧放在中间加强部分铝合金圆盘中间位置，最后将大膜片压盖回装，回装时大弹簧不能偏移或倾倒。

7）用扁铲清理中膜片结合面，保证结合面清洁、无锈迹。

8）将中膜片平整地铺在结合面上，螺栓孔对应整齐，然后将中弹簧放在中间加强部分铝合金圆盘中间位置，最后将中膜片压盖回装，回装时不能偏移或倾倒。

9）清理小膜片结合面，保证结合面清洁、无锈迹。

10）将小膜片平整地铺在结合面上，螺栓孔对应整齐，然后将小弹簧放在中间加强部分铝合金圆盘中间位置，最后将小膜片压盖回装，回装时不能偏移或倾倒。

（10）回装进气止回阀。按照做好的标记进行定位、回装，密封垫选用 3mm 石棉垫进行密封。

四、常见故障原因及处理

仓顶布袋除尘器运行故障会导致粉尘无组织排放，影响周边环境，在运行中常见故障主要包括除尘器压差高、风量过高、粉尘从取尘点逸出、过滤孔冒烟、压缩空气用量过高、压缩空气压力低、滤袋破损、除尘器内潮气等，根据不同故障原因采取相应针对性处置措施，尽快恢复仓顶布袋除尘器的正常运行。

仓顶布袋除尘器常见故障原因及处理方法见表 5-30。

表 5-30　　　　　　　　　　仓顶布袋除尘器常见故障原因及处理方法

故障	原因	处理方法
除尘器压差高	压差读数错误	清理测压接口，检查气管无裂缝，检查压差表
	喷吹系统设定不正确	增加喷吹频率；压缩空气压力过低；提高压力；检查干燥器，并清理（若需要）；检查管路内无堵塞
	喷吹阀失灵	检查膜片阀，查控制电磁阀
	滤袋堵塞	滤袋干燥清灰处理，减少风量，增加清灰频率，喷入中性调制粉，形成保护层和多孔疏松的初级饼
	过量二次扬尘	连续排空灰斗，各排滤袋，滤筒清灰按随机序列，而不是顺序清灰。检查进口挡板，确保干净
风量过高	管道渗漏：填塞裂缝	静压不足，关闭风阀。减小风机转速
粉尘从取尘点逸出	管道泄漏	修补裂缝，使粉尘不会绕过取尘点
	管道平衡不正确	调整支路管道风门
	吸风罩设计不合理	检查粉尘是否被皮带带出吸风罩
过滤孔冒烟	过滤袋渗漏	如果滤袋撕裂或有小洞需更换。检查弹簧圈的安装，确保紧密
	花板渗漏	填隙或焊缝
	无足够尘饼	降低压缩空气压力
	减少清灰频率/喷入中性调制粉以产生初级尘饼	对滤袋或滤筒作渗透测试
压缩空气用量过高	清灰周期过频	延缓清灰周期（若可能）
	喷吹时间过长（通常喷吹设定为 0.1s）	减少持续时间（除初始冲击后，其他所有气量被浪费）
	压力过高	检查膜片和弹簧（参见有关阀失灵的分析）
	气管渗漏	作气泡测试，并修复

续表

故障	原因	处理方法
压缩空气压力低	气管内阻力	检查气管无堵塞
	干燥器堵塞	若工况允许更换干燥剂或将干燥器旁路
	压缩机磨损	咨询厂家或查看压缩机维护手册
滤袋破损	滤袋间距太近	调整滤袋间距，据经验，滤袋边缘间距至少是滤袋本身的半径
	烟气温度超过允许限值	采用耐高温、强度高的滤料
	气流分布不匀	喷吹气压小于 0.20MPa
除尘器内潮气	加热不足	开始处理气流前，输入热空气到系统内
	停机后没有清吹系统	系统停机后运行风机 15～20min
	壳体温度低于露点温度	通过提高气体温度、单元绝缘保温、减少系统内潮气来降低露点温度
	外部空气进入除尘器内	检查壳体无渗漏，门封条磨损
	压缩空气内有水汽	检查自动排水

第十节　石灰石浆液泵

本节主要针对石灰石浆液泵维护检修工作进行介绍，对于石膏浆液排出泵等小型离心渣浆泵的维护检修工作也可参照进行。

石灰石浆液泵属于离心渣浆泵，顾名思义能输送含有较大颗粒度杂质或者输送含有颗粒型磨蚀性、腐蚀性杂质，离心渣浆泵过流部件一般采用高铬耐磨合金材质，因此系列耐磨合金材质经过热处理具有高硬度（HRC58-62）和耐磨、防腐双重性能，被脱硫装置应用的大部分渣浆泵过流部件材质主要代表标号为 Cr30。

一、结构及工作原理

石灰石浆液泵主要由泵体、叶轮螺母、叶轮、泵盖、泵轴、轴承、轴承体、导油管、轴承压盖、支架、油封、机械密封等组成，如图 5-13 所示。

石灰石浆液泵是利用叶轮旋转而使浆液产生的离心力来工作的。石灰石浆液泵在启动前，必须使泵壳和吸入管内充满浆液，然后启动电动机，使泵轴带动叶轮和浆液做高速旋转运动，浆液在离心力的作用下，被甩向叶轮外缘，经蜗形泵壳的流道流入泵的出口管路。石灰石浆液泵叶轮中心处，由于浆液在离心力的作用下被甩出后形成真空，浆液池中的浆液便在大气压力的作用下被压进泵壳内，叶轮通过不停地转动，使浆液在叶轮的作用下不断流入与流出，达到了输送浆液的目的。

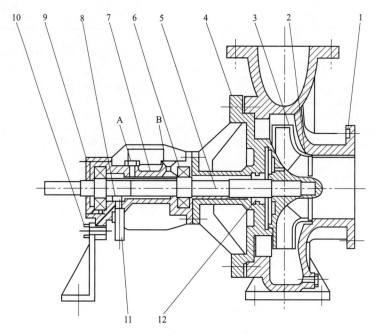

图 5-13　石灰石浆液泵结构图

1—泵体；2—叶轮螺母；3—叶轮；4—泵盖；5—泵轴；6—轴承；7—轴承体；

8—导油管；9—轴承压盖；10—支架；11—油封；12—机械密封

二、日常维护

石灰石浆液泵的日常维护工作主要包括定期检查清理工作、润滑油的监视及更换、日常设备参数监督等工作，并做好数据记录与分析。

（一）定期检查清理工作

（1）每天检查、清理设备周围积油、积浆及杂物。

（2）每天检查设备及其附属设备管道无漏浆、漏油、漏水现象。

（3）每天检查机械密封及减速机水压和水量（水压与水量根据机封厂家提供的出厂设计参数进行调整），要始终保持密封冷却水流通，延长其使用寿命以及保证密封性能。

（4）每周对设备基础螺栓等紧固件及防护罩进行检查。

（5）每月清理泵体出口滤网。

（二）润滑油的监视及更换

（1）每天对泵体油位进行检查。

（2）及时补充润滑油。

（3）每周对设备润滑油油质进行检查。

（4）根据设备厂家要求运行周期进行润滑油更换。

（5）选择符合设备厂家性能指标要求的润滑油。

（三）日常设备参数监督

（1）每天对设备的振动、温度、电流等参数进行检测，了解设备运行状态。

（2）根据设备运行状态，调整设备运行环境温度。

三、设备检修

（一）等级检修项目

石灰石浆液泵等级检修项目见表 5-31。

表 5-31　　　　　　　　　　　　石灰石浆液泵等级检修项目

A 级检修项目	B 级检修项目	C 级检修项目
（1）检查联轴器，复查中心。（2）检查更换泵盖、泵壳、叶轮、机封。（3）检查修理轴承箱。（4）检查修理进、出口门。（5）检查更换进出口衬胶管道、膨胀节	（1）检查联轴器，复查中心。（2）检查更换泵盖、泵壳、叶轮、机封。（3）检查修理轴承箱。（4）检查修理进、出口门。（5）检查更换进出口衬胶管道、膨胀节	（1）检查联轴器，复查中心。（2）检查泵盖、泵壳、叶轮、机械密封。（3）检查进出口衬胶管道、膨胀节

（二）主要部件检修工艺要求及质量标准

1. 联轴器的拆卸及检查

（1）拆除电动机与泵联轴器及机械密封防护罩。

（2）在联轴器螺栓和联轴器上做好标记及编号，拆除联轴器螺栓。

（3）拆除机械密封冷却水管，用手钳、铁丝、棉布封堵管口。

（4）拆除电动机地脚螺栓，将电动机按顺时针方向旋转 90°。

（5）加热拔下泵本体轴联轴器、电动机联轴器。

1）用钢质扁铲从斜 45° 角方向将联轴器键从轴上拆下，检查键与轴配合公差为 0.02～0.04mm，检查与联轴器配合公差为 0.02～0.04mm，将合格的键放置在备品配件放置区。

2）用内径千分尺、外径千分尺测量拆卸下来的联轴器内孔与轴的配合公差，联轴器内孔与轴的配合公差为过盈配合 0.05～0.07mm。

2. 本体解体检查

（1）拆除泵进、出口法兰及其连接短管。

（2）拆除泵壳连接螺栓及叶轮拆卸环，取下泵壳、叶轮。

用钢板尺测量检查叶轮表面：叶轮进出口边缘磨损超过 3mm 的缺口、冲刷部位需用修补剂修复。叶轮直径磨损后超过原始尺寸的 10% 或轮毂磨穿需更换新叶轮，叶轮做动平衡实验。

（3）拆卸机械密封。

1）安装定位卡片，拆卸紧固环螺栓，拆卸泵盖螺栓，将机械密封整体从泵叶轮里拉出。缓慢将机械密封上的动环压板取出，再用带钩拉杆将机械密封动环整体拉出。动环磨损小于 0.5mm，然后用 8mm 内六角扳手松开静环压板上的螺栓，取下压板、弹簧、静环座；再将静环取下。在拆卸机械密封时，严禁动用手锤和扁铲，以免损伤机械密封部件。

2）用游标卡尺（外径千分尺）测量动环高度，磨损量不得超过 0.5mm，多点测量偏差控制在 0.02mm。

3）用游标卡尺（外径千分尺）测量静环高度，磨损量不得超过 0.5mm，多点测量偏差控制在 0.02mm。

4）用钢板尺逐条检查弹簧长度，弹簧长度若减少 1mm 以上需更换。

5）清理轴套，打磨表面毛刺或污迹，使轴套光亮。

6）外观检查动、静环结合面，直径方向不得有划痕，接合面不得有裂纹。手感检查不得有毛刺或凸凹不平。

7）将动环与静环接合面贴合后进行透光检验，工作面贴合后不得透光。

8）用游标卡尺、外径千分尺测量检查静环直径方向磨损量，静环磨损面不得超过圆环工作面 1/4，磨损均匀，静环不得有缺口、裂纹。

（4）轴承组件检查。

1）轴承组件两端的轴承端盖及轴承室上部端盖拆下。

2）拆除轴承锁母。

3）将轴从轴承箱中拿出。

4）用轴承拉拔器拆除两端轴承。

5）清洗轴承和轴承室，检查滚道、圆柱体、保持架无蚀斑、麻点、磨损、划痕。

3. 测量数据

（1）测量泵轴的弯曲。

1）将轴放在托轴 V 形支架上，V 形支架固定在同一水平面上，并在一端固定防止轴向窜动的限位，要求轴向窜动限制在 0.1mm。百分表杆垂直指向轴心，然后缓慢地盘动泵轴，每转一周有一个最大读数和最小读数，两个读数之差就说明轴的弯曲程度，做好记录。

2）将轴沿轴向等分 5 段，测量表面应尽量选择在正圆没有磨损和毛刺的光滑轴段。

3）以键槽为起点，将轴的端面分成八等份，并用记号笔做好标记。

4）将百分表针垂直轴线装在测量位置上，其中心通过轴心，将表的大针调到"50"，把小针调到量程中间，缓缓将轴转动一圈，表针回到始点。

5）将轴按同一方向缓慢转动，依次测出各点读数，并做好记录，测量时各断面测两次，以便校对，每次转动的角度一致，读数误差小于 0.005mm（0.01mm 百分表精度最小值）。

（2）绘制相位图。根据记录，算出各断面的弯曲值，取同一断面内相对两点的差值的一半，绘制相位图。

（3）绘制轴弯曲曲线。将同一轴向断面的弯曲值，列入直角坐标系。纵坐标表示弯曲，横坐标表示轴全长和各测量断面间距离。根据相位图的弯曲值可连成两条直线，两直线的交点为近似最大弯曲点，然后在该点两边多测几点，将测得各点连成平滑曲线，与两直线相切，构成泵轴的弯曲曲线，弯曲最大值小于0.1mm。

（4）检查轴承装配处圆度。用50～150mm外径千分尺检查轴承装配处圆度误差小于0.02mm。

（5）轴颈及轴承内径尺寸的测量。用50～150mm外径千分尺测量轴颈，用50～150mm内径千分尺，测量轴承内径尺寸，轴与轴承内孔间配合为过盈配合，过盈值为0.01～0.03mm。

4. 泵体零部件清理

（1）打磨处理泵轴、轴套、机械密封箱、联轴器各部件密封结合面的锈垢，要求各结合面光洁、平整，止口无毛刺。

（2）清洗各打磨好的零部件，再用面团粘接干净（注意：油位镜或油瓶要清理到位），要求清洗后的零部件见本色。

5. 泵体回装

（1）轴承安装。

1）用轴承加热器加热轴承，加热温度控制在80～100℃。

2）将加热好的轴承快速套在轴肩上，注意保持轴承内孔与轴平行，然后将轴承回装至套筒靠紧轴承内环端面，回装后轴承内环与轴肩的间隙小于0.05mm。

3）用铜棒轻敲迷宫密封圈，将锁母紧固。

4）将轴缓慢穿进轴承室内。

5）安装轴承室上部端盖及轴承两侧端盖，对角将端盖螺栓上紧（螺栓扭矩为376N·m）。

6）回装叶轮拆卸环。

（2）机械密封安装：固定密封箱，放入弹簧、弹簧座、静环，连同动环、轴套一起套入轴上（在轴上涂抹润滑脂，注意不要忘记装动、静环防转销），回装机械密封与泵盖螺栓，安装机械密封紧固环螺栓，拆卸定位卡片。

（3）联轴器安装：均匀加热联轴器，安装联轴器。

（4）叶轮安装：在轴上涂抹润滑脂，将叶轮顺时针旋转到位；紧固叶轮拆卸环，锁紧叶轮。

（5）泵壳回装：将泵壳就位后，紧固泵壳端面螺栓。

（6）本体加注润滑油：用手动油桶泵、加油桶加注润滑油，检查确认油位在油镜刻度线以上、低于油镜 2/3 处。

6. 泵体找中心

（1）联轴器端面间隙、联轴器螺栓孔孔径测量。用 0～10mm 多功能组合式数显楔形塞尺测量轴承组件与电动机联轴器间隙（要求≥8mm）并记录，用 50～600mm、0.01 级内径千分尺测量联轴器螺栓孔孔径，对比原始记录，检查是否有磨损，如有磨损，需更换（测量数据记录在记录本上）。

（2）对泵与电动机联轴器找中心。

1）清理联轴器表面。用塞尺检查泵及电动机地脚是否平整、无虚脚，如果有虚脚，用塞尺测出数值并记录，用相应铜皮垫实。

2）用直角尺平面初步找正。

3）分别在联轴器径向、轴向安装百分表（装百分表时要固定牢，但需保证测量杆活动自如），测量径向的百分表要垂直于轴线，并与轴心处在一条直线上，装好后试转一周，表必须回到原来位置，测量径向的百分表必须复原，将 2 块百分表指针调整归零。

4）慢慢顺时针转动转子，每隔 90º 测量一组数据并做好记录，一周后到原来位置径向表应该为 0，轴向表数据相同。测得数值 $a_1+a_3=a_2+a_4$，上下张口 $=a_1-a_3$，正为上张口，负为下张口；左右张口 $=a_2-a_4$，正为 a_2 侧张口，负为 a_4 侧张口。上下径向偏差 $b=(b_1-b_3)/2$，正为电动机高，负为电动机低；左右径向偏差 $b=(b_2-b_4)/2$，正为电动机偏右，负为电动机偏左（轴向偏差：≤0.05mm；径向偏差：≤0.05mm；联轴器距离：≥8mm），见图 3-8。

找中心数据标准见表 5-32。

表 5-32　　　　　　　　　找 中 心 数 据 标 准　　　　　　　　　mm

测量部位名称	标准值
电动机 – 泵对轮水平位置张口方向	左右张口
电动机 – 泵对轮水平位置张口数值	≤0.05
电动机 – 泵对轮垂直位置张口方向	上下张口
电动机 – 泵对轮垂直位置张口数值	≤0.05
电动机 – 泵对轮水平位置圆周方向	左右偏差
电动机 – 泵对轮水平位置圆周数值	≤0.05
电动机 – 泵对轮垂直位置圆周方向	高低偏差
电动机 – 泵对轮垂直位置圆周数值	≤±0.05

（3）安装联轴器及其防护罩。

（三）检修安全、健康、环保要求

1. 检修工作前

（1）根据设备型号确认备件准备是否正确。

（2）对石灰石浆液泵与在运设备进行隔离检查。

（3）准备好石灰石浆液泵检修需要的物资、材料、备件等。

2. 检修过程中

（1）检修使用的废旧辅料要放入专用垃圾筒。

（2）检修现场要保持清洁，检修工作完要及时清理现场。

（3）认真遵守起重、搬运的安全规定。

（4）拆除的备品备件放置在专用区域。

（5）在进行手锤操作时，做好手部的防砸措施。

（6）在设备未回装前，做好隐蔽位置的打磨除锈刷漆清理工作。

3. 检修结束后

（1）确认设备回装完毕并检查紧固螺栓牢固。

（2）恢复设备的标识、保温及检修过程中拆除的各附属部件。

（3）对设备进行盘车，确认转动灵活。

（4）设备防护设施安装完好。

四、常见故障原因及处理

石灰石浆液泵在运行中常见故障主要包括泵不吸水，压力表剧烈跳动；泵出力不足；流量低于设计流量；功率过大，电动机发热，运转杂声或振动、泄漏等，根据不同故障原因采取相应针对性处置措施。

石灰石浆液泵常见故障原因及处理方法见表 5-33。

表 5-33 　　　　　　　　　　石灰石浆液泵常见故障原因及处理方法

故障	原因	处理方法
泵不吸水，压力表剧烈跳动	泵内积有空气，吸水管和表管漏气	检查管路，排除漏气现象
泵出力不足	出水管阻力大，转向不对，叶轮堵塞	检查电动机转向，除去叶轮堵塞物
流量低于设计流量	叶轮堵塞，密封环磨损过大	除去堵塞物，更换密封环
功率过大，电动机发热	流量超过使用范围	按泵使用范围运转
	介质比重过大	更换较大功率电动机
	产生机械摩擦	检查摩擦处，调整或更换磨损零件

故障	原因	处理方法
运转杂声或振动	泵轴与电动机轴不同心	调整，确保同心
	输送的液体中含有气体	降低液体温度，排除气体
	转子不平衡	更换零件
	螺母有松动现象	拧紧各部位螺母
	导轴承与轴颈磨损过大	更换导轴承，修复轴颈
	流量、扬程超过使用范围	调整至规定范围或重新选型
泄漏	机械密封动静环磨损，机械密封水压力过大渗水	调整机械密封的水压在合适范围内，更换失效机械密封
	管道防腐层破损	对管道重新进行防腐处理
	出入口管道法兰泄漏	对角紧固法兰螺栓，或更换垫片
	泵体泄漏	紧固螺栓或更换结合面垫片
	油封尺寸不合适，轴承体泄漏	更换油封

第六章 石膏脱水系统维护与检修

石膏脱水系统作为石灰石－石膏湿法脱硫系统的重要辅助系统，主要由石膏排出泵、石膏旋流站、真空脱水系统组成，通过旋流器和真空皮带二级脱水，实现脱硫副产物的分配，提高吸收剂的利用率，维持系统水平衡和物质平衡。石膏脱水系统的正常运行不仅对吸收塔运行参数（液位、密度、氯离子）有影响，还影响系统水平衡，更直接影响脱硫副产品石膏的品质，因此做好石膏脱水系统的维护与检修，对确保整个脱硫系统的安全、稳定长周期经济运行有非常重要的意义。石膏脱水系统流程及主要设备如图 6-1 所示。

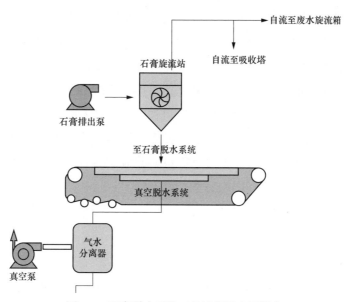

图 6-1　石膏脱水系统工艺流程及主要设备

石膏一级脱水系统设备主要为石膏排出泵、石膏旋流器等，吸收塔底部浆液经石膏排出泵送至旋流站旋流器进行浓缩，得到含固量较高的底流浆液和含固量较低的顶部溢流浆液，底流浆液进入二级脱水系统，溢流浆液自流回吸收塔或废水旋流箱。一级旋流器脱水除了浓缩浆液的作用外，更重要的是维持吸收塔的运行指标，确保整个脱硫系统经济稳定运行。

石膏二级脱水系统主要设备为真空皮带脱水机或真空圆盘脱水机，经过一级浓缩后的底流浆液进入真空皮带脱水机，将旋流脱水后含水率 40%～50% 的高固浆液含水率降低到

10%以下，是决定石膏品质的关键环节。真空皮带机拖动滤布，用真空泵将水分从滤布中抽出，滤液进入皮带脱水孔下面的真空盒，经气水分离器后排出，固体石膏留在滤布上，由皮带托送到石膏库，石膏皮带脱出滤液排至废水系统进行处理。

本章主要针对石膏脱水系统主要设备的结构及工作原理、日常维护、设备等级检修项目、常见故障原因及处理方法等检修相关内容进行阐述。

第一节　石膏浆液旋流器

石膏浆液旋流器不仅有浓缩浆液的作用，还提高了石膏的品质和石灰石的利用率，对整个脱硫系统的经济性提升起到非常重要的作用。旋流器采用离心沉降原理，当待分离的两相混合液以一定压力从旋流器周边切向进入旋流器内后，产生强烈的三维椭圆形强旋转剪切湍流运动，由于粗颗粒与细颗粒之间存在粒度差，其受到离心力、向心浮力、流体曳力等大小不同，受离心沉降作用，大部分粗颗粒经旋流器进入固体含量高的底流，而大部分细颗粒进入固体含量低的溢流，形成两种不同的浆液，从而达到分离分级的目的。由于石灰石、飞灰粒度比石膏结晶粒度小，容易富集在溢流浆液中，降低了底流浆液中石灰石和飞灰的含量，达到提高石膏品质和石灰石利用率的效果，实现提升脱硫系统经济性的作用。

底流口径对底流浆液的含固量影响很大，而且底流沉砂嘴处流速很快，是整个旋流器中使用寿命最短的部件。底流口径的选取可按 $0.1D_1$（D_1 为进料头直径）选取。溢流口由于流量较大，一般按 $0.4D_1$ 选取。除了底流口径影响石膏旋流器的分离效果的因素主要还包括颗粒大小、进料口径、压力及流量、旋流室直径及长度、旋流子椎度、溢流口径等。

本节主要针对石膏旋流器维护检修工作进行介绍，对于废水旋流器、石灰石浆液旋流器的维护检修工作也可参照进行。

一、结构及工作原理

旋流器主要由进液分配器、若干个旋流子、溢流稀液储箱及底流浆液分配器组成。脱硫石膏泵液旋流器结构示意图见图6-2。

在旋流器中，原液进入分配器，分流到单个的旋流子。旋流子利用离心力加速沉淀，作用力使原液在旋流器进口切向被分离，使原液形成环形运行。粗颗粒被抛向旋流器的环状面和浓的原液从底部流走，细颗粒留在中心，和较稀的部分原液溢流到上部稀液储箱。原液在旋流器中通过重力离心旋流而实现轻重组分分离。旋流子入口压力越大（沉砂嘴内径一定时），则溢流部分浆液内的颗粒尺寸就越小。

在实际应用中，可以通过增加旋流筒长度来改善旋流器分离能力。旋流器入口压力高低对分离效果起着关键作用。经实践证明，压力在 0.15～0.2MPa 时能满足石膏浆液浓缩要求。压力过高不仅会造成旋流器磨损还会增大给料泵的扬程，增大运行能耗。一般单个旋

流子口径按 $0.15\sim0.25D$（D 为旋流室直径）选取。口径越小，浆液流速越快，进入旋流室产生的离心力就越大，分离效果就越好，但流速过大，浆液里颗粒性物质会对旋流室造成严重磨损。

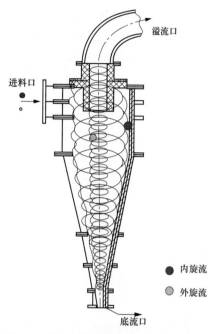

图 6-2 脱硫石膏浆液旋流器结构示意图

二、日常维护

（1）设备周围清洁、无积垢、积浆及其他杂物，照明充足。

（2）所有阀门、开关灵活，无卡涩现象，位置指示正确。

（3）管道连接牢固、可靠，无漏浆、漏水现象，压力表指示正常。

（4）旋流站出口压力正常，各旋流站底流及溢流含固量满足设备出厂要求，不满足参数要求及时进行沉砂嘴及锥体的更换。

（5）系统运行无跑、冒、滴、漏现象发生。

三、设备检修

（一）等级检修项目

石膏浆液旋流器各等级标准检修项目基本相同，主要包括检查更换旋流子、沉砂嘴；清理筒体及进、出料管道；检查更换旋流子进浆阀门等。

（二）主要部件检修工艺要求及质量标准

1. 旋流子拆卸

（1）拆除旋流子固定支架螺栓，用梅花扳手、开口扳手拆开旋流子与进料箱法兰（4孔碳钢垫圈）螺栓。

（2）用记号笔标记用溢流箱顶部封盖位置并用钢质扁铲、撬棍打开溢流箱顶部封盖。

（3）检查溢流箱衬胶无磨损、无起皮、无裂纹、无鼓包现象。

2. 旋流器解体检查

（1）拆卸旋流器溢流箱与进料箱法兰连接螺栓及溢流管道法兰螺栓，用电动葫芦将溢流箱吊运至检修区。

（2）进料箱解体检查。

1）清理进料箱。

2）检查进料箱衬胶无磨损、无裂纹、无起皮、无鼓包现象。

（3）溢流箱解体检查。

1）打开溢流箱顶部封盖。

2）清理进料箱。

3）检查溢流箱衬胶无磨损、无裂纹、无起皮、无鼓包现象。

（4）底流箱解体检查。

1）打开底流箱封盖。

2）清理进料箱。

3）检查底流箱衬胶无磨损、无裂纹、无起皮、无鼓包现象。

（5）旋流子解体检查。

1）松开沉砂嘴卡箍螺栓，使卡箍能灵活移动，用钢质尖铲、平口敲击螺丝旋具、2P手锤取下沉砂嘴及底流软管。

2）松开旋流子下锥体与上锥体连接卡箍螺栓，拆下旋流子下锥体，冲洗干净，放置在检修区域。

3）拆除进料头部与溢流管连接卡箍，拆下旋流子溢流管，冲洗干净，放置在检修区域。

（6）沉砂嘴检查。测量沉砂嘴内径，做好记录（要求磨损不大于设计值的10%）。

（7）底流锥体检查。测量底流锥体内径，做好记录（要求磨损不大于设计值的1/3）。

（8）溢流管检查。测量溢流管内径，做好记录（要求磨损不大于设计值的2/3）。

（9）进料头检查。测量进料头内径，做好记录（要求磨损不大于设计值的1/3）。

（10）旋流子阀门检查。检查管夹阀衬胶无鼓包，夹板升降灵活、关闭严密、开启到位。

3. 旋流器回装

（1）溢流箱回装。

1）回装旋流器溢流箱与进料箱法兰连接螺栓及溢流管道法兰螺栓。

2）回装溢流箱盖板（回装前压盖位置均匀涂抹密封胶）。

（2）旋流子回装。

1）回装底流箱盖板。

2）回装进料箱分配支管法兰与旋流子进料头和阀门（各旋流子按原有安装位置回装）。

3）轻敲沉砂嘴，使沉砂嘴锥形部分插入锥体的延伸部分，紧固沉砂嘴卡箍螺栓。

4）轻敲底流软管插入沉砂嘴的延伸部分，紧固沉砂嘴卡箍螺栓。

5）底流软管插入底流箱，紧固旋流子进料弯头与底流管连接卡箍螺栓是卡箍合拢，并连接底管固定支架。

6）溢流管插入溢流箱，紧固进料头部与溢流管连接卡箍至卡箍基本合拢，并连接溢流管固定支架。

四、常见故障原因处理

旋流器在运行中常见故障主要包括底流含固量低、旋流站压力低、溢流浆液筒体漏浆、底流浆液含固量过高等，根据不同故障原因采取相应针对性处置措施。脱硫石膏旋流器常见故障及处理方法见表6-1。

表 6-1　脱硫石膏旋流器常见故障及处理方法

常见故障	原因	处理方法
底流含固量低	沉砂嘴磨损	更换沉砂嘴
	进料浆液密度不足	调整进料浆液密度在合格范围内
	沉砂嘴内径选型过大	采用合适内径的沉砂嘴
旋流站压力低	旋流子投运的数量过多	减少旋流站旋流子数量
	进料管有堵塞	疏通堵塞管道
	进料管有泄漏	查找处理泄漏点
	旋流站来浆量不足	查找旋流站来浆量不足的原因
溢流浆液筒体漏浆	溢流管有堵塞	疏通溢流管
	溢流筒体过小	更换大容量溢流筒体
底流浆液含固量过高	沉砂嘴内径选型过小	采用合适内径的沉砂嘴
	进料浆液密度过高	调整进料浆液密度在合格范围内

第二节　脱　水　机

脱水机是湿法脱硫公用系统的主要设备之一，通过真空抽吸石膏浆液中的水分形成脱水石膏的目的，是决定石膏品质的关键环节。国内最常用的脱水机是真空脱水机。近几年，越来越多的新建脱硫项目开始倾向于采用滤布圆盘脱水机。

圆盘脱水机和真空皮带脱水机从原理上来说都属于真空脱水机，两者除了在占地、电耗、运行维护等方面存在较大差异之外，显著的区别在于结构形式。滤布圆盘脱水机仅在设备投资方面略高于真空皮带脱水机，同样出力的圆盘脱水机占地面积约为真空皮带脱水机的37.5%，能够节省一部分土建投资，且运行维护费用较低，圆盘脱水机具有经济性优势。

一、结构及工作原理

1. 真空皮带脱水机

真空皮带脱水机结构图见图 6-3，由驱动辊、进料口、淋洗口、支撑台、真空箱、滑台、摩擦带、滤布、从动辊、改向辊、纠偏装置、卸料口等组成。

胶带由变频电动机经减速机拖动连续运行，滤布靠与胶带间的摩擦力与胶带同步运行。胶带与真空室滑动接触（其间有摩擦带并通有密封水加以密封、润滑），当真空泵工作时，胶带上将形成真空抽滤区。料浆经进料装置均匀分布到移动的滤带上。料浆在真空的作用下进行过滤，滤液穿过滤布经胶带上的横沟槽汇流并由小孔进入真空箱，然后再由气水分离器排出。抽滤后形成的滤饼向前行进接受洗涤。洗涤采用多级洗涤方式。洗涤后的滤饼经再次真空脱水、吸干，最后在滤布转向处靠重力卸除，再用刮刀刮除部分滤饼。滤布和胶带在返回时经洗涤槽获得再生，继续工作。

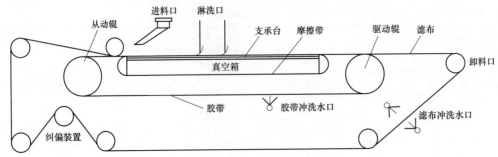

图 6-3 真空皮带脱水机结构示意图

2. 圆盘脱水机

圆盘脱水机是集机电、毛细微孔滤板、超声波清洗等高新技术于一体的新产品。技术先进，结构紧凑，性能优越，社会、经济效益显著，对 FGD 烟气脱硫中的石膏浆液有显著脱水能力。圆盘脱水机结构示意图见图 6-4。

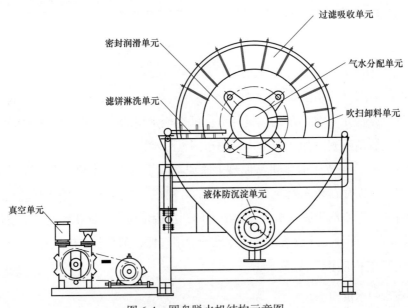

图 6-4 圆盘脱水机结构示意图

圆盘脱水机由主机部分（机架和矿浆槽、主驱动轴、分配阀、卸料装置遗板）、搅拌系统、清洗系统（超声波清洗装置、反冲洗装置、化学清洗装置）、真空系统、控制系统等组成。

圆盘脱水机过滤板通过中心筒由调速电动机通过减速机驱动，使之在装满石膏浆液的槽体中以一定的速度转动，当过滤板进入吸附区时，在真空泵的作用下过滤介质两侧形成压力差，使固体物料吸附在过滤介质上并形成滤饼，滤液则经气水分配单元排出。当过滤板从槽体石膏浆液中脱离而进入干燥区后，滤饼继续在真空的作用下，水不断与滤饼分离，进一步从气水分配单元排出，滤饼因此而干燥。进入卸料区后，石膏滤饼在反吹扫压缩空气和刮刀的共同作用下，通过下料斗，落入石膏库。

圆盘脱水机又分为陶瓷式圆盘脱水机和滤布式圆盘脱水机，其区别就是盘片材质，陶瓷式圆盘脱水机采用陶瓷盘片，成本高，质量重，且易破碎，石膏脱水效果较差。滤布式圆盘脱水机的过滤介质为滤布，盘片为工程塑料，成本低，质量轻，且不易破碎；由于滤布本身的特点，在圆盘脱水机运转的过程中就能够自我清洗，不再需要陶瓷圆盘脱水机那样的超声及稀硝酸化学清洗，因此系统非常简单。设备及系统的安全性和可靠性得到提高。

二、日常维护

1. 真空皮带脱水机

真空皮带脱水机年运行维护检修备件主要为滤布、摩擦带、轴承、托辊、真空盒等；3～5 年需更换一套橡胶带，日常维护工作主要包括。

（1）设备周围清洁，无积水、积浆及其他杂物，照明充足，防护罩完整。

（2）所有阀门、开关灵活，无卡涩现象，位置指示正确。

（3）设备本体及连接管道无漏水、漏油现象，其振动及温度值在规定范围内。

（4）设备冲洗水水量及水压满足设备设计要求。

（5）传动皮带检查无断裂，磨损；中间通气孔无破损、堵塞情况。

（6）定期检查滤布表面无断裂，接口处连接牢固。透气量满足设计要求。

（7）定期检查皮带机裙边无开裂、开胶、老化、破损情况。

（8）定期检查真空皮带机排水系统通畅，冲洗底部积浆。

（9）定期检查滤布冲洗喷嘴堵塞情况，及时疏通堵塞喷嘴。

（10）根据设备指导要求定期进行油脂更换。

（11）根据运行工况及设备所处环境，及时对主从动轴轴承、滤布托辊轴承及皮带轴承进行润滑油脂的补充更换。

（12）定期检查纠偏气缸运行是否灵活。

2. 圆盘脱水机

圆盘脱水机的年运行维护检修备件主要为滤布或滤板、滤芯、卸料刮刀。圆盘脱水机连续运行一定时间（一般为 8h）后，必须在线清洗 1.5h。圆盘脱水机的日常维护工作主要包括定期检查清理工作、润滑油的监视及更换、日常设备参数监督等工作。

（1）定期检查清理工作。

1）每天检查各部件的紧固情况，不允许有松动现象。

2）每天检查真空管路无漏气现象，真空表指示是否正常。

3）每天检查过滤板运转情况，刮刀工作是否正常。

4）每天检查主轴运转是否平稳，开式齿轮付接触面是否均匀，并保持齿面有油脂。

5）每周对设备基础螺栓等紧固件及防护罩进行检查。

6）每周检查盘根渗水情况。

7）气液分配单元上的 4 个弹簧必须均匀压紧。

（2）润滑油的监视及更换。

1）每天对油泵及油位进行检查。

2）及时对轴承减速机补充润滑脂。

3）根据设备厂家要求运行周期进行润滑油更换。

4）选择符合设备厂家性能指标要求的润滑油。

（3）日常设备参数监督。每天对设备的振动、温度、电流等参数进行检测，了解设备运行状态。

三、设备检修

（一）真空皮带脱水机检修

1. 等级检修项目

真空皮带脱水机检修项目分类见表 6-2。

表 6-2　　　　　　　　　　　真空皮带脱水机检修项目分类表

A 级检修项目	B 级检修项目	C 级检修项目
（1）检查修理减速机。 （2）修复脱水皮带，更换滤布，调整刮刀、张紧装置。 （3）更换滚筒轴承、托根轴承，修复滚筒包胶。 （4）检查修理密封水、冲洗水系统。 （5）检查更换纠偏装置及皮带导向装置。 （6）检查修理真空盒、摩擦带，更换真空软管。 （7）清理落料口。 （8）清理滤液分离器。 （9）检查试验拉绳开关	（1）化验减速机润滑油油质。 （2）检查脱水皮带、滤布，调整刮刀、张紧装置。 （3）检查滚筒、托辊及轴承。 （4）检查密封水、冲洗水系统。 （5）检查更换纠偏装置及皮带导向装置。 （6）检查修理真空盒、摩擦带。 （7）清理落料口。 （8）清理滤液分离器。 （9）检查试验拉绳开关	（1）检查、清理冲洗水喷嘴。 （2）检查滤布、皮带。 （3）检查、调整纠偏装置及皮带导向装置。 （4）清理落料口。 （5）检查调整刮刀。 （6）检查试验拉绳开关

2. 主要部件检修工艺要求及质量标准

（1）皮带机本体解体。

1）拆除滤布压辊和滤饼洗涤装置。

a. 拆除滤布压辊。

b. 拆除滤饼洗涤装置。

c. 拆除张紧辊销柱，松开手拉葫芦，提升张紧辊至张紧辊调节滑道顶端，并用记号笔做好标记。

2）滤布的拆除。

a. 松开滤布，抽出滤布钢接口内的滤布穿线并卷成圈，用透明胶带包裹。

b. 将滤布按真空脱水机运行方向卷成 1 卷，用记号笔标记，用塑料布严密包裹。

3）滤布托辊拆卸检查。

a. 拆除滤布托辊并标记。

b. 测量托辊外衬磨损程度，直径磨损大于 2/3 时需要更换。

4）胶带驱动托辊修前皮带调整检查。

a. 用记号笔标记皮带调整丝杆。

b. 松开皮带调整丝杠，使皮带中间部位下坠 1.5m。

c. 用 DN65 钢管、5t 吊装带、行车吊起皮带支承辊上方的皮带，起吊高度距离皮带支撑托辊 0.5m。

d. 拆除真空皮带机电动机电源线和电动机风扇电源线并做好标记。

e. 拆开电动机与减速机连接螺栓。

f. 拆除减速机地脚螺栓并涂抹 3 号锂基脂用塑料布包裹，将减速机拆除放置在检修区。

g. 固定真空皮带机驱动托辊，拆除两端真空皮带机驱动托辊轴承座螺栓，缓慢将真空皮带机驱动托辊放置在托辊滑台上，将真空皮带机驱动托辊缓慢拖出。

h. 拆除轴承座及密封，放置在备品备件放置区，用纯棉抹布、油盘、清洗剂清洗轴承，用铜棒、轴承拉拔器拆除轴承。

i. 用轴承加热器加热轴承至 110℃，用 10P 八角锤、铜棒安装轴承，安装轴密封及轴承座。

5）胶带小托辊检查。依次拆除故障的胶带小托辊；检查托辊磨损、腐蚀，小轴承是否有卡涩现象。

6）摩擦带检查。

a. 检查摩擦带外观无毛刺、无起皮脱落、边缘光滑，密封面无凹凸、无变形、无裂纹。

b. 使用外径千分尺、游标卡尺测量厚度不小于原始厚度的 1/3，记录数据，如磨损程度大于 1/3，更换摩擦带。

7）拆卸真空盒。

a. 拆除真空盒真空软管、润滑水管并做好封堵。

b. 拆卸真空盒与皮带机机架连接螺栓，做好位置标记。

c. 依次拆除摩擦带。

d. 拆除真空盒连接段连接螺栓，拆除真空盒，移除固定位置。

8）滑台解体检查。

a. 依次拆除滑台固定螺栓放置在备品备件放置区。

b. 依次拆除滑台，用钢质扁铲、砂纸清洗剂清理真空盒与滑台的安装面。

c. 检查滑台导轨槽平整、无凸凹、边缘无变形，用深度尺测量滑台导轨深度槽磨损不超过 3mm；否则更换滑台。

9）真空盒回装。

a. 用游标卡尺、卷尺、钢板尺、深度尺测量滑台数据并记录，在真空盒与滑台安装面均匀涂抹密封胶。

b. 依次安装滑台。

c. 调节真空盒调整螺栓，使滑台整体水平在 0~1mm 以内。

d. 将摩擦带顺序排列在滑台滑槽内。

e. 安装真空支管上的卡箍。

（2）减速机解体检修。

1）减速机拆卸。

a. 清理减速机外部卫生。

b. 拆打开减速机上部检查孔。

c. 排净减速机润滑油。

d. 将减速机上盖固定。

e. 拆除减速机上盖、轴承端盖连接螺栓，用 M20×100 顶丝缓慢顶出减速机上盖。

f. 用平头刮刀、砂纸清理减速机接合面。

2）减速机内部零件检查。

a. 用清洗剂、毛刷、纯棉抹布、面团对传动轴、齿轮、轴承、箱体、端盖进行清理，用压缩空吹扫油道。

b. 检查齿轮、箱体、轴承，无油蚀、裂纹、砂眼、毛刺。

c. 用压铅丝法测量各齿轮的啮合间隙，要求：顶隙为（0.25× 齿轮模数）mm，两端测量之差不大于 0.10mm；齿轮背隙为 0.3~1mm，两端测量之差不大于 0.15mm。

d. 用塞尺或压铅丝法测量滚动轴承的轴向间隙。

e. 检查轴，光滑完好，无裂纹、毛刺，测量椭圆度，公差一般应小于 0.03mm，测量齿轮齿顶的径向跳动公差，对于一般常用的 6、7、8 级精度的齿轮，齿轮直径为 80~800mm 时，径向跳动公差为 0.02~0.10mm；齿轮直径为 800~2000mm 时，径向跳动公差为 0.10~0.13mm；齿轮的接触斑点沿齿高方向不小于 45%，沿齿长方向不小于 60%。接触斑点的分布位置应趋近齿面中部。

3）减速机外壳回装。

a. 在轴承端盖、减速机上盖接合面均匀涂抹密封胶。

b. 将减速机上盖固定，将减速机上盖、轴承端盖回装。

（3）驱动辊回装。

1）用车将行真空皮带机驱动胶带托辊吊运至制作的托辊滑台上。

2）将真空皮带机驱动托辊平稳拉至胶带内部，固定真空皮带机驱动托辊。

3）安装两端真空皮带机驱动托辊轴承座。

（4）减速机回装。

1）调整皮带调整丝杆至记号位置。

2）固定减速机就位，在真空脱水机驱动托辊驱动侧轴头上均匀涂抹润滑油，用铜棒敲击减速机轴套，将减速机就位，紧固减速机地脚螺栓。

3）回装电动机与减速机连接螺栓。

4）用手动油桶泵给减速机加注润滑油。

（5）滤布托辊回装。按照标记依次安装滤布托辊、压辊和滤饼洗涤装置。

（6）滤布回装。

1）将滤布吊运在真空泵胶带上方，将滤布按真空脱水机运行方向缓慢展开，确认物料面在上面，按照标记沿滤布托辊将滤布安装就位，使滤布中心处于真空皮带机中心孔位置，用200mm平嘴手钳缓慢将滤布钢接口内滤布穿线穿入滤布钢接口内。

2）回装滤布压辊。

3）拆除张紧辊销柱，松开固定张紧辊的连接绳，使张紧辊至张紧辊调节滑道标记处。

（二）圆盘脱水机检修

1. 等级检修项目

圆盘脱水机检修项目分类表见表6-3。

表 6-3	圆盘脱水机检修项目分类表	
A级检修项目	B级检修项目	C级检修项目
（1）检查修理主轴减速机、传动链条。	（1）检查主轴减速机、传动链条。	（1）搅拌器、主轴减速机、传动链条补加润滑脂。
（2）检查修理反冲洗系统。	（2）检查修理反冲洗系统。	（2）检查修理反冲洗系统。
（3）检查更换滤布、滤板。	（3）检查更换滤布、滤板。	（3）检查更换滤布、滤板。
（4）检查更换圆盘主轴滚筒与滤板连接橡胶软管。	（4）检查更换圆盘主轴滚筒与滤板连接橡胶软管。	（4）检查、调整分配头及密封片。
（5）检查密封片。	（5）检查分配头及密封片。	（5）检查超声波清洗装置。
（6）检查修理超声波清洗装置。	（6）检查超声波清洗装置。	（6）检查浆池。
（7）检查搅拌器减速机、关节轴承。	（7）检查搅拌器减速机、关节轴承。	（7）检查、调整刮刀与滤板间距
（8）检查气液分离器内部防腐情况。	（8）检查气液分离器内部防腐情况。	
（9）更换真空管、反吹管、酸洗管道。	（9）清理浆池。	
（10）清理浆池。	（10）检查、调整刮刀与滤板间距	
（11）检查、更换刮刀，调整刮刀与滤板间距		

2. 主要部件检修工艺要求及质量标准

（1）检查反冲洗系统。

1）工艺要求。检查酸洗设备、超声波清洗设备。

2）质量要求。计量泵应满足清洗要求，超声波清洗装置应正常。

（2）检查滤板。

1）工艺要求。

a.滤板酸洗、超声波清洗。

b.更换破损、堵塞严重的滤板。

2）质量要求。

a.滤板酸洗或清洗后应满足设计要求。

b.滤板与固定圈接触应平滑，滤板固定螺栓紧力应满足要求。

（3）检修主轴及搅拌器减速机。

1）工艺要求。

a.检查齿轮、轴承磨损情况。

b.更换润滑油脂。

2）质量要求。

a.齿轮、轴承磨损应满足行业标准要求。

b.润滑油应加注 1/3～2/3。

（4）检查分配头及密封片。

1）工艺要求。

a.检查分配头密封片的磨损情况。

b.检查各分流通道管路的堵塞情况。

2）质量要求。

a.密封片不应出现磨损，否则应进行更换。

b.真空区与反冲洗区的压力差应符合要求。

（5）检查真空管、冲洗水管、气液分离器及刮刀。

1）工艺要求。

a.检查各管路的腐蚀磨损情况。

b.检查气液分离器内防腐及石膏沉积情况。

c.检查调整刮刀与滤板间距。

2）质量要求。

a.各管路及气液分离器应无腐蚀、磨损情况。

b.气液分离器内应防腐完好，无石膏沉积。

c.刮刀与滤板间距应在 0.5～1mm，刮刀不得直接接触滤板。

（三）检修安全、健康、环保要求

1. 检修工作前

（1）根据修前诊断情况确定检修项目，制定检修步骤。

（2）做好圆盘脱水机检修过程中的风险预控措施，重点是托辊吊装作业及狭小空间作业防护措施。

（3）准备好圆盘脱水机检修需要的物资、材料、备件等。

2. 检修过程中

（1）检修使用的废旧辅料要放入专用垃圾筒。

（2）检修现场要保持清洁，检修工作完要清理现场，工作结束后必须做到工完、料净、场地清。

（3）在进行脱水皮带机吊装作业时严格按照起吊安全作业要求进行，起吊前检查吊装点牢固、可靠，吊装带检验合格，吊装人员符合资质要求。

（4）检查皮带机滑台等皮带机框架内部部件时注意防撞。

（5）检查减速机内部齿轮箱时做好箱体的密封防护工作。

（6）拆除的工器具及备件放置在指定位置。

3. 检修结束后

（1）工作结束必须做到工完、料净、场地清。

（2）皮带机，滑台、滤布等调节设备恢复原有位置。

（3）试运皮带机润滑、冲洗等水管正常运行。

四、常见故障原因及处理

1. 真空皮带脱水机常见故障原因及处理

真空皮带脱水机在运行中常见故障主要包括滤液变浑浊、滤饼洗净而不净、滤布跑偏、滤布出现折皱、滤布不净、真空度不足等，根据不同故障原因采取相应针对性处置措施。真空皮带脱水机常见故障原因及处理方法见表6-4。

表6-4　　　　　　　　　真空皮带脱水机常见故障原因及处理方法

故障	原因	处理方法
滤液变浑浊	滤布宽度不够	采用合适的滤布
	滤布有破洞	修补或更换
	滤布密度不够	采用合适的滤布
	进料太快，溢出滤布	注意操作，减少加料
	卸料不净和滤布没洗净	
	料浆变化，造成透滤	
滤饼洗净而不净	洗涤区长度不够	增加洗涤槽
	洗涤水槽流水不均匀	调节洗涤槽水平度

续表

故障	原因	处理方法
滤饼洗净而不净	洗涤水太少或洗涤次数不够	重新确定工艺条件
滤布跑偏	滤布宽度发生变化	调整行程开关位置
	调偏气缸推力不足	提高气源压力
	气路接错	重新连接
	电磁换向阀失灵	检修或更换
	气路管路堵塞或泄漏	检修气路管路
	布料不均引起滤饼不均	调整布料方法
滤布出现折皱	滤布跑偏	检查滤布纠偏装置
	橡胶滤带跑偏	调整橡胶带的跑偏
	调偏装置工作不正常	
滤布不净	滤饼含湿量太高	加长吸干区或吸干时间，检查滤饼成分、是否黏土含量过高
	滤布选择不适当	更换滤布
	喷水管或喷头堵塞	清理喷头
	清洗水源压力不足	提高水压
	水箱堵塞	清理水箱
真空度不足	真空装置连接处泄漏	改善泄漏处的密闭情况
	真空泵吸力不足	检修真空泵
	滤饼严重开裂	加快滤速或检查滑台是否平整
	滤带两侧翘起	调滤带与真空装置的间隙

2. 圆盘脱水机常见故障原因及处理

圆盘脱水皮带机在运行中常见故障主要包括滤饼脱落率降低，分配盘与摩擦盘之间漏气，过滤盘漏气，真空度太低，搅拌轴盘根密封处漏水、漏浆，不能形成滤饼、滤饼太薄，润滑点供油不足，给料不正常，控制不正常等，应根据不同故障原因采取相应针对性处置措施。圆盘脱水机常见故障原因及处理方法见表6-5。

表6-5　　　　　　　　圆盘脱水机常见故障原因及处理方法

故障	原因	处理方法
滤饼脱落率降低	滤饼太薄	调整主轴转速
	反吹风压力太低	检查反吹风系统

故障	原因	处理方法
分配盘与摩擦盘之间漏气	两盘没有贴紧	调整压紧弹簧
	配合面磨损	修复或更换动静盘
	配合面润滑不良	添加足够的润滑油
过滤盘漏气	滤布袋局部破损	修补或更换
	滤扇与插座处密封不严	调整或更换 O 形密封圈
	液面太低	提高液面
真空度太低	真空泵工作不正常	泵体解体检查
	真空管路漏气或堵塞	修补管路
	漏气	过滤盘检修
	液位太低	加大进浆量
搅拌轴盘根密封处漏水、漏浆	盘根没有压紧	压紧盘根
	盘根损坏	更换盘根
	水封失效	检修
不能形成滤饼、滤饼太薄	浆液密度低	增加浓度
	主轴转速不合适	调整转速
	过滤盘根漏气	检修
	真空度太低	检修
	搅拌转速太高	适当调整搅拌转速
润滑点供油不足	油嘴堵塞	清除堵塞物
	干油泵工作不正常	解体检查油泵
	管接头连接不严密	紧固接头
给料不正常	给料管堵塞	检修管路并清洗
控制不正常	电路失灵，元件损坏	按电气原理图检修

第三节　水环式真空泵

　　真空泵是指利用机械、物理的方法对容器抽气而获得真空的设备，脱硫系统中真空泵用于向真空皮带脱水机或圆盘脱水机提供石膏脱水所需的真空压力，一般采用水环式真空泵。

一、结构及工作原理

　　水环式真空泵由泵体、叶轮、前后泵盖（2 件）、圆盘、轴、前后轴承部件、吸气口等组成。水环式真空泵结构示意图见图 6-5。

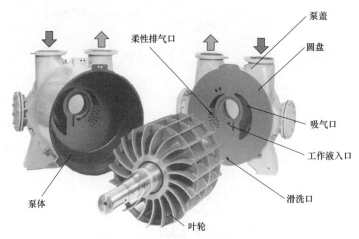

图 6-5　水环式真空泵结构示意图

　　水环式真空泵属容积式泵，即利用容积大小的改变达到吸、排气的目的。叶轮偏心地装在泵体内，当叶轮旋转时（在泵启动前，向泵内注入少量的水），水受离心力的作用，在泵体壁上形成一旋转水环，水环上部内表面与轮毂相切，旋转，在前半转的过程中，水环内表面逐渐与轮毂脱离，因此在叶轮叶片间形成空间并逐渐扩大，这样就在吸气口吸入空气，在后半转的过程中，水环的内表面渐渐与轮毂靠近，叶片间的空间容积随着缩小，叶片间的空间容积改变一次，每个叶片间的水好像活塞一样往复一次，泵就连续不断地抽吸气体。

二、日常维护

　　（1）设备周围清洁、无积水及其他杂物，照明充足，防护罩完整。

　　（2）所有阀门、开关灵活，无卡涩现象，位置指示正确。

　　（3）设备本体及连接管道无漏水、漏气现象，其振动及温度值在规定范围内。

　　（4）定期检查、调整皮带的张紧度，使之处于合适张紧状态。

　　（5）若使用冷却水，应定期检测冷却水水压和水量（水压与水量根据厂家提供的出厂设计参数进行调整），要始终保持冷却水流通，以延长使用寿命。

　　（6）每天对设备的振动、温度、电流等参数进行检测，了解设备运行状态。

　　（7）定期检查泵体盘根状态，防止盘根压得过紧引起过负荷运转。

　　（8）根据运行工况及设备所处环境，及时对主从动轴轴承进行润滑油脂的补充更换。

三、设备检修

（一）等级检修项目

水环式真空泵检修项目分类见表 6-6。

表6-6　　　　　　　　　　　　　　水环式真空泵检修项目分类表

A级检修项目	B级检修项目	C级检修项目
（1）检查皮带轮，更换皮带，调整中心。 （2）清理泵壳、叶轮结垢，调整间隙。 （3）检查轴、轴承及轴封，更换润滑脂。 （4）检查水环式真空泵进、出口水管道及阀门	（1）检查皮带轮，更换皮带，调整中心。 （2）清理泵壳、叶轮结垢，调整间隙。 （3）检查轴、轴承及轴封，更换润滑脂。 （4）检查真空泵进、出口水管道及阀门	（1）检查皮带磨损与松紧程度，调整中心。 （2）补充润滑油脂。 （3）水环式真空泵填料加装或更换

（二）主要部件检修工艺要求及质量标准

1. 泵体解体

（1）拆除水环式真空泵电动机接线。

（2）拆卸皮带防护罩和皮带。

1）拆下皮带罩固定螺栓，松开电动机调节螺母，缩进电动机与泵体间距，拆下皮带。

2）将泵腔内水放出，拆下汽水分离器及吸气管连接部件。

（3）修前叶轮侧间隙测量。拆开水环式真空泵观察孔，用塞尺测量叶轮两侧与壳体间隙并记录此值；应盘动90°测量一次，以最小间隙值为准。

（4）测量键与联轴器、键与轴配合公差。

1）拆下联轴器3条固定螺栓，将螺栓旋入联轴器锥形套顶丝孔，拔下联轴器。

2）将联轴器键从轴上拆下，用清洗剂清洗干净，检查键与轴配合公差为0.02～0.04mm，检查轴与联轴器配合公差为0.02～0.04mm，将合格的键放置在备品配件放置区。

（5）测量联轴器内孔与轴的配合公差。用内径千分尺、外径千分尺测量拆卸下来的联轴器内孔与轴的配合公差，联轴器内孔与轴的配合公差为过盈配合0.05～0.07mm。

（6）解体非驱动侧端盖组合部分。

1）拆卸轴承盖紧固螺栓，并取下外轴承压盖，用钢质扁铲、4P八角锤松开两侧圆螺母，整体取下轴承室及轴承。

2）分别取出轴封水封环、平垫、填料盒、填料压盖。

3）拆下连接泵盖与泵体的20条螺栓及泵盖地脚螺栓后取下非驱动侧泵盖。

（7）解体驱动侧端盖组合部分。

1）拆下驱动侧连接泵盖地脚螺栓。

2）拆卸轴承盖紧固螺栓，并取下外轴承压盖，用钢质扁铲、4P八角锤松开两侧圆螺母，整体取下轴承室及轴承。

3）拆卸前泵盖，将轴与转子一同取出。

2. 泵体零部件清理、检查

（1）轴承应转动灵活、无卡涩，工作面光滑、无裂纹、蚀坑及锈蚀，轴承室干净，无裂纹、夹渣等。

（2）测量轴的弯曲度应不大于 0.03mm。

（3）叶轮、轴套、锁母等套装部件应平整、光滑，无凹痕及毛刺。

（4）叶轮、叶片应光滑、无毛刺及汽蚀现象。如更换新叶轮，应做静平衡试验。其静不平衡重量应不大于 5g。

（5）轴上的橡胶圈等密封部件应无缺损、变质及老化现象，并保证有足够的弹性和压缩量。原则上每次大修都应该更换。

（6）叶轮幌度应小于 0.08mm，轴套幌度应小于 0.04mm。

（7）联轴器内孔与轴配合良好，表面无裂纹及砂眼等情况。

（8）水环式真空泵壳体应无砂眼、裂纹及侵蚀的凹坑等缺陷，泵壳的配合止口及平面应平整、光滑、无毛刺，并清理干净。其端面不平行偏差应不大于 0.02mm。

（9）导向盘磨损应进行修刮，其接触点应不低于 2～3 点 /cm^2。

（10）各部法兰结合面应清理干净，应更换密封垫圈。

3. 泵体回装

（1）回装驱动侧端盖。

1）将转子与驱动侧端盖固定，使用 30mm 套筒扳手固定驱动侧连接泵盖地脚螺栓。

2）将轴承室及轴承同步装于驱动侧端盖一侧泵轴上，用钢质扁铲、4P 八角锤紧固两侧圆螺母，使用扳手旋紧轴承盖紧固螺栓。

（2）回装非驱动侧端盖。

1）将非驱动侧泵盖套装至分区非驱动侧转子轴上，旋紧轴承盖紧固螺栓，固定驱动侧连接泵盖地脚螺栓。

2）回装填料函、填料、密封环、填料压盖。

3）将轴承室及轴承装于非驱动侧端盖一侧泵轴上，紧固两侧圆螺母，旋紧轴承盖紧固螺栓。

（3）修后叶轮侧间隙测量。保证总窜间隙符合安装标准，见表6-7。

表6-7	端 面 控 制 间 隙	mm
叶轮外径	一侧最小间隙	两侧总间隙控制范围
≤180	0.10～0.15	0.25～0.30
180～500	0.15～0.20	0.30～0.40
500～1000	0.25～0.35	0.50～0.70
＞1000	0.45～0.55	0.90～1.10

（4）回装皮带轮及皮带。

1）将皮带轮联轴器固定于驱动端轴头上。

2）对两皮带轮进行同平面找正，调整完好后紧固皮带轮与锥形套内六角螺栓，用线绳测量大小皮带轮偏差应在 0.1~0.8mm 之内。

3）调整张紧皮带（用右手食指按压各皮带中间部位，所按压的皮带外表面能与参照皮带的内表面重合视为松紧度合格；按压深度约为 12mm）后紧固该螺栓。装好防护罩外壳，并紧固防护罩螺栓。

4）连接汽水分离器及吸气管等连接部件螺栓。

（三）检修安全、健康、环保要求

1. 检修工作前

（1）排净水环式真空泵内积水。

（2）准备好水环式真空泵检修需要的物资、材料、备件等。

（3）检查各项措施是否执行，并对检修项目进行安全风险预控交底。

（4）选定水环式真空泵各部件吊装点，并确保牢固、可靠。

2. 检修过程中

（1）检修使用的废旧辅料要放入专用垃圾筒。

（2）检修现场要保持清洁，检修工作完要清理现场。

（3）在进行真空泵吊装作业时严格按照起吊安全作业要求进行，起吊前检查吊装点牢固、可靠，吊装带检验合格，吊装人员符合资质要求。

（4）皮带轮拆除后要固定牢固或者平放，避免倾倒砸伤作业人员。

（5）筒体回装前内部杂物清理干净。

（6）皮带防护罩防护严密安装牢固。

3. 检修结束后

（1）工作结束必须做到工完、料净、场地清。

（2）恢复设备的标识、保温及检修过程中拆除的各附属部件。

（3）试运水环式真空泵进出水流量在合格范围内，无泄漏。

（4）对设备进行盘车，转动灵活可靠。

四、常见故障原因及处理

水环式真空泵在运行中常见故障主要包括电动机跳闸或机组在正常负载下超电流、试车或运转过程中出现卡死现象、吸气量或真空度明显下降、真空泵运转声音异常、振动大、轴承部位发热等，根据不同故障原因采取相应针对性处置措施，见表 6-8。

表6-8 水环真空泵常见故障原因及处理方法

故障	原因	处理方法
电动机跳闸或机组在正常负载下超电流	启动时泵体内水位过高	按规定水位启动（泵中心线以下）
	填料压盖上得太紧	放松填料压盖
	胶带拉得过紧	适当调整松紧度
	内部机件生锈	清洗内部构件，反复转动转子，并供水冲洗
	电控柜电流保护调整不当	调整热继电器至电流额定值
试车或运转过程中出现卡死现象	新管路有焊渣、铁屑等异物，被气体带入泵体内	可松开前、后盖螺栓。转动叶轮并用水清洗，待传动灵活后才紧固螺栓。如不能排除，须拆开检查
	结垢严重	拆卸清除或酸洗
吸气量或真空度明显下降	因胶带打滑而引起转速下降	拉紧胶带
	供水量不足或温度过高	调节供水量，检查供水管路是否堵塞
	真空系统有泄漏	检查管路连接的密封性
	介质有腐蚀或带入物料磨蚀，使内容机件间隙加大	净化介质，防止固体物料吸入泵体内，更换被磨损零件
	填料密封泄漏	稍拧紧填料压盖
	泵内结垢严重	清除水垢
真空泵运转声音异常	胶带松弛	拉紧胶带
	气体冲擦或喷射	把排气口引出室外
	吸、排气管壁太薄	采用管壁较厚的气管
	水温过高引起气蚀	采用较低温工作水
振动大	机座与基础接触不良，地脚螺栓松动	用混凝土填充底座空隙，拧紧地脚螺栓
	对中不好	重新对中和锁紧
	水温过高引起气蚀	采用较低温工作水
轴承部位发热	胶带拉得过紧	适当放松胶带
	电动机、减速机、水环泵不对中	重新对中
	润滑不良，油脂干涸或太多	改善润滑条件
	轴承安装不当	调整轴承
	轴承被锈蚀，滚道被划伤	更换新轴承

第四节　石膏皮带输送机

经过真空脱水系统脱水后的石膏滤饼，在滤布尽头靠重力卸除，脱落下的石膏由汽车或石膏皮带输送机送往石膏库，进行综合利用。石膏皮带输送机具有输送能力强、输送距离远，结构简单易于维护，能方便地实行程序化控制和自动化操作，且运行高速、平稳、噪声低，还可以上下坡传送，多被应用在石膏脱水之后，进行石膏运送。

一、结构及工作原理

石膏皮带输送机由头架、驱动滚筒、输送带、托辊、导料槽、改向滚筒、尾架、中间架、螺旋张紧装置、清扫器等组成，见图6-6。

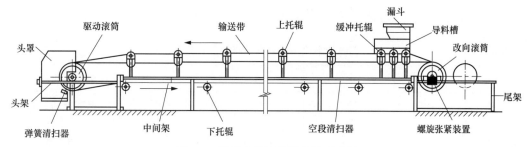

图6-6 石膏皮带输送机机构示意图

石膏皮带输送机是以挠性胶带作为物料承载件和牵引件的连续输送设备。根据摩擦原理，由运动而被运走。传动滚筒带动胶带将物料输送到所需要的地方，胶带绕经头部的主动滚筒和尾部的改向滚筒，形成一个无级的环节带，上、下两段胶带都支承在托辊上，拉紧装置给胶带以正常运转所需要的张紧力。工作时，主动滚筒通过它与胶带之间的摩擦力带动胶带运行，物料在胶带上与胶带一起运动。胶带输送机一般是利用上段胶带运送物料，在端部卸料是利用专门的卸料装置，可在任意位置卸料。

二、日常维护

石膏输送皮带机的日常维护工作主要包括定期检查清理工作、润滑油的监视及更换、日常设备参数监督等工作。

（一）定期检查清理工作

（1）每天检查清理托辊及机架、落料口处积料。

（2）每天检查设备无漏料、堆料现象。

（3）每天检查皮带跑偏及磨损情况。

（4）每天检查滚筒和托辊的光滑性。

（5）每周对设备基础螺栓等紧固件及防护罩进行检查。

（6）每周检查清理皮带机积料。

（二）润滑油的监视及更换

（1）每天对减速机油位进行检查。

（2）及时对托辊轴承补充润滑脂。

（3）根据设备厂家要求运行周期进行润滑油更换。

（4）选择符合设备厂家性能指标要求的润滑油。

（三）日常设备参数监督

每天对设备的振动、温度、电流等参数进行检测，了解设备运行状态。

三、设备检修

（一）等级检修标准项目

石膏皮带输送机标准检修项目分类见表 6-9。

表 6-9   石膏皮带输送机标准检修项目分类表

A 级检修项目	B 级检修项目	C 级检修项目
（1）检查修理减速机，更换润滑油。 （2）更换滚筒轴承、托辊轴承，修复滚筒包胶。 （3）检查、修复皮带及皮带接头，调整皮带张紧力。 （4）检查、调整皮带清扫器	（1）检查减速机，更换润滑油。 （2）检查滚筒和托辊。 （3）检查皮带及皮带接头，调整皮带张紧力	（1）检查减速机，补加润滑油。 （2）检查皮带接头。 （3）调整皮带张紧力

（二）主要部件检修工艺要求及质量标准

1. 设备本体解体

（1）工艺要求。

1）松开皮带、清扫链条调整丝杠，使皮带、清扫链张紧力完全松弛，拆除皮带头部和内部清扫器。

2）皮带驱动减速机、清扫链减速机分别与驱动滚筒、驱动齿轴分离，并吊运至备品配件放置区。

3）拆除驱动、从动轴承座固定螺栓，将滚筒和链条齿轴连同轴承座一并抽出吊至检修区。

4）拆除受料区滚筒及滚筒支架。

5）托辊检查。

6）皮带，清扫链检查。

7）刮板、齿板检查。

8）轴承检查。

9）框架检查。

10）附属紧固螺栓检查。

（2）质量标准。

1）滚筒检查无磨损，转动灵活、无卡涩。

2）皮带受料面耐磨层检查无磨损、剥落，皮带挡料裙边断裂、脱落。

3）刮板检查无断裂、变形，与链条连接销轴固定牢固。

4）链条齿板检查磨损均匀，无断齿。

5）连接紧固螺栓检查无松动、缺损，铰接处转动灵活。

6）橡胶刮板与皮带接触长度不小于带宽受料区，运行中导料板无磨损漏料，橡胶刮板与皮带接触长度不小于带宽的85%，刮层有效高度不小于4mm，偏斜或即将露铁及时更换。

7）进行轴承检测并做好记录，宏观检查轴承滚动体、滚道、隔离架及内外套的磨损情况，对损坏或磨损严重的轴承进行更换。用塞尺测量轴承的径向游隙（标准值为0.10～0.15mm），用内径百分表测量轴承的内径尺寸，用游标卡尺测量轴承外套尺寸及宽度。

8）台板无裂纹，螺栓紧固完好。

9）主从动轴无损伤、无裂纹，螺纹完整。

10）主轴承润滑油加注符合要求，加注润滑油至油位镜1/2～2/3。

2. 减速机本体解体

为了处理称重给料机减速机缺陷或者执行周期性定检计划时，可对减速机本体进行解体检修。依次对减速机本体、轴承、轴、齿轮、密封系统等部件进行解体检查。

（1）工艺要求。

1）拆除电动机与减速机连接螺栓。

2）拆除减速机本体与基座连接螺栓，将减速机从皮带机主动轴取出。

3）拆打开减速机上部检查孔，拆除减速机上盖、轴承端盖连接螺栓，用M20×100mm顶丝缓慢顶出减速机上盖。

4）用钢质尖铲拆下轴承压盖内骨架油封，将拆下的骨架油封放置到废旧物资放置区。

5）取出减速机轴并做好标记。

6）减速机轴承检查。

7）轴及齿轮检查。

8）减速机接合面检查。

9）做好数据测量。

（2）质量标准。

1）本体框架无裂纹，螺栓紧固完好。

2）传动轴检查无油蚀、裂纹、砂眼、毛刺。

3）齿轮箱内表面检查无沟痕和裂纹，使用面团清理传动轴、齿轮、轴承、箱体、端盖。

4）齿轮检查无油蚀、裂纹、砂眼、毛刺。

5）安装过程中按照设备出厂参数调整齿轮的啮合间隙、轴承的轴向间隙。

6）润滑油加注符合设备出厂要求。

7）主轴无损伤、裂纹，螺纹完整，键槽完整、无损伤。用外径千分尺测量主轴各部径向尺寸，用游标卡尺测量键槽尺寸。

8）台板无裂纹，螺栓紧固完好。

9）主轴承润滑油加注符合要求。

（三）检修安全、健康、环保要求

1. 检修工作前

（1）准备好石膏输送皮带机检修需要的资料、数据、工具等。

（2）准备好石膏输送皮带机检修需要的材料、备件等。

2. 检修过程中

（1）清理石膏输送皮带机皮带、框架、导料槽遗留结垢。

（2）检修现场要保持清洁，检修工作完要清理现场。

（3）检修过程中注意对皮带的防护，防止划伤。

（4）皮带回装张紧过程中注意调偏拉杆位置与修前一致，防止过拉伸。

（5）减速机回装前对减速机进行盘车。

（6）皮带机两侧传动滚子防护网严密、牢固。

3. 检修结束后

（1）工作结束后检查皮带与各滚筒间无杂物。

（2）检查皮带机框架连接螺栓牢固。

（3）皮带张紧状态左右一致，防止启动跑偏。

四、常见故障原因及处理

石膏输送皮带机运行故障会导致输送料受阻，在运行中常见故障主要包括胶带跑偏，经常性跑偏，胶带打滑不转，驱动装置无法调速，驱动装置、减速机发热，托辊损坏不转，滚筒打滑，电动机烧坏，电动机频繁烧毁，胶带跑偏筋脱落等，根据不同故障原因采取相应处置措施，见表6-10。

表6-10　　　　　　　　　石膏输送皮带机常见故障原因及处理方法

故障	原因	处理方法
胶带跑偏、经常性跑偏	滚筒轴承螺栓使用过程中松动	紧固螺栓
	两滚筒轴线不平行	利用纠偏丝杆进行调整，使之平行
	滚筒处有黏附物	清除黏附物
	皮带变形	重新调试

故障	原因	处理方法
胶带打滑不转	胶带松或者胶带内有物料	清除黏附物
	石灰石中含水量大，皮带上有水，摩擦力减小	调整滚筒及托辊的筋槽，使之在同一条直线上
		做好石灰石防雨苫盖
驱动装置无法调速	轴承缺油抱死	更换轴承
	减速器坏	检修减速器
	变频器故障	检修变频器
驱动装置、减速机发热	润滑油更换不及时	及时更换润滑油
	环境不通风，温度高	加装通风设备，改善环境温度
	油位不正常或型号不正确	测量油门位及核对型号
	长期过载运行	避免过载运行
托辊损坏不转	轴承进水	避免现场的脏物或水等进入轴承
	下料时物料落差太大直接冲击给料机输送部件	增加缓冲装置
	托辊缓冲效果不良	更换耐冲击托辊
滚筒打滑	胶带与滚筒之间有油污	清除胶带油污并张紧胶带
	胶带未张紧	
电动机烧坏	环境温度过高	改善环境
	电动机进水	保持适度的干燥
	接线不良	排除接线、缺相的问题
	电源缺相	配套使用断路保护器
	减速器缺油，轴承损坏卡死，造成电动机过载烧坏	定期检查油位、油质，定期换油
电动机频繁烧毁	经常超载运行	核对给料机，避免超载运行
	现场电源电压不正常	避免大物卡死，造成过载现象
	频繁启动	建议安装短路保护器
胶带跑偏筋脱落	使用时间过长，疲劳所致	更换胶带
	托辊两端不平衡或皮带跑偏造成	调整滚筒及托辊的筋槽，使其在同一条直线上

第七章 废水处理系统维护与检修

火力发电厂石灰石－石膏湿法脱硫在减轻大气污染物的同时系统会产生一定量的脱硫废水，废水主要来自吸收塔，含有自然水体和土壤难以降解的硫酸盐和重金属离子，如未经处理随意排放必然对排放区域的水体和土壤造成污染。如高 COD 会引起水体营养物质富集，造成水生物的死亡；重金属进入土壤，会造成农作物中毒，引起土壤酸碱度的改变。

尽管脱硫废水量在电厂废水中的比例很小，但由于各电厂使用煤质、石灰石、水的品质不同，产生的污染因子浓度也不尽相同，其具有含盐量极高、污染物种类多、水质波动大，高浊度、高硬度等特点。再加之运行参数控制不同也是造成废水水质不同的一个重要原因，因此，脱硫废水就成了燃煤电厂中成分最为复杂、处理难度最大的废水。因为脱硫废水危害大、难度大，所以火力发电厂不仅做好脱硫废水的处理工作，更要确保脱硫废水处理系统能够高效、稳定、长周期运行。

目前国内脱硫废水的处置方法应用最广泛的是化学沉淀－混凝澄清工艺。主要功能是将脱硫系统产生的废水通过加药进行中和、沉降、絮凝等操作，确保处理后达到脱硫废水水质指标要求，并对废水处理过程中生成的污泥进行脱水处理。主要包括污泥中和沉降澄清系统、搅拌反应系统、药剂配置系统、污泥处置系统，设备一般包括三联箱及搅拌器、浓缩澄清池及刮泥机、出水输送泵、石灰石粉仓、石灰乳循环泵、污泥循环泵、污泥输送泵、有机硫计量泵、助凝剂计量泵等。废水处理系统流程及主要设备如图 7-1 所示。

从废水旋流站旋流分离的废水进入废水处理系统，进入中和箱、沉降箱、絮凝箱进行加药处理。经絮凝后的废水进入澄清 / 浓缩池，上清液溢流至出水箱。澄清 / 浓缩池底部产生的污泥周期性地利用污泥泵输送至压滤机进行脱水处理。

虽然该工艺可以有效降低水中的悬浮物及重金属含量，但是处理效果不稳定，容易受到工艺设计和设备运行状况的影响，出现出水水质不达标的现象。经化学沉淀工艺处理后的废水仍含有大量的钙、镁离子，具有强腐蚀性及易结垢等特点，造成处置费用高、回用难，成为制约电厂废水"零排放"的关键因素。

本章检修工作的内容主要针对化学沉淀－混凝澄清工艺的废水处理系统主要设备的结构及工作原理、日常维护、设备等级检修项目、常见故障原因及处理方法等检修相关内容进行阐述。

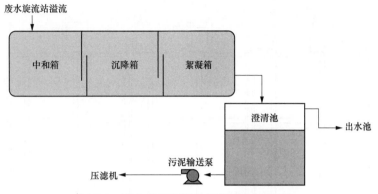

图 7-1 废水处理系统工艺流程及主要设备

第一节 废 水 三 联 箱

废水三联箱在脱硫废水处理系统作用较重要，脱硫废水在中和箱中，废水的 pH 值采用加石灰乳的方式调升至 9.5～11 的范围，此过程大部分重金属形成微溶的氢氧化物从废水中沉淀出来。其中不能以氢氧化物形式沉淀的重金属，采用加入有机硫药液，使残余的重金属与有机硫化物形成微溶的化合物，以固体的形式沉淀出来。在絮凝系统中，加入絮凝剂（$FeClSO_4$），形成氢氧化物 $Fe（OH）_3$ 小粒子絮凝物；为了使沉淀颗粒长大更易沉降，向废水中加入助凝剂，助凝剂使沉淀物表面张力降低，使其形成易于沉降的大粒子絮凝物，从而保证了脱硫废水的预处理效果。

一、结构及工作原理

废水三联箱主要由中和箱、沉降箱、絮凝箱及其箱罐搅拌器组成，如图 7-2 所示。

脱硫废水经加碱（氢氧化钠或氢氧化钙）中和后，再加入有机硫、硫酸氯化铁等絮凝剂及助凝剂等药品将脱硫废水中的悬浮物及重金属沉淀去除。沉淀的污泥经脱水处理后运至渣场进行综合处理，处理出水则经 pH 值调节后进行排放。三联箱技术是国内普遍采用的脱硫废水处理工艺，废水含固量大成为制约该工艺发展的重要因素，不仅导致设备故障率高，运行稳定性差，而且需要添加大量药剂，增加运行成本。

二、日常维护

（1）设备周围清洁，无积油、积浆及其他杂物，照明充足，设备防护罩完整。

（2）定期补充搅拌器轴承润滑油脂。连续运行时根据设备指导意见，及时更换、补充油脂。

（3）定期检查设备本体无漏油、漏浆现象。

（4）每天对箱体搅拌器的振动、温度、电流等参数进行检测，了解设备运行状态。

（5）定期检查箱体防腐层的磨损情况及箱体泄漏情况。

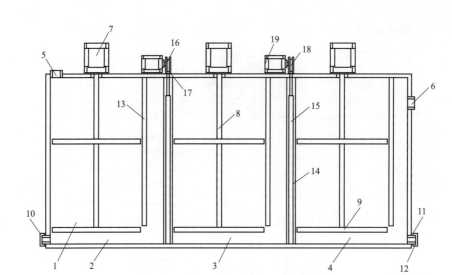

图 7-2　废水三联箱结构示意图

1—本体；2—中和箱；3—沉降箱；4—絮凝箱；5—废水进口；6—废水出口；7—中和箱搅拌器；8—沉降箱搅拌器；
9—絮凝箱搅拌器；10～12—排污口；13—定隔板；14—动隔板；15—限位隔板；16、18—收卷盘；17—钢丝绳；
19—驱动电机

（6）定期清理加药口的堵塞物，加药通道畅通。

（7）定期检查箱体附属管道阀门转动灵活，无内漏。

三、设备检修

（一）等级检修标准项目

废水三联箱标准检修项目分类见表 7-1。

表 7-1　　　　　　　　　　废水三联箱标准检修项目分类表

A 级检修项目	B 级检修项目	C 级检修项目
（1）清理内部杂物。	（1）清理内部杂物。	（1）清理内部杂物（时间允许）。
（2）防腐检查修复。	（2）防腐检查。	（2）防腐检查（时间允许）
（3）内部支撑件、结构件检查修复。	（3）内部支撑件、结构件检查。	
（4）排空阀、底排阀更换。	（4）排空阀、底排阀、人孔检查	
（5）人孔检查		

（二）三联箱检修工艺要求及质量标准

在三联箱排空停运条件下，处理三联箱缺陷或者执行箱体周期性定检计划。

1. 工艺要求

（1）排空三联箱底排，对箱体进行通风换气。

（2）清理三联箱内部沉积物。

（3）检查内部防腐层。

（4）与箱体连接管道检查。

（5）搅拌器连接接口检查。

（6）排空阀检查。

（7）人孔门检查。

（8）紧固螺栓检查。

2. 质量标准

（1）箱体清理后见防腐层本色，且不破坏防腐层。

（2）防腐层检查无鼓包、脱落、开胶、开裂现象。

（3）阀门检查开关灵活、无泄漏，管道防腐层完好，无脱落、鼓泡现象。

（4）管道内部防腐层完好，无脱落、鼓泡现象，外部焊缝牢固、无开裂现象。

（5）接口内部防腐层完好，无脱落、鼓泡现象，外部焊缝牢固、无开裂现象。

（6）人孔门检查无变形、腐蚀，封闭严密。

（7）箱体强度检查无裂纹，外部焊缝牢固、无开裂。

（8）紧固螺栓检查丝扣完好，无损伤、腐蚀。

四、常见故障原因及处理

废水三联箱在运行中常见故障主要包括废水三联箱搅拌器启动电动机跳闸或超负荷运行、废水三联箱搅拌器运转振动异常、废水三联箱搅拌器运转声音异常、废水三联箱泄漏等，根据不同故障原因采取相应针对性处置措施，见表7-2。

表7-2　　　　　　　　　　废水三联箱常见故障原因及处理方法

故障	原因	处理方法
废水三联箱搅拌器启动电动机跳闸或超负荷运行	轴承损坏，转动卡涩	更换轴承
	叶片卡住异物	清理浆池内的卡涩异物
	泥位过高，刮泥池浓度过高	调整刮泥池内的浆液密度，启动前盘车
	减速机内部齿轮断裂	更换断裂齿轮
废水三联箱搅拌器运转振动异常	轴承损坏	更换轴承
	减速机齿轮变形、磨损	更换减速机损坏齿轮
	搅拌器主轴弯曲	更换弯曲主传动轴
	叶片断裂或磨损不平衡	更换断裂或磨损叶片
	浆池内有异物阻碍设备运转	清理浆池内异物
	机座与基础接触不良，地脚螺栓松动	调整机座与基础间空隙，拧紧地脚螺栓

续表

故障	原因	处理方法
废水三联箱搅拌器运转声音异常	轴承损坏	更换破损轴承
	减速机内部齿轮有破损	更换破损齿轮
废水三联箱泄漏	防腐层老化	修复箱体防腐层
	废水三联箱流道堵塞	清理废水三联箱流道淤积物

第二节　刮 泥 机

脱硫废水经过絮凝后进入澄清/浓缩池，上清液从溢流堰板排出，污泥沉淀在浓缩池底部，一部分回流至中和箱，另一部分污泥周期性地利用螺杆污泥泵输送至板框压滤机进行脱水处理。刮泥机是一种搅拌、沉降、排除脱硫系统废水沉淀池底部的污泥的装置。刮泥机绕沉淀池中心旋转，沉淀于池底的污泥，在对数螺旋曲线形刮板的推动下，缓慢地沿池底流向中央集泥槽内，通过排泥管排出。

一、结构及工作原理

刮泥机主要由减速驱动装置、刮泥机构、刮板座、传动主轴、排泥管、刮泥板、水下轴承和进水管等部分组成，见图 7-3。

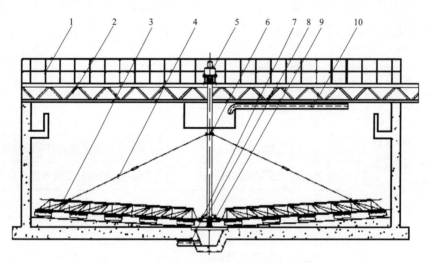

图 7-3　刮泥机结构示意图

1—栏杆；2—桁架桥；3—刮泥机构；4—拉杆；5—减速驱动机构；6—传动主轴；
7—排泥管；8—刮板座；9—水下轴承；10—进水管

驱动电动机输出端通过减速机两级减速带动刮泥板转动，将泥浆保持在流动状态，从而使其中的泥浆处于流动状态，避免泥浆的沉淀。

二、日常维护

（1）设备周围清洁、无积油、积浆及其他杂物，照明充足，设备防护罩完整。

（2）定期补充搅拌器减速机轴承润滑油脂。连续运行时根据设备指导意见，及时更换、补充油脂。

（3）定期检查设备本体无漏油现象。

（4）每天对设备的振动、温度、电流等参数进行检测，了解设备运行状态。

三、设备检修

（一）等级检修标准项目

刮泥机标准检修项目分类见表 7-3。

表 7-3　　　　　　　　　　刮泥机标准检修项目分类表

A 级检修项目	B 级检修项目	C 级检修项目
（1）检查修理减速机。 （2）检查支撑轴承及轴承座，必要时更换。 （3）检查更换叶轮。 （4）转动轴直线度检查。 （5）叶片防腐检查。 （6）叶片检查	（1）化验减速机润滑油油质。 （2）检查支撑轴承及轴承座。 （3）检查轴、叶轮	（1）化验减速机润滑油油质。 （2）检查支撑轴承及轴承座

（二）主要部件检修工艺要求及质量标准

在澄清浓缩罐及刮泥机停运条件下，处理刮泥机缺陷或者执行箱体周期性定检计划。

1. 工艺要求

（1）电动机电源切断，拆下联轴器防护罩及螺栓，将电动机移位。

（2）松开减速机地脚螺栓，用 M16 顶丝将减速机链轮调整至松脱，拆除刮泥机与减速机传动链条。

（3）拆卸减速箱上盖，拆卸轴承端盖，松开连接螺栓，将电动机和机齿壳分开，取出全部销套和销轴。

（4）取下轴用弹性挡圈后取出轴头的轴承及挡圈，取出上面的一片摆线轮及间隔环；取出转臂轴承（偏心套），取出下面摆线轮，卸滚动轴承。

（5）吊出蜗杆、蜗轮，把蜗杆、蜗轮做上装配标记，将刮泥板锁紧螺母拆下。

（6）减速机轴承及摆线盘检查。

（7）传动轴检查。

（8）齿轮啮合间隙检查。

（9）刮刀检查。

（10）紧固连接件检查。

2. 质量标准

（1）传动链条滚子及销轴检查无磨损。

（2）减速器外壳检查无裂纹、磨损。

（3）滚动轴承检查内外圈滚道、滚动体无麻点、锈蚀、裂纹，保持架无损坏。

（4）叶片检查无磨损、腐蚀。

（5）刮泥机底部支撑架检查无脱焊、腐蚀生锈。

（6）机座与针齿壳接合面检查平整、光滑，壳体无裂纹和砂眼。

（7）针齿壳针齿销孔检查无磨损，针齿销孔均匀分布。

（8）摆线齿轮表面检查无毛刺、伤痕、裂纹。

（9）传动轴与轴颈检查无裂纹、毛刺、划痕等缺陷，轴与橡胶密封圈紧密配合，无裂纹、老化等缺陷，内外圆密封面平滑、光洁，每次拆装应更换。

（10）各紧固件检查丝扣完好，无损伤、腐蚀。

（三）检修安全、健康、环保要求

1. 检修工作前

（1）确认刮泥机机架平台牢固、可靠。

（2）准备好刮泥机检修需要的资料、工具等。

（3）准备好刮泥机检修需要的材料、备件等。

（4）排空刮泥机所在箱罐。

2. 检修过程中

（1）在进行刮泥机叶片检查时根据所存储物资做好个人防护。

（2）在进入箱体底部刮泥机进行检查时，做好人员防坠落措施。

（3）在进行刮泥机及其部件吊装作业时严格按照起吊安全作业要求进行，起吊前检查吊装点牢固、可靠，吊装带检验合格，吊装人员符合资质要求。

（4）清洗后的废油倒入指定的油桶中。

（5）防止机械伤害及防坠落伤害。

（6）拆除的工器具及备件放置在指定位置。

3. 检修结束后

（1）工作结束检查刮泥机底部杂物清理干净。

（2）恢复设备的标识，并检查各防护罩牢固、可靠。

（3）做好刮泥机的标准化治理工作。

（4）对刮泥机进行盘车，转动无异常。

四、常见故障原因及处理

刮泥机在运行中常见故障主要包括电机跳闸或超负荷运行、运转振动异常、运转声音异常等，根据不同故障原因采取相应针对性处置措施，见表 7-4。

表 7-4　　　　　　　　　　刮泥机常见故障原因及处理方法

故障	原因	处理方法
电动机跳闸或超负荷运行	轴承损坏，转动卡涩	更换轴承
	叶片卡住异物	清理浆池内的卡涩异物
	泥位过高，刮泥池浓度过高	调整刮泥池内的浆液密度，启动前盘车
	减速机内部齿轮断裂	更换断裂齿轮
运转振动异常	轴承损坏	更换轴承
	减速机齿轮变形磨损	更换减速机损坏齿轮
	搅拌器传动轴弯曲	更换弯曲传动轴
	叶片断裂或磨损不平衡	更换断裂或磨损叶片
	浆池内有异物阻碍设备运转	清理浆池内异物
	机座与基础接触不良，地脚螺栓松动	调整机座与基础间空隙，拧紧地脚螺栓
运转声音异常	轴承损坏	更换破损轴承
	减速机内部齿轮有破损	更换破损齿轮

第三节　板框压滤机

沉淀于浓缩池池底的污泥，在刮板的推动下，流向中央集泥槽内，通过排泥管排出，此刻排出的污泥含水率很高，为 95%～97%，还需进行污泥脱水进一步去除污泥中的空隙水和毛细水，减少其体积和重量。经过脱水处理，污泥含水率能降低到 70%～80%，其体积为原体积的 1/10～1/4，有利于后续运输和处理。

板框压滤机以过滤介质两面的压力差作为推动力，使污泥水分被强制通过过滤介质形成滤液，而固体颗粒被截留在介质上形成滤饼，从而达到污泥脱水的目的。板框压滤机由于其具有过滤推动力大、滤饼的含固率高、滤液清澈、固体回收率高、调理药品消耗量少等优点，在脱硫系统废水处理中被广泛应用。

一、结构及工作原理

板框压滤机由机体部分和控制部分组成。机体部分主要有机架、过滤机构、压紧装置、拉板器及传动机构、清洗机构、集料装置、移动式集液盘组成，控制部分由液压站、电柜等组成。板框压滤机结构及原理示意图见图 7-4。

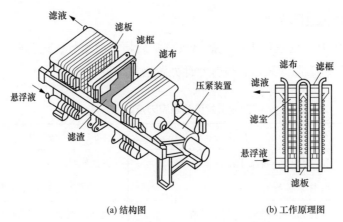

(a) 结构图　　　　　　　　　(b) 工作原理图

图 7-4　板框压滤机结构及工作原理示意图

板框压滤机液压站是整个液压系统的中心，所有液压元件和电动机都装在液压站上，它与电柜的电气元件紧密配合组成一整套的自动控制装置。通过油站油压管将板框压滤机压紧板压紧，满足设计压紧压力后，污泥输送泵将污泥浆液通过进料管输入板框压滤机板块之间的滤布空腔。滤布可过滤污泥浆液内的污泥存留在压板腔室中，清水流出，达到污泥过滤压缩的目的。

二、日常维护

板框压滤机的日常维护工作主要包括定期检查清理工作、传动装置的润滑保养、液压系统的监视及油管严密性检查和紧固件的维护等工作，并做好设备定期工作台账的记录和验收等事项。

1. 定期检查清理工作

（1）每三个进料周期对滤布进行一次自动冲洗。

（2）每天清理设备周围，清洁无积油、积浆及其他杂物。

（3）每周对滤布及滤板的过滤效果进行检查。

（4）每周对滤布及附属支撑杆进行检查。

2. 传动装置的润滑保养

（1）每日对拉板器及清洗车链条进行检查。

（2）每半个月对拉板器、清洗车及链条进行润滑保养。

（3）每月对液压油过滤器进行清理。

（4）每季度对冷却密封风机过滤栅网、清洁溢流管道栅网进行清洗。

3. 油压系统的监视及油管严密性检查

（1）每日对油位进行监视。

（2）每周对液压油管进行检查。

（3）每年对润滑油进行更换。

（4）每个检修周期对压紧装置密封圈进行更换。

（5）检查并仔细清洁油系统各部分，如果化验检查油液状态良好，可适当延长换油周期。

4. 紧固件的维护

（1）每季度对地脚螺栓进行紧固。

（2）每季度对壳体螺栓和联轴器螺栓进行紧固。

三、设备检修

（一）等级检修标准项目

板框压滤机标准检修项目分类表见表 7-5。

表 7-5　　　　　　　　　　板框压滤机标准检修项目分类表

A 级检修项目	B 级检修项目	C 级检修项目
（1）滤板检查更换。	（1）滤板检查。	（1）滤板检查。
（2）滤布更换。	（2）滤布检查。	（2）滤布检查。
（3）洗涤软管更换。	（3）洗涤软管检查。	（3）洗涤软管检查
（4）液压驱动装置油箱及管路检修。	（4）液压驱动装置油箱及管路检查。	
（5）液压驱动装置油品更换。	（5）液压驱动装置油品检查。	
（6）高压软管检查更换	（6）高压软管检查	

（二）主要部件检修工艺要求及质量标准

1. 滤布、滤板检查

在板框压滤机停运条件下，处理压滤机滤布、滤板本体缺陷或者执行风机周期性定检计划时，可对压滤机本体进行解体检修。

依次对板框压滤机滤布滤板进行检查，对拉板器及链条进行检查，对洗涤装置等部件进行检修解体检查。

（1）工艺要求。

1）板框压滤机液压装置泄压、断电，检查曲张臂、弹簧，曲张臂无弯曲，如弯曲超过 20° 应更换；检查弹簧锈蚀、弹簧弹力情况，锈蚀严重或弹力失效应更换。

2）拆除滤布吊杆两端卡销，将滤布吊杆抽出，抽出滤布底部拉伸杆，取下整块滤布。

3）取下拉板链条接头，拆除链条及拉板器，打开拉板器罩壳，拆除拉板器减速装置，各部件用煤油清洗干净并检查。

4）滤板、左右支撑架检查。

5）滤布及吊杆检查。

6）拉板内部结构弹簧等检查。

7）本体链条及轨道检查。

8）检查本体各部件紧固螺栓及轴承紧固螺母、止退垫。

（2）质量标准。

1）滤布吊杆检查无腐蚀、变形（吊杆腐蚀应打磨、刷漆，直径不足原直径2/3应更换）。

2）滤布检查无破损、打褶。

3）滤板、左右支撑架检查无裂纹和断裂，滤液阀检查无堵塞。

4）拉板器导向块检查拉爪灵活，内部结构无腐蚀、断裂。

5）本体框架应无裂纹，螺栓紧固完好。

6）拉板器链条轨道检查应无变形、腐蚀。

7）轴承转动灵活，无撞击声。轴承的径向游隙和轴孔内径在标准范围内。

8）齿轮、箱体、轴承检查无油蚀、裂纹、砂眼、毛刺。

9）本体各润滑部位润滑油加注符合要求。

10）调试合格后设备整体清扫刷漆。

2. 洗涤装置检查

（1）工艺要求。

1）拆除洗涤跑车上盖螺栓，取下跑车滑动链条及三级减速齿轮链条。

2）拆除洗涤水管及其附属设备。

3）拆除减速机，取下内部零部件放到指定位置。

4）链条及轨道检查。

5）洗涤水管及附属管道检查。

6）减速机内部结构检查。

7）本体各部件紧固螺栓及轴承紧固螺母、止退垫检查。

（2）质量标准。

1）本体框架应无裂纹，螺栓紧固完好。

2）洗涤软管检查，无破裂、老化及渗漏。

3）轴承转动灵活，无撞击声。轴承的径向游隙和轴孔内径在标准范围内。

4）齿轮、箱体、轴承检查无油蚀、裂纹、砂眼、毛刺。

5）驱动齿轮轴，光滑、完好，无裂纹、毛刺，测量椭圆度、圆锥度公差一般应小于0.03mm。测量齿轮齿顶的径向跳动公差，对于一般常用的6、7、8级精度的齿轮，齿轮直径为80～800mm时，径向跳动公差为0.02～0.10mm；齿轮直径为800～2000mm时，径向跳动公差为0.10～0.13mm。齿轮的接触斑点沿齿高方向不小于45%、沿齿长方向不小于60%。接触斑点的分布位置应趋近齿面中部。

6）调试合格后对设备整体进行清扫、刷漆。

3. 液压驱动装置及管路检查

（1）工艺要求。

1）拆除液压装置防护罩，取出油泵及油压管道。

2）拆除油泵及其附属设备。

3）拆除液压装置阀门。

4）拆开油缸端盖螺栓。

5）组合阀、止回阀、泄压阀、电磁换向阀检查。

6）高压油管检查。

7）油缸内表面检查。

8）活塞推杆检查。

（2）质量标准。

1）本体框架应无裂纹，螺栓紧固完好。

2）高压油管检查无破裂、老化及渗漏。

3）油缸内表面检查无沟痕和裂纹，塞在油缸内活动自如。油缸内径圆度和圆柱度公差要求见表7-6。

表7-6　　　　　　　　　　油缸内径圆度和圆柱度公差要求　　　　　　　　　　mm

油缸内径	组装公差		磨损极限	
	圆度	圆柱度	圆度	圆柱度
≤100	0.015	0.03	0.07	0.15
101～150	0.02	0.04	0.09	0.18
151～300	0.02	0.04	0.12	0.20
301～400	0.025	0.05	0.15	0.22

4）活塞推杆检查无裂纹和沟痕，表面粗糙度为$Ra0.4$。推杆的圆度和圆柱度公差要求见表7-7。

表7-7　　　　　　　　　　推杆的圆度和圆柱度公差要求　　　　　　　　　　mm

活塞杆直径	组装公差		磨损极限	
	圆度	圆柱度	圆度	圆柱度
≤80	0.02	0.04	0.06	0.12
80～160	0.02	0.04	0.07	0.15
160～320	0.03	0.05	0.09	0.18

5）调试合格后对设备整体进行清扫、刷漆。

四、常见故障原因及处理

板框压滤机运行故障会引起系统废水处理排放受限。在运行中常见故障主要包括滤板间或输水嘴泄漏喷泥、拉板器无法动作、清洗支架动作不到位、电气故障跳闸、液压油站油压不稳、顺序控制系统无法进行等，根据不同故障原因采取相应针对性处置措施，见表7-8，尽快恢复增压风机的正常运行。

表 7-8　　　　　　　　　　板框压滤机常见故障原因及处理方法

故障	原因	处理方法
滤板间或输水嘴泄漏喷泥	压紧力压力不足	检查液压系统、油站油位是否满足油缸部位无漏油，油管路无泄漏
	滤布破损	更换新滤布
拉板器无法动作	清洗系统或集液盘不到位	检查各限位开关是否触发
清洗支架动作不到位	摆线针轮减速机动作无规律	检查摆线针轮减速机
	传动链条太松	调整链条
电气故障跳闸	液压油站各压力值超出规定范围或电气故障	检查液压油站
液压油站油压不稳	油泵无法启动或出力受限	检查油泵，消除油泵缺陷
	出口油管有泄漏	消除油管泄漏点缺陷
	阀门故障，回油过大，无法维持压力	更换阀门
顺序控制系统无法进行	本体限位开关失去作用，未反馈限位信号	修复失去作用的限位开关
	电源线或信号断路	检查修复断路的电源线或信号
	程序紊乱，系统死机	断开电源，重新启动

第四节　废水药品计量泵

采用化学沉淀–混凝澄清工艺处理脱硫废水的系统，废水药品计量泵是制约废水能否完成中和、沉降、絮凝过程，确保处理后达到脱硫废水水质指标要求的关键设备。一般为隔膜式计量泵，其突出特点是可以保持与排出压力无关的恒定流量。使用计量泵可以同时完成输送、计量和调节的功能，从而简化生产工艺流程。使用多台计量泵，可以将几种介质按准确比例输入工艺流程中进行混合。泵的流量调节是靠旋转调节手轮，带动调节螺杆转动，从而改变弓型连杆间的间距，改变柱塞（活塞）在泵腔内移动行程来决定流量的大小。调节手轮的刻度决定柱塞行程，精确率为95%。

一、结构及工作原理

隔膜式计量泵主要由电动机、联轴器、蜗轮、调节杆、连杆、蜗杆、调节手轮、膜片、柱塞、缸体、进口单向阀、出口单向阀、泵头等组成，见图7-5。

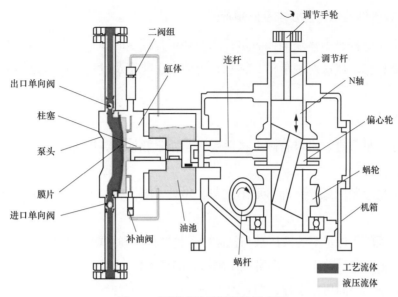

图 7-5　隔膜式计量泵机构示意图

隔膜式计量泵通过与电动机的直联传动，带动蜗轮、蜗杆，实现动力的垂直交叉传递，同时辅做减速运动，在偏心轮与滑杆机构和辅助弹簧的作用下，将旋转运动转变为直线往复运动，滑杆直接推（拉）隔膜片来回鼓动，通过泵头的单项阀的启闭作用，完成吸排的目的，达到输送液体的功能。

二、日常维护

（1）运行 500h 后，需定期更换机箱的润滑油和连接体内的液压油，以后每运行 5000h 或半年更换一次。

（2）膜片每 5000h 更换一次。

（3）油封每年更换一次。

（4）单向阀每工作 3500～4500h，更换单向阀球、阀座、垫圈和 O 形圈。

（5）定期检查机箱和连接体的放油孔螺栓是否有泄漏，定期更换密封圈。

三、设备检修

隔膜式计量泵标准检修按照 A、B、C 级检修项目进行。

（一）检修标准项目

隔膜式计量泵标准检修项目分类见表 7-9。

表 7-9　　　　　　　　　　隔膜式计量泵标准检修项目分类表

A 级检修项目	B 级检修项目	C 级检修项目
（1）泵轴检查。 （2）磁力检查。 （3）隔膜检查	（1）泵轴检查。 （2）隔膜检查	隔膜检查

（二）主要部件检修工艺要求及质量标准

为了处理单螺杆泵本体缺陷或者执行周期性定检计划时，在设备停运情况下，可对泵本体进行解体检修。依次对轴承体、轴承、传动轴、叶轮及设备附属管道等部件进行解体检查。

1. 工艺要求

（1）拆除计最泵进、出口管路上法兰及阀座压紧螺栓后，即可依次取出阀套、阀球限位片、阀球、阀座。

（2）拆下缸盖紧固螺栓，即可取出缸盖、隔膜、限位板。松开填料压紧螺母后即可向外移出栓塞。

（3）拆下隔膜式计量泵的液压缸与机座的连接螺栓，即可取下液压缸。

（4）松开油环的压盖螺栓，即可取出填料、隔环和柱塞套。

（5）松开刮油环的压盖螺栓，即可取下刮油环。

（6）放掉传动箱体内的润滑油，拆下箱体后端的有机玻璃板。

（7）拆电动机，取出联轴器，拧下轴承盖压紧螺母，将轴承盖、轴承、蜗杆和抽油器从传动箱体拿出。

（8）联系仪表工，拆除行程调节电动机的接线，打开调节箱盖，拆下调节箱压紧螺母，旋转调节转盘，将调节丝杠和调节箱从上套筒上取下，然后把上套筒从传动箱体上拆下。

（9）拆下托架压紧螺母，将托架从传动箱体上取出，打开传动箱体上盖，从箱体拆出十字头销。

（10）各部件检查。

2. 质量标准

（1）将偏心叶轮清理干净，检查无缺陷。

（2）壳体结合面应平整、完好，无凸凹现象，无裂纹、泄漏。

（3）各部件应无裂纹、变形现象，螺纹完好，配件齐全。

（4）联轴器检查无磨损、断裂。

（5）键与键槽的装配尺寸为两侧无间隙，组装后上部应有 0.5～1mm 的间隙。对有缺陷的主轴进行修理或更换。

（6）连接杆检查无损伤、裂纹，螺纹完整，键槽完整、无损伤，用外径千分尺测量主轴各部径向尺寸，用游标卡尺测量键槽尺寸。

（7）基础应无裂纹，螺栓紧固完好。

（8）附属管道无磨损，管道无穿孔泄漏。

四、常见故障原因及处理

隔膜式计量泵在运行中常见故障主要包括电动机不启动，泵无出力，排液量不足，机壳温度过高，压力不稳，管路振动，压力、流量精度不达标等，根据不同故障原因采取相应针对性处置措施，见表 7-10。

表 7-10　　　　　　　　　隔膜式计量泵常见故障原因及处理方法

故障	原因	处理方法
电动机不启动	电源无电	检查供电、熔丝、接触器各触点是否完好、牢靠
泵无出力	吸入高度太高	降低安装高度
	吸入管道堵塞	排除堵塞物
	吸入管道漏气	压紧管路接头
	液缸内有空气	设法排净空气
排液量不足	吸入管道局部堵塞	疏通吸入管道
	单向阀有异物卡住	清洗单向阀
	单向阀损坏，关闭不严	更换单向阀
	液体黏度较高	改用本厂生产的高黏度计量泵
	柱塞填料处泄漏	调节缸套锁紧螺母（如果填料坏则更换填料）
	电动机转速不稳	稳定电动机转速
	补油系统的油有杂质，密封不严	换干净的油
	安全阀、补油阀动作不正常	重新调节
	柱塞零点偏移	重新调整柱塞零点
机壳温度过高	填料压得过紧	调整填料松紧
	轴承磨损严重或装配间隙不对	更换轴承，并调整间隙
	润滑油杂质或润滑不良	换油并改善润滑
	联轴器对中性差	检查联轴器的同轴度
压力不稳	单向阀有异物卡住	清洗单向阀
	出口管路有渗漏	排除渗漏
管路振动	泵体内存气压	放气
	吸排阀泄漏	修复或更换新阀
	吸入管路过于细长或弯头太多	整改吸入管路
压力、流量精度不达标	单向阀有异物卡住	清洗单向阀
	阀球磨损失效	更换阀球
	液体内有空气	排除液体内空气
	填料受损	更换填料
	电压不稳定	加稳压电源
	膜片破损	更换膜片

第五节　污泥输送泵

沉淀在浓缩池底部的污泥经过刮泥机刮泥板转动，将泥浆保持在流动状态，便于污泥输送泵吸收输送。污泥输送泵一般采用螺杆泵，螺杆泵是容积式转子泵，它是依靠由螺杆和衬套形成的密封腔的容积变化来吸入和排出液体的。

螺杆泵的特点是流量平稳、压力脉动小、有自吸能力、噪声低、效率高、寿命长、工作可靠；而其突出的优点是输送介质时不形成涡流、对介质的黏性不敏感、可输送高黏度脱硫废水污泥。

一、结构及工作原理

污泥输送泵从结构上分类，属于单螺杆泵。主要是由电动机、减速机、轴承座、轴封、吸入室、中间轴、万向节、定子、转子、排出室等组成，见图 7-6。

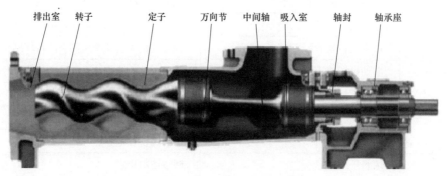

图 7-6　污泥输送泵结构示意图

电动机带动泵轴转动时，螺杆一方面绕本身的轴线旋转，另一方面它又沿衬套内表面滚动，于是形成泵的密封腔室。螺杆每转一周，密封腔内的液体向前推进一个螺距。随着螺杆的连续转动，液体跟随做螺旋形运动，从一个密封腔输送到另一个密封腔，最后挤出泵体。

二、日常维护

（1）开机前先检查进料斗内无异物。

（2）检查减速箱及各轴承处油质、油位是否正常。

（3）螺杆泵不能干磨，使用时先进料、后开机。

（4）泵在工作中防止硬杂物、长纤维进入，以免损坏机体。

（5）减速机需定期检查油位，定期换油。

（6）螺杆泵长期不用时，须在定子胶套内涂润滑脂加以保护。

（7）泵定子胶套系易损件。当泵的效率明显下降时须更换。

三、设备检修

污泥输送泵标准检修按照 A、B、C 级检修项目进行。

（一）检修标准项目

污泥输送泵标准检修项目分类见表 7-11。

表 7-11　　　　　　　　　　　　　污泥输送泵标准检修项目分类表

A 级检修项目	B 级检修项目	C 级检修项目
（1）泵体、托架的检查。 （2）螺杆的检查。 （3）机械密封更换。 （4）泵体衬胶检查。 （5）轴承更换	（1）泵体、托架的检查。 （2）螺杆的检查。 （3）机械密封的检查。 （4）泵体衬胶检查。 （5）轴承检查	（1）泵体、托架的检查。 （2）螺杆的检查。 （3）泵体衬胶检查

（二）主要部件检修工艺要求及质量标准

1. 设备本体解体

为了处理单螺杆泵本体缺陷或者执行周期性定检计划时，在设备停运情况下，可对泵本体进行解体检修。依次对轴承体、轴承、传动轴、叶轮及设备附属管道等部件进行解体检查。

（1）工艺要求。

1）拆除电动机与泵联轴器防护罩，解开对轮联轴器。

2）在拆卸前将泵及泵的连接管道清洗干净，然后拆掉与泵吸入室和排出体连接的管道。

3）拆卸连接机构和支脚的螺栓和垫片；拆下六脚螺栓及垫片，用木块支垫吸入室，松开六脚螺栓，拆下拉杆，拆下吸入端支脚及垫片。

4）拆除吸入室与轴承座连接螺栓及垫片；松开密封套卡箍沿电动机方向移动退出，与万向节脱离。

5）松开螺钉，沿万向节方向敲击锁片，使其从定位槽中退出后取出；使拆去锁片的十字轴头部位朝下方。敲击叉头，使十字轴组件，逐步从叉头内退出；重复上述过程，拆除全部十字轴组件后，即可使万向节叉头相互分离；退出传动销，将叉头从传动轴上拔下。

6）将轴封室从传动轴上退出；取下挡水圈，拆下卡环，退出内端盖和油封。

7）轴承检测并做好记录，宏观检查轴承滚动体、滚道、隔离架及内外套的磨损情况，对损坏或磨损严重的轴承进行更换。用塞尺测量轴承的径向游隙，用内径百分表测量轴承的内径尺寸，用游标卡尺测量轴承外套尺寸及宽度。

8）转子、定子内部检查。

9）传动轴检查。

10）紧固件检查。

（2）质量标准。

1）叶轮清理干净，探伤检查无缺陷。

2）轴承体结合面应平整、完好，无凸凹现象，无裂纹，无泄漏。

3）各部件应无裂纹、变形现象，螺纹完好，配件齐全。

4）轴承支架无损坏、拖底、变形现象。滚动体及内外套无裂纹、麻点、脱皮、重皮及擦伤、腐蚀、锈斑等现象。轴承转动灵活、无撞击声。轴承的径向游隙和轴孔内径在标准范围内。

5）键与键槽的装配尺寸为两侧无间隙，组装后上部应有 0.5～1mm 的间隙。对有缺陷的主轴进行修理或更换。

6）传动轴检查无损伤，无裂纹，螺纹完整，键槽完整、无损伤，用外径千分尺测量主轴各部径向尺寸，用游标卡尺测量键槽尺寸。

7）万向节检查无磨损，弹簧无卡涩、渗漏痕迹。

8）基础应无裂纹，螺栓紧固完好。

9）附属管道无磨损，管道无穿孔泄漏。

10）主轴承润滑油加注符合要求。

2. 减速机本体解体

为了处理减速机缺陷或者执行周期性定检计划时，在螺杆泵停运情况下，可对减速机本体进行解体检修。依次对减速机本体、轴承、轴、齿轮、密封系统等部件进行解体检查。

（1）工艺要求。

1）拆除电动机与减速机、减速机与泵联轴器防护罩，拆除联轴器螺栓。

2）拆除减速机本体与基座连接螺栓。

3）拔出减速机高、低速轴对轮，拆除减速机轴头轴承压盖螺栓及减速机上盖与下壳体连接螺栓，将拆下的螺栓用清洗剂清洗后涂抹 3 号锂基脂放置在零部件放置区，并用塑料布包裹。

4）用钢质尖铲拆下高速轴、低速轴轴承压盖内骨架油封，将拆下的骨架油封放置在废旧物资放置区。

5）取出减速机高速轴与低速轴并做好标记。

6）减速机轴承检查。

7）高速轴齿轮、弯曲度检查。

8）减速机接合面检查。

9）做好数据测量。

（2）质量标准。

1）本体框架应无裂纹，螺栓紧固完好。

2）测量对轮内径，做好记录（轴与对轮过盈配合要求为 0.02～0.04mm）。

3）齿轮箱内表面检查无沟痕和裂纹，使用面团清理传动轴、齿轮、轴承、箱体、端盖。

4）齿轮、传动轴检查无油蚀、裂纹、砂眼、毛刺。

5）安装过程中按照设备出厂参数调整齿轮的啮合间隙、轴承的轴向间隙。

6）主轴无损伤，无裂纹，螺纹完整，键槽完整、无损伤。用外径千分尺测量主轴各部径向尺寸，用游标卡尺测量键槽尺寸。

7）台板应无裂纹，螺栓紧固完好。

8）附属管道无磨损，管道无穿孔泄漏。

9）主轴承润滑油加注符合要求。

四、常见故障原因及处理

污泥输送螺杆泵在运行中常见故障主要包括不能启动运转，泵吸不进介质，流量、压力太小，流量不稳定，泵运行噪声大，定子、转子寿命短，机械密封泄漏等，根据不同故障原因采取相应针对性处置措施见表 7-12。

表 7-12　　　　　　　　　污泥输送螺旋泵常见故障原因及处理方法

故障	原因	处理方法
不能启动运转	新泵或新定子静摩擦力太大	给定子内加少量润滑油，进行人工盘车
	泵内有结晶或大物料堵塞	清理泵内结晶、杂物
	定子橡胶溶胀，失去弹性	检查更换转子
泵吸不进介质	吸入管道堵塞	清理管道的浆料
	机械密封泄漏	更换机械密封
	定子严重磨损	更换定子
	转子磨损严重	更换转子
流量、压力太小	压力太大	测定压力（压力表）
	在吸入管道中有空气	提高液面高度，以防止气泡进入泵内
	吸入管道堵塞	清理管道的积浆
	轴封泄漏	调整填料压盖螺栓或更换填料
	转速太低	提高转速
	定子、转子严重被浆液磨损	更换转子
		更换定子
流量不稳定	在吸入管道中有空气	提高进口液面高度，以防气泡进入
	吸入管道堵塞	清理管道的积浆
	轴封泄漏	调整填料压盖螺栓或更换填料
泵运行噪声大	轴承损坏	更换轴承、润滑油及密封部件

故障	原因	处理方法
泵运行噪声大	联轴器弹性块严重磨损	更换弹性块，调好同轴度
	泵轴与电动机轴不同心	重新找正
	联轴器严重磨损	更换联轴器
	定子严重磨损	更换定子
	转子磨损严重	更换转子
定子、转子寿命短	转速太高	降低转速
	转子磨损严重	更换转子
	定子橡胶材质差	核对介质和定子材质是否相配，否则更换其他材质的定子
	泵内有沉积物和大颗粒物	清理沉积物、大颗粒物
	定子橡胶溶胀，失去弹性	检查更换定子橡胶
机械密封泄漏	泵内有沉积物和硬的固体颗粒	清理清理沉积物、大颗粒物
	轴承损坏	更换轴承
	机械密封压紧螺栓松动	紧固压紧螺栓
	机械密封动、静环磨损	更换机械密封
	弹簧形变失效	更换弹簧或机械密封

参 考 文 献

［1］ 孙克勤.电厂烟气脱硫设备及运行［M］.北京：中国电力出版社，2014.

［2］ 周晓猛.烟气脱硫脱硝工艺手册［M］.北京：化学工业出版社，2016.

［3］ 张磊，刘树昌.大型电站煤粉锅炉烟气脱硫技术［M］.北京：中国电力出版社，2009.

［4］ 杨旭中.燃煤电厂脱硫装置［M］.北京：中国电力出版社，2006.

［5］ 徐峥，孙建峰，刘佳，等.火电厂脱硫运行与故障排除［M］.北京：化学工业出版社，2015.

［6］ 杨兆春.水力旋流器磨损分析［J］.流体机械，1999，27（10）：21-23.

［7］ 赵传军，卢春，李小燕.湿法脱硫系统设备腐蚀浅析［J］.化工设计通讯，2007，33（3）：9-11.

［8］ 蔡明坤.装有脱硝系统锅炉用回转式预热器设计存在问题和对策［J］.锅炉技术，2005，36（4）：8-12.

［9］ 阎维平，刘忠，王春波，等.电站燃煤锅炉石灰石湿法烟气脱硫装置运行与控制［M］.北京：中国电力出版社，2005.

［10］ 卢啸风，饶思泽.石灰石湿法烟气脱硫系统设备运行与事故处理［M］.北京：中国电力出版社，2009.

［11］ 郭东明.脱硫工程技术与设备［M］.北京：化学工业出版社，2007.

［12］ 武文江.石灰石－石膏湿法：烟气脱硫技术［M］.北京：中国水利水电出版社，2005.

［13］ 周至祥，段建中，薛建明.火电厂湿法烟气脱硫技术手册［M］.北京：中国电力出版社，2006.

［14］ 曾庭华，杨华，马斌，等.湿法烟气脱硫系统的安全性及优化［M］.北京：中国电力出版社，2004.